Marco Leone
Elektrische und magnetische Felder
De Gruyter Studium

Weitere empfehlenswerte Titel

Grundgebiete der Elektrotechnik
Band 1: Gleichstromnetze, Operationsverstärkerschaltungen,
elektrische und magnetische Felder
Ludwig Brabetz, Christian Koppe, Oliver Haas, 2022
ISBN 978-3-11-063154-8, e-ISBN 978-3-11-063158-6
Arbeitsbuch
Christian Spieker, Oliver Haas, 2022
ISBN 978-3-11-067248-0, e-ISBN 978-3-11-067251-0

In Planung: Band 2: Wechselströme, Drehstrom, Leitungen,
Anwendungen der Fourier-, der Laplace- und der Z-Transformation
Lehrbuch: ISBN 978-3-11-063160-9, e-ISBN 978-3-11-063164-7
Arbeitsbuch: ISBN 978-3-11-067252-7, e-ISBN 978-3-11-067253-4

Physik im Studium – Ein Brückenkurs
Jan Peter Gehrke, Patrick Köberle, 2021
ISBN 978-3-11-070392-4, e-ISBN 978-3-11-070393-1

Angewandte Differentialgleichungen Kompakt
für Ingenieure und Physiker
Adriano Oprandi, 2022
ISBN 978-3-11-073797-4, e-ISBN 978-3-11-073798-1

Marco Leone

Elektrische und magnetische Felder

Vom Coulomb-Gesetz bis zu Maxwell's Feldgleichungen

DE GRUYTER
OLDENBOURG

Autor
Prof. Dr.-Ing. Marco Leone
Otto-von-Guericke Universität Magdeburg
Lehrstuhl Theoretische Elektrotechnik
Universitätsplatz 2
39106 Magdeburg
marco.leone@ovgu.de

ISBN 978-3-11-076815-2
e-ISBN (PDF) 978-3-11-076817-6
e-ISBN (EPUB) 978-3-11-076819-0

Library of Congress Control Number: 2022935827

Bibliografische Information der Deutschen Nationalbibliothek
Die Deutsche Nationalbibliothek verzeichnet diese Publikation in der Deutschen
Nationalbibliografie; detaillierte bibliografische Daten sind im Internet über
http://dnb.dnb.de abrufbar.

© 2022 Walter de Gruyter GmbH, Berlin/Boston
Coverabbildung: Getty Images / Tholer
Druck und Bindung: CPI books GmbH, Leck

www.degruyter.com

Vorwort

Die Theorie der elektrischen und magnetischen Felder – allgemein des elektromagnetischen Feldes – ist eine der Grundpfeiler der Physik und somit Grundlage aller aus ihr hervorgehenden technischen und naturwissenschaftlichen Fachrichtungen. Es handelt sich um eine abgeschlossene und widerspruchsfreie Theorie im Rahmen der klassischen Physik. Sie umfasst einen sehr großen Bereich, der von der Beschreibung unzähliger Phänomene der Natur bis hin zur Auslegung und exakten Berechnung der Funktion elektrischer Maschinen und Apparate reicht.

In vielen Studiengängen ist die Theorie der elektrischen und magnetischen Felder deshalb unverzichtbarer Bestandteil des Grundlagenkanons. Umso bedauerlicher ist es, dass sie viele Studierende vor größere Herausforderungen stellt. Aus vielen Jahren eigener Lehrerfahrung sind dem Autor einige Gründe dafür bekannt. Sie liegen zum einen in der Abstraktheit der Materie und dem an vielen Stellen nicht direkt offensichtlichen Praxisbezug und zum anderen in der verwendeten Mathematik. Was die Abstraktheit angeht, so erweisen sich Begriffe wie der elektrische oder magnetische Fluss bei näherer Betrachtung als höchst anschauliche Konzepte, für die es entsprechende Analogien des Alltags, wie z.B. eine Flüssigkeitsströmung, gibt. Dann werden auch weitere Begriffe wie Quellen und Senken sowie die Zirkulation eines Vektorfeldes verständlich. Ein weiteres Beispiel ist das elektrische Potentialfeld, das mit der Alltagserfahrung der Gravitation nahe der Erdoberfläche veranschaulicht werden kann.

Als exakte Wissenschaft sind die Gesetze der elektrischen und magnetischen Felder in der Sprache der Mathematik formuliert. Hierzu zählen insbesondere die Vektoralgebra und Vektoranalysis, da die betreffenden Größen als Vektoren einen Betrag und eine Richtung haben. Die physikalischen Grundgesetze, die diese Größen miteinander in Beziehung setzen, sind Differential- bzw. Integralgleichungen. In diesem Buch beschränken wir uns hauptsächlich auf die anschauliche, integrale Formulierung. Die dafür notwendigen Linien-, Flächen- und Volumenintegrale sind dabei zunächst unabhängig von ihrer konkreten Berechnung als symbolische Kurzschreibweise für einen Aufsummationsprozess zu verstehen.

Es gibt eine Vielzahl von Lehrbüchern der Elektromagnetischen Felder mit unterschiedlicher Zielsetzung. Bei den einen steht die anschauliche Darstellung der elektrischen und magnetischen Wirkungen anhand von Experimenten und praktischen Grundanordnungen im Vordergrund. Im Gegensatz dazu stehen die Lehrbücher, die den Schwerpunkt auf eine möglichst mathematisch vollständige und elegante Darstellung der Theorie legen. Während erstere einen leichten Zugang bieten, aber die mathematische Durchdringung und Verallgemeinerung zu kurz kommt, verhält es sich bei letzteren umgekehrt. Eine dritte Gruppe von Lehrbüchern, zu der auch das vorliegende Buch beiträgen möchte, schlägt quasi die Brücke zwischen den anderen beiden. Auf einem mittleren mathematischen Niveau werden

https://doi.org/10.1515/9783110768176-202

die Begriffsdefinitionen, Grundgesetze und Berechnungsansätze anschaulich eingeführt und das Verständnis anhand einer Vielzahl von Rechenbeispielen erweitert und vertieft. So werden wichtige Funktionsprinzipien verschiedener elektrotechnischer Anwendungen mit Hilfe der elektromagnetischen Grundgesetze erklärt und mathematisch analysiert. Die Darstellung ist dabei induktiv aufgebaut, d.h. die Theorie wird Stück für Stück, aufeinander aufbauend, erschlossen, nach dem Grundsatz "vom Einfachen zu Schwerem".

Die Einteilung des Stoffes folgt grob der historischen Entwicklung der Theorie, die im 18. Jahrhundert mit Naturforschern wie Charles A. de Coulomb begann und Mitte des 19. Jahrundert ihren vollständigen Abschluss durch James C. Maxwell fand. Beginnend mit den Grundgesetzen des statischen elektrischen Feldes (Kapitel 1), die die Kraftwirkung zwischen ruhenden Ladungen beschreiben, folgt die Lehre des stationären elektrischen Strömungsfeldes in elektrischen Leitern (Kapitel 2), die einem elektrostatischen Feld ausgesetzt sind. Das statische magnetische Feld stationärer Ströme (Kapitel 3) wiederum, beschreibt die Kraftwirkungen, die zusätzlich zwischen bewegten Ladungen entstehen. Schließlich werden zeitabhängige Felder betrachtet (Kapitel 4), bei denen zunächst das Faradaysche Induktionsgesetz im Mittelpunkt steht, das vielen technischen Funktionsprinzipien zugrundeliegt. Es beschreibt die Erzeugung elektrischer Felder durch zeitlich veränderliche magnetische Felder. Den umgekehrten Vorgang, die Erzeugung eines Magnetfeldes durch ein zeitveränderliches elektrisches Feld, folgerte J. C. Maxwell aus theoretischen Überlegungen. Durch Einbeziehung des sog. elektrischen Verschiebungsstromes gelang es ihm, sämtliche elektrische und magnetische Phänomene in vier Gleichungen zusammenzufassen, die ihm zu Ehren als Maxwell-Gleichungen bezeichnet werden. Aus ihnen folgerte Maxwell u.a. die Existenz elektromagnetischer Wellen, zu denen auch das Licht zählt, sodass die zuvor getrennten Bereiche Elektrizitätslehre, Magnetismus und Optik zur physikalischen Theorie der Elektrodynamik vereinheitlicht wurden.

Zusätzlich zu diesen 4 Kapiteln sind im Anhang A die wichtigsten mathematischen Formeln zum Nachschlagen kompakt zusammengestellt, einschließlich aller differentiellen Längen-, Flächen- und Volumenelemente, die zur Berechnung der entsprechenden Integrale im kartesischen, Zylinder- und Kugelkoordinatensystem benötigt werden. Anhang B enthält die Lösungen aller Übungsaufgaben, die zur selbstständigen Bearbeitung jeweils am Ende jedes Kapitels stehen.

Neue Technologien kommen und gehen, doch sie basieren letztendlich auf den wenigen grundlegenden Naturgesetzen. Ohne eine solide Grundausbildung in Elektromagnetischer Feldtheorie ist eine produktive, ingenieursmäßige Arbeit in vielen Fachgebieten der Elektro- und Informationstechnik und benachbarter Fachrichtungen kaum möglich. Mit dem Erlernen einer solchen Theorie geht auch die Art zu denken einher. Die beste Zeit dafür ist während der ersten Semester eines Hochschulstudiums. Später, in anwendungsbezogenen Fächern, die auf den theoretischen Grundlagen aufbauen, wird es schwieriger und spätestens im beruflichen Alltag praktisch kaum mehr möglich sein. Doch genau dort zahlt sich eine solide Grundlagenausbildung langfristig aus und befähigt dazu, sich immer wieder in neue Fragestellungen und Technologien einarbeiten zu können. Deshalb lohnen sich alle Mühe und Fleiß für das Erlernen der Elektromagnetischen Feldtheorie und man sollte sich dafür die nötige Zeit geben. Möge dieses Buch dafür eine gute Hilfe sein.

Dieses Buch wäre wohl ohne das Interesse und die Unterstützung seitens des DeGruyter-Verlags nicht entstanden, wofür ich mich hiermit bedanke.

Ebenfalls ausdrücklich bedanken möchte ich mich bei den Mitarbeitern meines Lehrstuhls, die über die Jahre an der Vorlesung und den Übungen mitgewirkt haben, die diesem Buch zugrundeliegen. Frau Dipl.-Ing. Petra Knauff danke ich herzlich für das Korrekturlesen.

Magdeburg, im Frühjahr 2022
Marco Leone

Inhalt

1 Das statische elektrische Feld

Die Grundbausteine der Materie enthalten elektrische Ladungen. Sie üben Kräfte aufeinander aus, die im ruhenden Zustand vom Coulombschen Kraftgesetz beschrieben werden. Diese Fernwirkungstheorie wird durch Einführung des elektrischen Feldes bzw. des elektrischen Potentialfeldes zu einer Nahwirkungs- bzw. Feldtheorie verallgemeinert. Das statische elektrische Feld ist durch die beiden Grundgesetze, der Wirbelfreiheit und dem Gaußschen Gesetz, vollständig beschrieben. Daraus folgen allgemeine Zusammenhänge für das Verhalten von Materie im elektrischen Feld. Die Kapazität einer Elektrodenanordnung gibt das Speichervermögen für Ladungen und Energie an. Letzere ist im felderfüllten Volumen zwischen den geladenen Elektroden lokalisiert. Mit Hilfe des Prinzips der virtuellen Verrückung werden aus der Änderung der Feldenergie die Kräfte auf leitfähige und dielektrische Grenzflächen abgeleitet.

1.1 Die elektrische Ladung

Sämtliche elektrische und magnetische Erscheinungen in Natur und Technik sind letztendlich auf die *Wechselwirkung zwischen elektrischen Ladungen* zurückzuführen. Ladungen kommen in der Natur in diskreter Form vor, mit der

$$\textit{Elementarladung}: \ e = 1,602 \cdot 10^{-19} \ \text{C} \ \ (\text{Coulomb}) \ .$$

Die Einheit der Ladung ist

$$1 \ \text{C} = 1 \ \text{A s, mit den Basiseinheiten Ampere (A) und Sekunde (s).}$$

Es gibt positive und negative Ladungen, wie z.B. das Proton $(+e)$ und das Elektron $(-e)$.

Ein Körper ist elektrisch *positiv oder negativ geladen*, wenn er einen Überschuss an positiver bzw. negativer Ladung trägt. Dementsprechend bezeichnen wir einen Körper als *elektrisch neutral* (ungeladen), wenn die Anzahl der positiven und negativen Ladungen gleich groß ist. Ein solcher Körper kann auch ein einzelnes Atom bzw. Molekül sein, das wir als ionisiert bezeichnen, wenn die Anzahl der Elektronen kleiner bzw. größer als die Protonenanzahl im Atomkern ist.

https://doi.org/10.1515/9783110768176-001

1.2 Das Coulombsche Gesetz

Die fundamentale Wechselwirkung zwischen ruhenden elektrischen Ladungen wird durch das Coulombsche Kraftgesetz beschrieben. Danach ist die aufeinander ausgeübte Kraft $F_{1,2}$ von zwei *Punktladungen*

- proportional zum Produkt der beiden Ladungsmengen Q_1, Q_2,
- umgekehrt proportional zum Quadrat ihres Abstands r,
- längs ihrer Verbindungslinie wirkend,
- bei gleichnamigen Ladungen abstoßend und bei ungleichnamigen anziehend:

$$F_{1,2} = \frac{1}{4\pi\varepsilon} \frac{Q_1 Q_2}{r^2} \quad \textit{Coulombsches Kraftgesetz} \tag{1.1}$$

Wie in Abb. 1.1 dargestellt, sind dementsprechend die beiden Kräfte, die an die Ladungen angreifen, gleich groß und entgegengesetzt gerichtet. Dies steht somit im Einklang mit dem 3. Newtonschen Axiom der Mechanik ("*actio et reactio*"). Bei der hier getroffenen Festlegung der positiven Kraftrichtungen kehren diese sich im Falle ungleicher Ladungen (Produkt $Q_1 Q_2$ ist negativ) um und zeigen aufeinander.

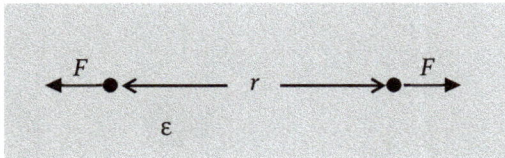

Abb. 1.1: Coulombsche Wechselwirkung zwischen zwei Punktladungen

Das Coulombsche Gesetz (1.1) bezieht sich auf die mathematische Idealisierung von Punktladungen, die keine räumliche Ausdehnung haben, analog zu den Punktmassen in der Mechanik. Es gilt ebenfalls exakt zwischen den Mittelpunkten von kugelsymmetrisch verteilten Landungen, setzt jedoch voraus, dass jeweils nur negative bzw. positive Ladungen vorhanden sind. Man bezeichnet sie als Monopole im Unterschied zu Multipolen. Für den allgemeinen Fall elektrisch geladener Körper ist das Coulombsche Gesetz als Näherung zu verstehen, in Abhängigkeit davon, wie klein ihre räumliche Ausdehnung gegenüber dem Abstand r ist, sodass sie im Grenzfall zu Punktladungen übergehen.

Die Coulombkraft ist eine der vier Grundkräfte der Physik. Sie wurde zuerst von dem französischen Physiker *Charles de Coulomb* 1785 durch eine Reihe von Experimenten mit einer Drehwaage entdeckt. Ihm zu Ehren wurde für die Einheit der Ladungen sein Name gewählt.

1.2.1 Die Dielektrizitätskonstante

Die Coulombsche Wechselwirkung hängt von den elektrischen Eigenschaften des Mediums ab, die in (1.1) durch die *Dielektrizitätskonstante* (*Permittivität*) ε Berücksichtigung finden. Im Vakuum beträgt sie

$$\varepsilon_0 = 8{,}854 \cdot 10^{-12} \, \frac{\mathrm{As}}{\mathrm{Vm}} \quad (elektrische\ Feldkonstante) \tag{1.2}$$

und ist eine Naturkonstante. Für alle anderen Medien ist $\varepsilon > \varepsilon_0$, und es gilt

$$\varepsilon = \varepsilon_r \, \varepsilon_0 \,, \tag{1.3}$$

mit der dimensionslosen, *relativen Dielektrizitätszahl* $\varepsilon_r > 1$ des betreffenden Mediums. In Luft unterscheidet sich der Wert von ε so wenig vom Vakuum ($\varepsilon_r \approx 1$), dass man für Luft ebenfalls die Vakuumkonstante ε_0 verwendet.

1.2.2 Superpositionsprinzip

Bei Vorhandensein mehrerer Ladungen Q_i an den Orten $\mathbf{r}_i$ lässt sich die Kraft auf eine sogenannte *Probeladung* Q am Ort $\mathbf{r}$ als Summe der Einzelkräfte $\mathbf{F}_i$ zusammensetzen (Abb. 1.2). D.h. unter Verwendung des Coulombschen Gesetzes (1.1) für jedes Ladungspaar erhalten wir

$$\mathbf{F} = \sum_i \mathbf{F}_i = \sum_i \frac{1}{4\pi\varepsilon} \frac{Q\,Q_i}{\left|\mathbf{r} - \mathbf{r}_i\right|^2} \mathbf{e}_{r,i} \,. \tag{1.4}$$

Es handelt sich also um eine vektorielle Summe, bei der für jede Paarkonfiguration (Q, Q_i) mit den Ortsvektoren $\mathbf{r}$ und $\mathbf{r}_i$, die Richtung entlang der Verbindungslinie gemäß Abb. 1.2 zu berücksichtigen ist. Für diesen Zweck definieren wir jeweils gemäß (A.4) mit der Differenz zwischen den Vektoren $\mathbf{r}$ und $\mathbf{r}_i$ (Vgl. Abb. A.4a) den Einheitsvektor

$$\mathbf{e}_{r,i} = \frac{\mathbf{r} - \mathbf{r}_i}{\left|\mathbf{r} - \mathbf{r}_i\right|} \,.$$

Einsetzen in (1.4) ergibt die allgemeine Summenformel für die Kraft auf eine Punktladung Q, hervorgerufen durch die Punktladung Q_i

$$\mathbf{F} = \frac{Q}{4\pi\varepsilon} \sum_i Q_i \frac{(\mathbf{r} - \mathbf{r}_i)}{\left|\mathbf{r} - \mathbf{r}_i\right|^3} \ . \tag{1.5}$$

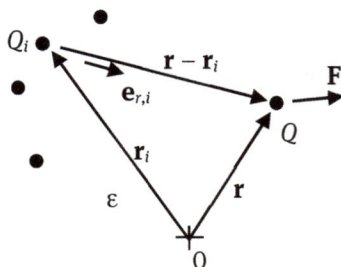

Abb. 1.2: Superposition von Coulomb-Kräften

Das Superpositionsprinzip der Elektrostatik resultiert aus der Linearität des Coulombschen Gesetzes (1.1) in Bezug auf die darin enthaltenen Größen. Es gibt durchaus Materialien (sog. Ferroelektrika), die sich nichtlinear verhalten. In diesem Fall ist die relative Permittivität ε_r in (1.5) von der Anzahl, Größe und Position der Ladungen abhängig.

1.3 Die elektrische Feldstärke

Das Coulombsche Gesetz (1.1) ist eine *Fernwirkungstheorie*, da die Ursache der Kraft (z.B. Ladung Q_1) auf die Ladung Q_2 unmittelbar, ohne Vermittler aus der Entfernung, wirkt. Seit den Arbeiten von Michael Faraday (1791 - 1867) hat sich die *Nahwirkungs- oder Feldtheorie* als geeignetere physikalische Vorstellung durchgesetzt. Danach ist die Kraftwirkung an einer Ladung Q im Punkt $\mathbf{r}$ die Folge eines physikalischen Raumzustandes – der *elektrischen Feldstärke* $\mathbf{E}$ – die von den anderen Ladungen Q_i am Ort der Ladung $\mathbf{r}$ hervorgerufen wird (Abb. 1.2). Sie lässt sich durch Umdeutung von (1.5) direkt einführen:

$$\mathbf{F} = Q \frac{1}{4\pi\varepsilon} \sum_i Q_i \frac{(\mathbf{r} - \mathbf{r}_i)}{\left|\mathbf{r} - \mathbf{r}_i\right|^3} = Q\mathbf{E}$$

D.h. die Ladungen Q_i erzeugen am Ort $\mathbf{r}$ die elektrische Feldstärke

$$\mathbf{E}(\mathbf{r}) = \frac{1}{4\pi\varepsilon} \sum_i Q_i \frac{(\mathbf{r} - \mathbf{r}_i)}{\left|\mathbf{r} - \mathbf{r}_i\right|^3} \ , \tag{1.6}$$

die gemäß dem einfachen Gesetz

$$\mathbf{F} = Q\mathbf{E} \, , \tag{1.7}$$

die Kraft $\mathbf{F}$ auf die Ladung Q ausübt (Abb. 1.3). Wir bezeichnen (1.7) im Folgenden kurz als die *Coulombkraft*.

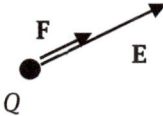

F

E

Q

Abb. 1.3: Coulombkraft auf Ladung Q

Mit den Einheiten von ε (1.2) resultiert für die elektrische Feldstärke aus (1.6) die Einheit V/m. Häufig wird die elektrische Feldstärke durch den Grenzwert des Quotienten

$$\mathbf{E} = \lim_{Q \to 0} \frac{\mathbf{F}}{Q} \quad \left(\frac{\mathrm{V}}{\mathrm{m}} \right)$$

definiert. Er besagt, dass durch Einbringung der Probeladung Q im Punkt $\mathbf{r}$ (Abb. 1.2) die Anordnung der felderzeugenden Ladungen (Q_i), bzw. deren elektrisches Feld (1.6), das *vor Einbringung* von Q an diesem Ort existiert hat, nicht verändert wird ("*actio et reactio*").

Die im vorigen Abschnitt beschriebene Linearität des Mediums als Voraussetzung für das Superpositionsprinzip lässt sich mit Hilfe der elektrischen Feldstärke konkret fassen. Die elektrischen Eigenschaften des Mediums, beschrieben durch die Permittivität ε, müssen demnach unabhängig von der elektrischen Feldstärke sein, d.h. in (1.6) ist $\varepsilon \neq f(E)$, was in den allermeisten praktischen Fällen erfüllt ist.

Die Einführung des elektrischen Feldes erscheint an dieser Stelle noch willkürlich und bietet keinerlei Vorteile bei der Berechnung der Kraft auf eine Ladung nach Gl. (1.5). Wie jedoch der weitere Ausbau der Theorie des Elektromagnetismus zeigt, ist die Feldtheorie gegenüber der Fernwirkungstheorie die tragfähigere. Letztendlich war sie Voraussetzung für epochale Entdeckungen, wie die Existenz elektromagnetischer Wellen (siehe Kap. 4.5.4). Auch andere Bereiche der Physik werden durch Feldtheorien beschrieben, wie z.B. die Gravitation, bei der die Voraussage der Gravitationswellen durch *A. Einstein* erfolgte.

1.3.1 Das elektrische Feld der Punktladung

Wie aus der Summe in (1.6) hervorgeht, setzt sich das elektrische Feld einer beliebigen Ladungskonfiguration aus den Einzelbeiträgen aller Punktladungen zusammen. Betrachten wir nun ein solches Einzelfeld und setzen den Ort der entsprechenden Ladung Q_i in den Koordinatenursprung, d.h. $\mathbf{r}_i = \mathbf{0}$:

$$\mathbf{E}_i(\mathbf{r}) = \frac{1}{4\pi\varepsilon} Q_i \frac{(\mathbf{r}-\mathbf{r}_i)}{|\mathbf{r}-\mathbf{r}_i|^3} = \frac{1}{4\pi\varepsilon} Q_i \frac{\mathbf{r}}{|\mathbf{r}|^3}.$$

Mit $\mathbf{r}/|\mathbf{r}^3| = \mathbf{e}_r/r^2$ (A.4) erhalten wir mit dem radialen Einheitsvektor in Kugelkoordinaten (Abb. A.15) allgemein für das Feld einer Punktladung Q

$$\mathbf{E}(\mathbf{r}) = \frac{1}{4\pi\varepsilon} \frac{Q}{r^2} \mathbf{e}_r \quad \text{(Punktladung)}. \tag{1.8}$$

Das Feld der Punktladung (1.8) ist das elektrische *Elementarfeld*, aus dem sich jedes andere Feld beliebiger Ladungsverteilungen zusammensetzt (Superpositionsprinzip). Wie in Abb. 1.4a skizziert, handelt es sich um ein einfaches kugelsymmetrisches Feld, dessen Betrag mit dem Quadrat des Abstands r abnimmt (Abb. 1.4b)

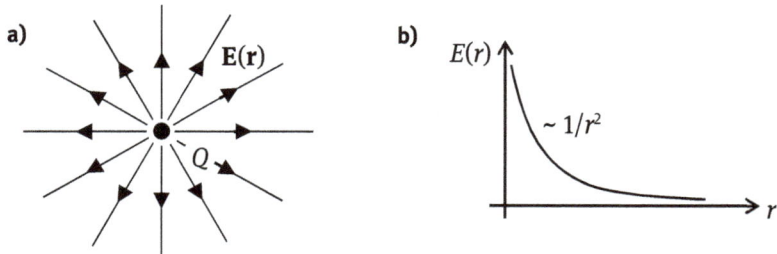

Abb. 1.4: (a) Kugelsymmetrisches Feld der Punktladung (b) Betragsprofil

Beispiel 1.1: Das Feld von zwei Punktladungen

Untersucht wird das Feld von zwei Punktladungen Q_1 und Q_2, die symmetrisch um den Koordinatenursprung im Abstand d entlang der x-Achse angeordnet sind, d.h.:

$$\mathbf{r}_{1,2} = \mp \frac{d}{2} \mathbf{e}_x$$

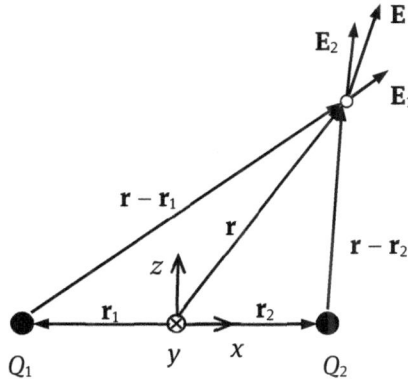

Das Feld in einem beliebigen Aufpunkt r ergibt sich durch Superposition zu

$$\mathbf{E} = \mathbf{E}_1 + \mathbf{E}_2 = \frac{Q_1}{4\pi\varepsilon} \frac{(\mathbf{r} - \mathbf{r}_1)}{|\mathbf{r} - \mathbf{r}_1|^3} + \frac{Q_2}{4\pi\varepsilon} \frac{(\mathbf{r} - \mathbf{r}_2)}{|\mathbf{r} - \mathbf{r}_2|^3}.$$

Drücken wir $Q_2 = \alpha Q_1$ mit einem reellen Faktor α als Vielfaches von $Q_1 = Q$ aus, d.h.

$$\mathbf{E} = \frac{Q}{4\pi\varepsilon} \left(\frac{(\mathbf{r} - \mathbf{r}_1)}{|\mathbf{r} - \mathbf{r}_1|^3} + \alpha \frac{(\mathbf{r} - \mathbf{r}_2)}{|\mathbf{r} - \mathbf{r}_2|^3} \right),$$

mit dem Ortsvektor

$$\mathbf{r} = x \mathbf{e}_x + y \mathbf{e}_y + z \mathbf{e}_z,$$

so erhalten wir in kartesischen Koordinaten für das Gesamtfeld die explizite Lösung

$$\mathbf{E} = \frac{Q}{4\pi\varepsilon} \left(\frac{(x + d/2) \mathbf{e}_x + y \mathbf{e}_y + z \mathbf{e}_z}{\left((x + d/2)^2 + y^2 + z^2 \right)^{3/2}} + \alpha \frac{(x - d/2) \mathbf{e}_x + y \mathbf{e}_y + z \mathbf{e}_z}{\left((x - d/2)^2 + y^2 + z^2 \right)^{3/2}} \right).$$

Wir wollen nun zwei besondere Fälle betrachten und das Feld auf der *y-z-*Symmetrieebene ($x = 0$) zwischen den beiden Ladungen berechnen:

- $\alpha = 1$ (gleichnamige Ladungen)

$$\mathbf{E}(0,y,z) = \frac{Q}{2\pi\varepsilon} \frac{y\,\mathbf{e}_y + z\,\mathbf{e}_z}{\left(d^2/4 + y^2 + z^2\right)^{3/2}}$$

$\mathbf{E}$ steht tangential zur Symmetrieebene.

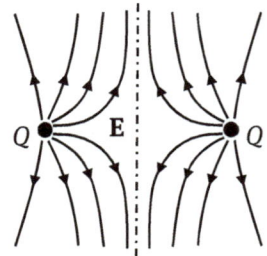

- $\alpha = -1$ (ungleichn. Ladungen, *elektrischer Dipol*)

$$\mathbf{E} = \frac{Q}{4\pi\varepsilon} \frac{d}{\left(d^2/4 + y^2 + z^2\right)^{3/2}} \mathbf{e}_x$$

$\mathbf{E}$ steht senkrecht auf der Symmetrieebene.

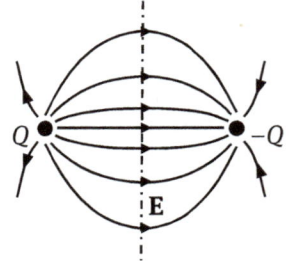

1.3.2 Kräfte auf einen elektrischen Dipol

Der im Beispiel 1.1 betrachtete Fall mit zwei gleich großen, entgegengesetzten Punktladungen $\pm Q$ stellt eine weitere elementare Ladungsanordnung dar. Wir nehmen hierbei an, dass es sich um eine starre Anordnung im festen Abstand d handelt und wollen umgekehrt untersuchen, welche Kräfte auf einen solchen elektrischen Dipol wirken, wenn er einem elektrischen Feld $\mathbf{E}$ anderer Ladungen ausgesetzt ist (Abb. 1.5).

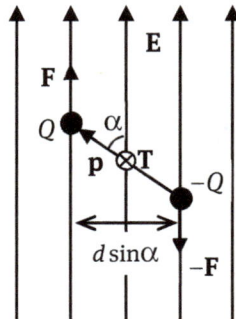

Abb. 1.5: Elektrischer Dipol mit Dipolmoment $|\mathbf{p}| = Q\,d$ im elektrischen Feld

Wir betrachten zunächst die Wirkung eines homogenen Feldes $\mathbf{E}$, bzw. setzen voraus, dass die Dipollänge d sehr viel kleiner ist als der Längenbereich, in dem sich $\mathbf{E}$ nennenswert ändert.

Die Kraft auf die Ladungen beträgt gemäß dem Coulombschen Kraftgesetz (1.7) jeweils

$$\mathbf{F} = \pm Q\,\mathbf{E}.$$

Diese beiden gleichgroßen aber entgegengesetzt wirkenden Kräfte heben sich zwar auf, bilden jedoch ein Kräftepaar, sodass ein mechanisches Drehmoment (Kraft × Hebelarm) auf die starre Anordnung wirkt. Betrag und Drehsinn eines Drehmomentes werden durch den Vektor $\mathbf{T}$ beschrieben, welcher bezogen auf eine rechtsdrehende Schraube (*Rechtsschraubensinn*) in Richtung der Drehachse zeigt (Abb. 1.5). Besteht zwischen der Richtung der Kraft $\mathbf{F}$ bzw. des Feldes $\mathbf{E}$ und der Dipolachse der Winkel α, resultiert für den Betrag des Drehmomentes

$$\begin{aligned}
|\mathbf{T}| &= |\mathbf{F}|\,d\sin\alpha \\
&= Q\,d\,|\mathbf{E}|\sin\alpha \\
&= |\mathbf{p}||\mathbf{E}|\sin\alpha.
\end{aligned}$$

Da das Drehmoment sowohl zu Q als auch zu d proportional ist, wird für das Produkt das *elektrische Dipolmoment*

$$|\mathbf{p}| = Q\,d$$

eingeführt. Somit entspricht der obige Ausdruck für $\mathbf{T}$ der Definition des Kreuzproduktes (A.8) zwischen den Vektoren $\mathbf{p}$ und $\mathbf{T}$. Vereinbaren wir für das Dipolmoment $\mathbf{p}$, dass es von $-Q$ nach $+Q$ zeigt, so erhalten wir für das Drehmoment die einfache allgemeine Formel

$$\mathbf{T} = \mathbf{p}\times\mathbf{E}. \tag{1.9}$$

Aus diesem Ergebnis geht hervor, dass das Drehmoment stets so wirkt, dass es den Dipol parallel zum Feld auszurichten versucht. Der Betrag von $\mathbf{T}$ verringert sich dabei mit dem Winkel α und verschwindet ganz, wenn der Dipol vollständig zum Feld ausgerichtet ist ($\alpha = 0$).

Betrachten wir dagegen ein inhomogenes Feld $\mathbf{E}$, indem die entgegengesetzten Kräfte auf die beiden Dipolladungen nicht gleich groß sind, so verbleibt nach Ausrichtung des Dipols weiterhin eine *translatorische Kraft*. Nehmen wir beispielsweise an, dass sich das elektrische Feld in z-Richtung ändert, d.h $\mathbf{E} = E(z)\,\mathbf{e}_z$ und setzten den Dipolmittelpunkt bei $z = 0$ an (Abb. 1.6), dann beträgt die resultierende Kraft in diesem Fall

$$F_z = Q\big[E(+d/2) - E(-d/2)\big].$$

Wenn d gegenüber der örtlichen Änderung von $E(z)$ klein ist, genügt ein Taylor-Reihenansatz bis zum linearen Term, d.h.

$$E(z) \approx E(z=0) + z \left. \frac{\partial E}{\partial z} \right|_{z=0} ,$$

und wir erhalten nach Einsetzen als allgemeines Resultat für die Translationskraft

$$F_z \approx Qd \frac{\partial E}{\partial z} = p \frac{\partial E}{\partial z} .$$

Der Dipol wird also in einem inhomogenen Feld in Richtung wachsender Feldstärke gezogen.

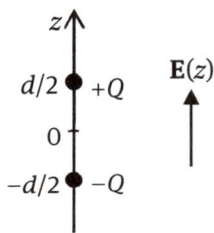

Abb. 1.6: Elektrischer Dipol in einem inhomogenen elektrischen Feld

1.4 Das elektrische Potential

Eine Masse m im Gravitationsfeld der Erde besitzt eine vom Ort abhängige *potentielle Energie*. Es handelt sich dabei nicht um einen Absolutwert, sondern stets um eine Energiedifferenz ΔW gegenüber einem anderen Ort im Feld. Nahe der Erdoberfläche entspricht die Schwerkraft $F_g = m \cdot g$ mit der konstanten Erdbeschleunigung g in guter Näherung einem homogenen, vertikal gerichteten Feld. Bezogen auf einen um die Differenz Δh höher gelegenen Punkt beträgt die potentielle Energie gemäß der Definition "*Arbeit = Kraft × Weg*": $\Delta W = -m \cdot g \cdot \Delta h$. Die potentielle Energie hängt also aufgrund der rein vertikal gerichteten Kraft nicht vom horizontalen Abstand zwischen zwei Punkten ab.

1.4.1 Potentielle Energie im elektrischen Feld

Analog zur Gravitation besitzt auch eine elektrische Ladung Q im elektrischen Feld $\mathbf{E}$ eine potentielle Energie als Folge der auf sie wirkenden Coulombkraft $\mathbf{F} = Q\mathbf{E}$ (1.7).

Betrachten wir dazu zunächst wie in Abb. 1.7 skizziert, eine Verschiebung Δ**s** in einem ortsabhängigen Feld **E**(**r**). Die Länge von Δ**s** sei dabei genügend klein, sodass die Änderung von **E** vernachlässigbar bleibt und ein Winkel α zwischen Δ**s** und **E** bzw. **F** definiert ist.

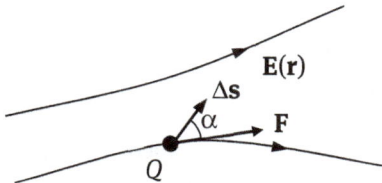

Abb. 1.7: Verschiebung einer Ladung Q im elektrischen Feld **E**

Die wirksame Komponente von **F** in Richtung Δ**s** (oder umgekehrt) ist dann über den Faktor $\cos\alpha$ gegeben. Die potentielle Energie der Ladung gegenüber dem Endpunkt von Δ**s** ist damit durch das folgende Skalarprodukt (Abschn. A 1.1) gegeben:

$$\Delta W = F\,\Delta s\,\cos\alpha \;=\; \mathbf{F}\cdot\Delta\mathbf{s} = Q\,\mathbf{E}\cdot\Delta\mathbf{s}\,.$$

Abhängig vom Winkel α kann das Ergebnis für ΔW positiv oder negativ ausfallen. Dies ist so zu interpretieren, dass eine Ladung Q bei Durchlaufen der Wegstrecke Δs eine Zu- bzw. Abnahme der kinetischen Energie erfährt. Diese Energieänderung muss gemäß Energieerhaltungssatz im Austausch mit einer anderen Energieform stehen. Auch hier erweist sich das in Abschn. 1.3 eingeführte feldtheoretische Nahwirkungskonzept im weiteren Aufbau der Theorie als das physikalisch weitrechende. Wie wir bereits in Abschn. 1.9 sehen werden, ist der felderfüllte Raum der Sitz dieses Energiereservoirs, sodass wir das Vorzeichen von ΔW wie folgt interpretieren:

$\Delta W > 0$: Ladung wird vom Feld verschoben
  $\Rightarrow$ Feld führt Ladung Bewegungsenergie zu, bzw.
    dem Feld wird Energie entzogen.

$\Delta W < 0$: Die Ladung wird gegen das Feld verschoben
  $\Rightarrow$ Feld entzieht der Ladung Bewegungsenergie, bzw.
    dem Feld wird Energie zugeführt

Wir wollen nun zur Aufstellung des allgemeingültigen Zusammenhangs für die potentielle Energie einer Ladung im elektrischen Feld die obige Näherungsbetrachtung fallen lassen und gehen über zur infinitesimalen Betrachtung, d.h. $\Delta\mathbf{s} \to \mathrm{d}\mathbf{s}$, mit dem *Differential* der Energie

$$\Delta W \to \; \mathrm{d}W = Q\,\mathbf{E}\cdot\mathrm{d}\mathbf{s}\,.$$

Für eine beliebige Wegstrecke S innerhalb des Feldes zwischen dem Anfangs- und Endpunkt A bzw. B (Abb. 1.8) stellen wir uns den entsprechenden Wert der Energiedifferenz W_{AB} als Ergebnis einer unendlichen Aufsummation von dW über den gesamten Weg S von A nach B vor. Nach Grenzübergang resultiert daraus das *Linienintegral* (A.3.1)

$$W_{AB} = \lim_{\Delta s \to 0} \sum_i \Delta W_i \to \int_S dW = Q \int_S \mathbf{E}(\mathbf{r}) \cdot d\mathbf{s} \,. \tag{1.10}$$

Im allgemeinen Fall ist das Skalarprodukt $\mathbf{E} \cdot d\mathbf{s}$ des Linienintegrals (1.10) eine ortsabhängige Funktion, die über den Bereich eines Ortsparameters zwischen den Punkten A und B zu integrieren ist.

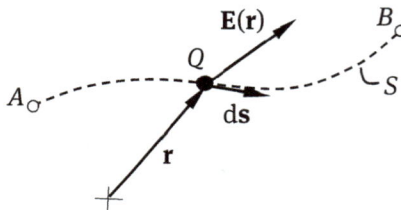

Abb. 1.8: Verschiebung einer Ladung Q entlang eines beliebigen Weges S im elektrischen Feld

1.4.2 Konservatives Feld

Bevor wir uns einigen Rechenbeispielen zuwenden, wollen wir eine besondere Eigenschaft des hier betrachteten statischen elektrischen Feldes untersuchen. Der im Linienintegral (1.10) mit S bezeichnete Integrationspfad ist nicht spezifiziert. Da es zwischen Anfangs- und Endpunkt A und B eine unendliche Zahl unterschiedlicher Verbindungslinien gibt, stellt sich die Frage nach der Eindeutigkeit der potentiellen Energiedifferenz W_{AB}. Wir betrachten dazu zwei beliebige Wege S_1 und S_2 (Abb. 1.9).

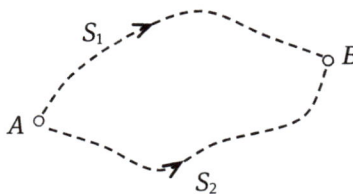

Abb. 1.9: Zwei mögliche Integrationspfade zur Bestimmung der Energiedifferenz W_{AB} einer Ladung zwischen den Punkten A und B

Stellen wir für eine Ladung Q nach Durchlaufen des Weges S_1 von A nach B und zurück über S_2 nach A die Energiebilanz auf, so muss bei Eindeutigkeit der Energiedifferenz W_{AB} die Summe der beiden zugehörigen Energiebeträge W_1 und W_2 gleich Null sein, d.h:

$$W_1 + W_2 = Q \int_{\substack{A \\ (S_1)}}^{B} \mathbf{E} \cdot \mathbf{ds} + Q \int_{\substack{B \\ (S_2)}}^{A} \mathbf{E} \cdot \mathbf{ds} = 0. \tag{1.11}$$

Würde diese Summe einen von Null unterschiedlichen Wert ergeben, so würde der Ladung auf einem Umlauf $A \rightarrow B \rightarrow A$ die Energie $W_1 + W_2$ zugeführt, bzw. dem Feld entnommen, und das beliebig oft. Dies widerspricht jedoch der physikalischen Tatsache, dass das elektrostatische Feld von ruhenden Ladungen erzeugt wird und sich somit im *Gleichgewichtszustand* befindet. Ohne eine äußere Energiezufuhr gilt deshalb $W_1 = -W_2$. Das negative Vorzeichen ergibt sich durch die umgekehrte Integrationsrichtung $\mathbf{ds}$ für das zweite Integral in (1.11).

> Im elektrostatischen Feld ist die bei der Verschiebung einer Ladung aufgewendete Arbeit vom Weg unabhängig und allein durch die Lage des Anfangs- und Endpunktes definiert (Analogie zum Gravitationsfeld).

Diese fundamentale Eigenschaft lässt sich mit Bezug zu Gl.(1.11) mathematisch wie folgt durch das geschlossene Wegintegral (*Zirkulation*) kompakt formulieren:

$$\oint \mathbf{E} \cdot \mathbf{ds} = 0 \quad (\textit{Wirbelfreiheit}). \tag{1.12}$$

Gl.(1.12) gilt ohne Einschränkung für jeden geschlossenen Umlauf und stellt eines der beiden Grundgesetze des elektrostatischen Feldes dar.

1.4.3 Elektrische Potentialfunktion und Spannung

Da die potentielle Energie nach Gl.(1.10) proportional zur Ladung Q ist, können wir darauf normieren und führen durch Umkehrung der Integrationsrichtung das elektrische Potential als Funktion der oberen Integrationsgrenze $\mathbf{r}$ ein:

$$\varphi(\mathbf{r}) = \frac{W}{Q} = -\int_{\mathbf{r}_0}^{\mathbf{r}} \mathbf{E} \cdot \mathbf{ds} \quad (\textit{elektrisches Potential}). \tag{1.13}$$

Die elektrische Potentialfunktion (1.13) enthält den frei wählbaren Bezugspunkt $\mathbf{r}_0$, sodass $\varphi(\mathbf{r})$ *generell bis auf eine beliebige additive Konstante definiert* ist.

Zweckmäßigerweise wählt man für $\mathbf{r}_0$ ausgezeichnete Punkte, wie z.B. *im Unendlichen* oder auf der *Erdoberfläche*, und ordnet diesem Bezugspunkt den Wert $\varphi(\mathbf{r}_0)$ zu.

Mit Hilfe der Potentialfunktion (1.13) ergibt sich die potentielle Energie W_{AB} einer Ladung Q in einem Punkt $\mathbf{r}_A$ gegenüber dem Punkt $\mathbf{r}_B$ gemäß (1.10) und der Unabhängigkeit vom Integrationsweg wie folgt:

$$W_{AB} = Q\int_{\mathbf{r}_A}^{\mathbf{r}_B}\mathbf{E}\cdot d\mathbf{s} = Q\int_{\mathbf{r}_A}^{\mathbf{r}_0}\mathbf{E}\cdot d\mathbf{s} + Q\int_{\mathbf{r}_0}^{\mathbf{r}_B}\mathbf{E}\cdot d\mathbf{s} = Q\left[\varphi(\mathbf{r}_A)-\varphi(\mathbf{r}_B)\right].$$

W_{AB} ist somit proportional zur *Potentialdifferenz* zwischen A und B, wobei sich die vom Bezugspunkt $\mathbf{r}_0$ abhängige additive Konstante aufhebt. Für die Potentialdifferenz zwischen zwei Punkten im elektrischen Feld verwenden wir auch den Begriff *elektrische Spannung*

$$U_{AB} = \varphi(\mathbf{r}_A)-\varphi(\mathbf{r}_B) = \int_{\mathbf{r}_A}^{\mathbf{r}_B}\mathbf{E}\cdot d\mathbf{s}. \tag{1.14}$$

Entsprechend erhalten wir zwischen der potentiellen Energie und der elektrischen Spannung zwischen zwei Punkten den einfachen Zusammenhang

$$W_{AB} = QU_{AB}, \tag{1.15}$$

mit der in Abb. 1.10 dargestellten positiven Zählrichtung von Punkt A nach Punkt B.

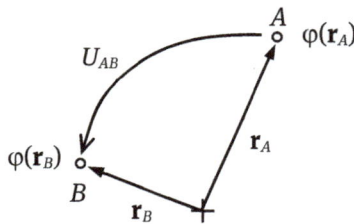

Abb. 1.10: Potentialwerte und resultierende elektrische Spannung zwischen zwei Punkten A und B

Die Spannung bzw. das Potential haben die aus der Energieeinheit Joule (J) und den Basiseinheiten A·s abgeleitete Maßeinheit 'Volt':

$$\left[U\right] = \left[\varphi\right] = \frac{\left[W\right]}{\left[Q\right]} = \frac{\text{J}}{\text{A}\cdot\text{s}} := \text{Volt(V)}.$$

1.4.4 Elektrisches Potential und Feldstärke

Die ortsabhängige Potentialfunktion $\varphi(\mathbf{r})$ stellt ein *skalares Feld* dar. Flächen bzw. Linien im Raum, auf denen das Potential einen konstanten Wert besitzt, nennt man *Äquipotentialflächen* bzw. *-linien* (Abschn. A.1.1). Für jede Wegintegration des elektrischen Feldes auf einer Äquipotentialfläche zwischen zwei Punkten $\mathbf{r}_A$ und $\mathbf{r}_B$ muss nach (1.14) definitionsgemäß gelten

$$\int_{\mathbf{r}_A}^{\mathbf{r}_B} \mathbf{E} \cdot d\mathbf{s} = \varphi(\mathbf{r}_A) - \varphi(\mathbf{r}_B) = 0 \,.$$

Daraus folgt, dass der Vektor der elektrischen Feldstärke $\mathbf{E}$ senkrecht auf den Äquipotentialflächen bzw. -linien steht. $\mathbf{E}$- und φ-Linien bilden somit ein *orthogonales Netz*.

Betrachten wir nun den in Abb. 1.11 dargestellten Schnitt durch zwei benachbarte Äquipotentialflächen, deren Potentialwerte sich um die Differenz $\Delta\varphi$ unterscheiden.

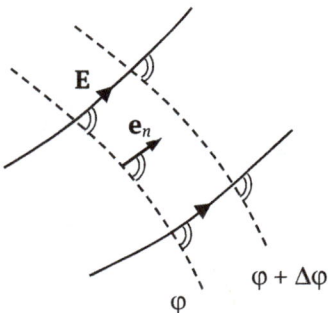

Abb. 1.11: Potential- und Feldlinien im elektrostatischen Feld

Aufgrund der Orthogonalität zwischen $\mathbf{E}$– und φ-Linien zeigt die elektrische Feldstärke stets *in Richtung des stärksten Potentialgefälle*s, da sich für jede andere Richtung eine geringere Änderung des Potentials bei gleicher Wegstrecke ergibt.

Umgekehrt zur Definition des Potentials (1.13) aus dem elektrischen Feld, lässt sich aufgrund dieser Orthogonalitätseigenschaft auch $\mathbf{E}$ aus φ berechnen. Gemäß (1.14) resultiert für die Potentialdifferenz $d\varphi$ zwischen zwei infinitesimal benachbarten Äquipotentialflächen mit $d\mathbf{s} = ds\, \mathbf{e}_n$ und dem Normaleneinheitsvektor $\mathbf{e}_n$ (Abb. 1.11):

$$E\, ds = \varphi - (d\varphi + \varphi) = -d\varphi$$

bzw. durch Umstellung und Multiplikation mit $\mathbf{e}_n$

$$\mathbf{E} = -\frac{d\varphi}{ds}\mathbf{e}_n.$$

Die elektrische Feldstärke ist somit durch die Ableitung der Potentialfunktion in senkrechter Richtung zur Äquipotentialfläche gegeben (Normalableitung). Insofern entspricht diese Definition der Umkehroperation zur Integraldefinition (1.13) des Potentials. Sie setzt jedoch die Kenntnis der Feldrichtung $\mathbf{e}_n$ voraus. Deshalb zerlegt man den Vektor $\mathbf{E}$ in drei zueinander senkrechte Komponenten, die durch die Ableitung in die jeweilige Richtung bestimmt werden können. In kartesischen Koordinaten erhalten wir

$$\mathbf{E} = -\left(\frac{\partial\varphi}{\partial x}\mathbf{e}_x + \frac{\partial\varphi}{\partial y}\mathbf{e}_y + \frac{\partial\varphi}{\partial z}\mathbf{e}_z \right). \qquad (1.16)$$

Für diese Rechenvorschrift wird formal der Operator

$$\text{grad} := \frac{\partial}{\partial x}\mathbf{e}_x + \frac{\partial}{\partial y}\mathbf{e}_y + \frac{\partial}{\partial z}\mathbf{e}_z \quad (\textit{Gradient})$$

eingeführt, der, auf die Funktion φ angewendet, die allgemeine Definition der elektrischen Feldstärke aus dem Potential darstellt:

$$\mathbf{E} = -\text{grad}\,\varphi. \qquad (1.17)$$

Abschließend wollen wir noch feststellen, dass das Superpositionsprinzip wie für die elektrische Feldstärke auch für das Potential folgerichtigerweise gilt:

$$\varphi(\mathbf{r}) = -\int_{\mathbf{r}_0}^{\mathbf{r}} \mathbf{E}\cdot d\mathbf{s} = -\int_{\mathbf{r}_0}^{\mathbf{r}} \left(\sum_i \mathbf{E}_i \right)\cdot d\mathbf{s} = \sum_i \left(-\int_{\mathbf{r}_0}^{\mathbf{r}} \mathbf{E}_i \cdot d\mathbf{s} \right) = \sum_i \varphi_i.$$

Das bedeutet, dass das Potential einer beliebigen Ladungskonfiguration aus den Potentialen φ_i der einzelnen Ladungen zusammengesetzt werden kann. Die elektrische Feldstärke $\mathbf{E}$ der Anordnung kann anschließend durch den Gradienten (1.17) bestimmt werden. Dieses Vorgehen hat bei komplizierten Feldern gegenüber einer direkten vektoriellen Summation von $\mathbf{E}$ den Vorzug der einfacheren skalaren Addition.

1.4.5 Das Potential der Punktladung

Aus dem elektrischen Feld (1.8) und der Rechenvorschrift (1.13) ergibt sich die Potentialfunktion der Punktladung wie folgt:

$$\varphi(\mathbf{r}) = -\int_{\mathbf{r}_0}^{\mathbf{r}} \mathbf{E} \cdot d\mathbf{s} = -\frac{Q}{4\pi\varepsilon} \int_{\mathbf{r}_0}^{\mathbf{r}} \frac{1}{r^2} \mathbf{e}_r \cdot d\mathbf{s} \, .$$

Da der Integralwert unabhängig vom Integrationsweg ist, wählen wir den für die Berechnung einfachsten Pfad in Radialrichtung mit $d\mathbf{s} = dr\,\mathbf{e}_r$, bezogen auf Kugelkoordinaten (A.27). Als Bezugspunkt $\mathbf{r}_0$ wählen wir einen unendlich fernen Punkt, in dem das Potential Null ist und erhalten nach der elementaren Integration als Ergebnis für das *Potential der Punktladung*

$$\varphi(\mathbf{r}) = \frac{Q}{4\pi\varepsilon\,r} \, . \tag{1.18}$$

Verglichen mit dem elektrischen Feld (1.8), das mit dem Quadrat des Abstandes r abnimmt, fällt das Potential der Punktladung nur mit dem einfachen Abstand ab (Abb. 1.12a). Die resultierenden Äquipotentialflächen sind konzentrische Kugelschalen mit ungleichmäßig wachsenden Radien, bei konstanter Potentialdifferenz $\Delta\varphi$ (Abb. 1.12b).

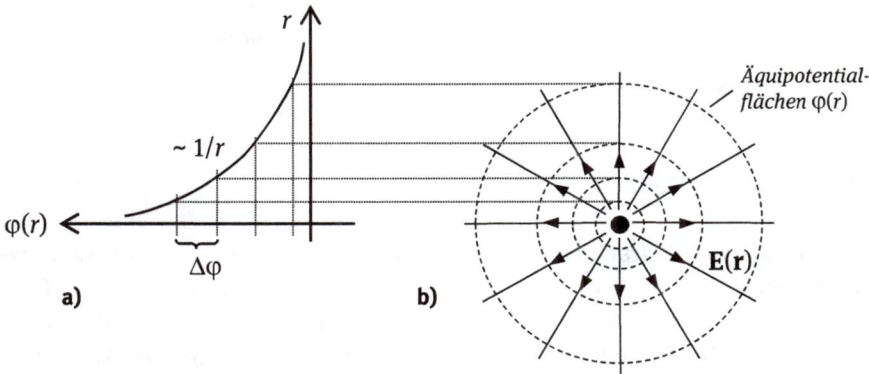

Abb. 1.12: Punktladung: (a) Betragsprofil, (b) Feld- und Potentiallinien

Wir wollen als nächstes die allgemeine Gradientenformel (1.17) zur Berechnung von **E** aus φ am Beispiel der Punktladung verifizieren. Dazu schreiben wir in (1.18) den Abstand r vom Koordinatenursprung in kartesische Koordinaten um, d.h.

$$\mathbf{E} = -\operatorname{grad}\varphi = -\frac{Q}{4\pi\varepsilon}\left(\frac{\partial}{\partial x}\mathbf{e}_x + \frac{\partial}{\partial y}\mathbf{e}_y + \frac{\partial}{\partial z}\mathbf{e}_z\right)\frac{1}{\sqrt{x^2+y^2+z^2}},$$

und erhalten nach Durchführung der drei Differentiationen die Lösung (1.8):

$$\mathbf{E} = \frac{Q}{4\pi\varepsilon}\frac{x\mathbf{e}_x + y\mathbf{e}_y + z\mathbf{e}_z}{(x^2+y^2+z^2)^{3/2}} = \frac{Q}{4\pi\varepsilon}\frac{\mathbf{r}}{r^3} = \frac{Q}{4\pi\varepsilon\, r^2}\mathbf{e}_r.$$

Das Potential einer beliebigen Konfiguration von Punktladungen Q_i, die an den Orten $\mathbf{r}_i$ angeordnet sind (Abb. 1.13), berechnen wir gemäß Superpositionsprinzip durch skalare Addition der Einzelpotentiale, jeweils im Abstand $|\mathbf{r}-\mathbf{r}_i|$ zum Aufpunkt $\mathbf{r}$:

$$\varphi(\mathbf{r}) = \frac{1}{4\pi\varepsilon}\sum_i \frac{Q_i}{|\mathbf{r}-\mathbf{r}_i|}. \qquad (1.19)$$

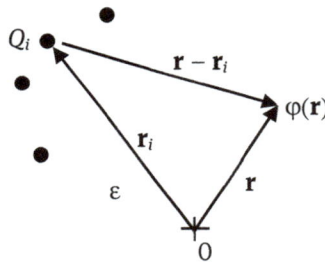

Abb. 1.13: Berechnung des Potentials mehrerer Punktladungen

1.4.6 Das Feld des elektrischen Dipols

Der im Beispiel 1.1 betrachtete Fall mit zwei entgegengesetzten Punktladungen gleicher Größe stellt die elementare Ladungsanordnung eines elektrischen Dipols dar. Das Potential der Anordnung ergibt sich nach (1.19) durch Addition der Einzelpotentiale beider Ladungen im Abstand r^+ bzw. r^- vom Aufpunkt (Abb. 1.14):

$$\varphi = \frac{Q}{4\pi\varepsilon}\left(\frac{1}{r^+} - \frac{1}{r^-}\right).$$

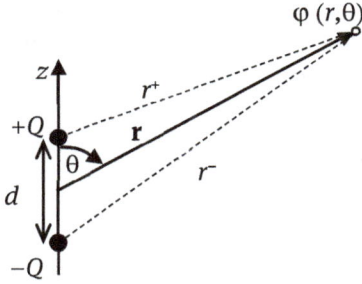

$\varphi\,(r,\theta)$

Aus der Symmetrie der Potentialfunktion in Bezug auf die z-Achse, lässt sich dieser Ausdruck auch in Kugelkoordinaten in Abhängigkeit von r und θ ausdrücken. Die Anwendung des Cosinussatzes für r^+ und r^- ergibt:

$$r^{\pm} = \left(r^2 + (d/2)^2 \mp dr\cos\theta\right)^{1/2} = r\left(1 + \left(\frac{d}{2r}\right)^2 \mp \frac{d}{r}\cos\theta\right)^{1/2}.$$

Wir können nun durch Bildung des Gradienten nach (1.17) das elektrische Feld des Dipols bestimmen, was allerdings einen relativ unübersichtlichen Ausdruck ergeben würde.

In vielen Betrachtungen wird der Dipol als sehr klein angesetzt, d.h. $d \ll r$. Unter dieser Annahme kann der Ausdruck für die beiden Abstände r^+ und r^- wie folgt genähert werden:

$$r^{\pm} \approx r\left(1 \mp \frac{d}{r}\cos\theta\right)^{1/2}.$$

Für den Kehrwert erhalten wir mit $(1+x)^{\alpha} \approx 1 + \alpha x,\ |x| \ll 1$:

$$\frac{1}{r^{\pm}} \approx \frac{1}{r}\left(1 \pm \frac{d}{2r}\cos\theta\right).$$

Daraus resultiert durch Einsetzen für das Potential

$$\varphi(r,\theta) \approx \frac{Q\,d\cos\theta}{4\pi\varepsilon r^2}.$$

Als *Punktdipol* bezeichnet man den Grenzfall

$$d \to 0 \ \text{ mit } \ p = Qd = const. \ \text{(Dipolmoment)}.$$

Ordnen wir dem Dipolmoment **p** wie in Abschn. 1.3.2 noch die Richtung von $-Q$ nach $+Q$ zu, so lässt sich der Ausdruck $Qd\cos\theta$ als Skalarprodukt $\mathbf{p}\cdot\mathbf{e}_r$ schreiben und wir erhalten die koordinatenunabhängige Lösung

$$\varphi(r) = \frac{\mathbf{p}\cdot\mathbf{e}_r}{4\pi\varepsilon\, r^2}.$$

Charakteristisch für das Potential des Dipols ist die quadratische Abstandsabhängigkeit, die im Vergleich zur Punktladung (Monopol) mit $\varphi \sim 1/r$ stärker ausfällt. Dies erklärt sich durch die kompensierende Wirkung der beiden entgegengesetzten Ladungen, die bei $\theta = 90°$ exakt $\varphi = 0$ ergibt.

Zur Berechnung der elektrischen Feldstärke gehen wir am einfachsten von Kugelkoordinaten aus. Die Gradientenformel (1.17) lautet hierfür mit $d\varphi/d\phi = 0$:

$$\mathbf{E} = -\operatorname{grad}\varphi = -\left(\frac{\partial\varphi}{\partial r}\mathbf{e}_r + \frac{1}{r}\frac{\partial\varphi}{\partial\theta}\mathbf{e}_\theta\right).$$

Mit den Ableitungen

$$\frac{\partial\varphi}{\partial r} = -\frac{2p\cos\theta}{4\pi\varepsilon\, r^3} \quad ; \quad \frac{\partial\varphi}{\partial\theta} = -\frac{p\sin\theta}{4\pi\varepsilon\, r^2}$$

erhalten wir die Lösung

$$\mathbf{E} = \frac{p}{4\pi\varepsilon\, r^3}\left(2\cos\theta\,\mathbf{e}_r + \sin\theta\,\mathbf{e}_\theta\right). \tag{1.20}$$

Abb. 1.15 zeigt die Feld- und Äquipotentiallinien des elektrischen Dipols in der r-θ-Ebene. Im oberen Halbraum haben die Potentiallinien ein positives Vorzeichen, während sie in der unteren Raumhälfte negativ sind.

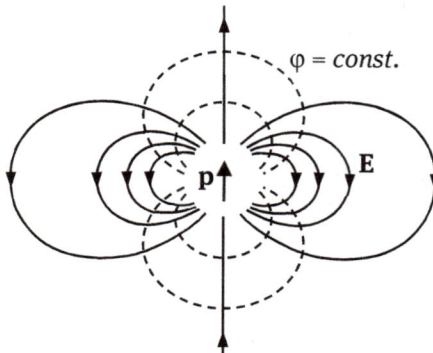

Abb. 1.15: Feld des elektrischen Dipols

1.5 Das Feld kontinuierlicher Ladungsverteilungen

Die einzelnen Elementarladungen (Abschn. 1.1) sind gegenüber den üblicherweise betrachteten Ladungsmengen und Strukturabmessungen so außerordentlich klein, dass ihre mikroskopisch diskrete Natur vernachlässigt werden kann. Analog zur Massendichte in der Mechanik werden sie *makroskopisch als kontinuierlich verteilt* behandelt. Zu diesem Zweck definiert man die *Raumladungsdichte*

$$q = \frac{dQ}{dV} \quad (C/m^3). \tag{1.21}$$

Bei einer ungleichmäßigen Verteilung der Ladung ist die Raumladungsdichte $q(\mathbf{r}')$ eine Funktion des Ortes $\mathbf{r}'$ innerhalb des ladungserfüllten Raumbereichs V.

Zur Berechnung des elektrischen Feldes einer beliebigen Ladungsverteilung betrachten wir zunächst ein infinitesimales Volumenelement dV an der Stelle $\mathbf{r}'$ mit dem Ladungsinhalt $dQ = q(\mathbf{r}')dV$ innerhalb von V (Abb. 1.16). Diese entspricht somit einer Punktladung, die gemäß (1.18) im Abstand $|\mathbf{r} - \mathbf{r}'|$ den differentiellen Beitrag

$$d\varphi = \frac{dQ}{4\pi\varepsilon|\mathbf{r} - \mathbf{r}'|} = \frac{1}{4\pi\varepsilon} \frac{q(\mathbf{r}')dV}{|\mathbf{r} - \mathbf{r}'|} \tag{1.22}$$

zum Gesamtpotential im Aufpunkt $\mathbf{r}$ erzeugt.

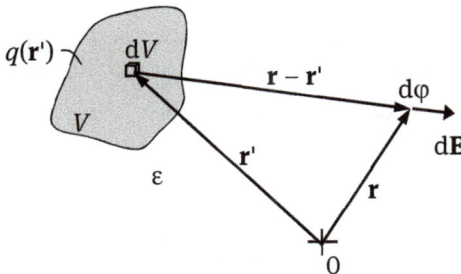

Abb. 1.16: Integration des Feldes eines geladenen Raumbereichs V

In Analogie zur Summation des Feldes einer diskreten Anzahl von Punktladungen (1.19) erhalten wir das Gesamtfeld des geladenen Bereichs V als Integral von (1.22), das wir anschaulich als unendliche Aufsummation über alle Volumenelemente dV verstehen (Abschn. A.3.3):

$$\varphi(\mathbf{r}) = \frac{1}{4\pi\varepsilon} \iiint_V \frac{q(\mathbf{r}')}{|\mathbf{r} - \mathbf{r}'|} dV \quad (Coulombintegral) \tag{1.23}$$

Wir bezeichnen (1.23) auch als das Coulombintegral des elektrischen Potentials. Aus der Lösung kann die elektrische Feldstärke mittels Differentiation (1.17) berechnet werden.

In einfachen Fällen kann der elektrische Feldstärkevektor **E** auch direkt integriert werden. Analog zum Potential erhalten wir mit dem Differential der elektrischen Feldstärke einer Punktladung (1.8)

$$d\mathbf{E} = \frac{dQ}{4\pi\varepsilon|\mathbf{r}-\mathbf{r'}|^2}\mathbf{e}_r = \frac{1}{4\pi\varepsilon}\frac{q(\mathbf{r'})dV}{|\mathbf{r}-\mathbf{r'}|^3}(\mathbf{r}-\mathbf{r'})$$

das Coulombintegral des elektrischen Feldes

$$\mathbf{E} = \frac{1}{4\pi\varepsilon}\iiint_V \frac{q(\mathbf{r'})}{|\mathbf{r}-\mathbf{r'}|^3}(\mathbf{r}-\mathbf{r'})dV \quad \text{(Coulombsches Feldintegral).} \tag{1.24}$$

Dieses vektorwertige Integral erfordert im Allgemeinen jeweils eine Lösung für die drei Feldkomponenten.

In vielen Fällen ist die Ladung nur in einer *gegenüber dem Betrachtungsabstand sehr dünnen Schicht auf einer Oberfläche A* verteilt (Abb. 1.17a). Man kann dann die Schichtdicke vernachlässigen und definiert eine *Flächenladungsdichte*

$$q_A = \frac{dQ}{dA} \quad (C/m^2). \tag{1.25}$$

Das Ladungselement $dQ = q_A\,dA$ ist in diesem Fall mit dem Flächenelement dA verknüpft, sodass das Coulombintegral (1.23) bzw. (1.24) auf ein Zweifachintegral über die geladene Fläche A reduziert wird.

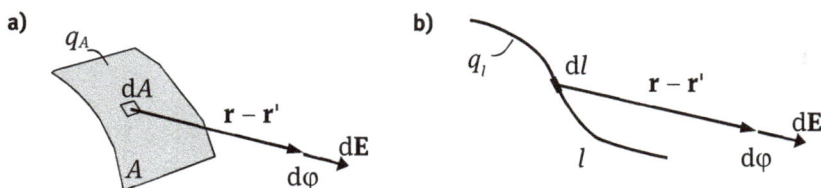

Abb. 1.17: (a) Flächenladung, (b) Linienladung

Häufig ist die Ladung sogar nur entlang eines *gegenüber dem Betrachtungsabstand sehr dünnen Raumgebietes der Länge l* verteilt, wie z.B. auf Drähten (Abb. 1.17b).

Hierbei kann der Querschnitt vernachlässigt werden und man definiert die *Linienladungsdichte*

$$q_l = \frac{dQ}{dl} \quad (C/m).$$ (1.26)

Das Ladungselement $dQ = q_l\, dl$ ist in einem solchen Fall mit dem Linienelement dl verknüpft, sodass das Coulombintegral (1.23) bzw. (1.24) sich auf ein einfaches Integral über die geladene Linie der Länge l reduziert.

Beispiel 1.2: Das Feld der Linienladung

Gegeben ist eine einheitliche Linienladungsdichte $q_l = const.$ unbegrenzter Länge entlang der z-Achse. Das gesuchte Feld ist im senkrechten Abstand ρ von der z-Achse unabhängig vom Betrachtungswinkel, sodass wir Zylinderkoordinaten wählen.

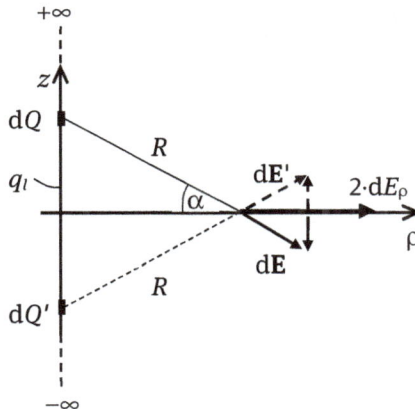

Ein Ladungselement dQ im Abstand $R = |\mathbf{r} - \mathbf{r}'|$ zum Aufpunkt erzeugt den differentiellen Feldbeitrag

$$d\mathbf{E} = dE_\rho\, \mathbf{e}_\rho + dE_z\, \mathbf{e}_z$$

mit einer Komponente in ρ- und z-Richtung. Für jedes Elementepaar (dQ, dQ') im gleichen Abstand vom Koordinatenursprung gilt jedoch

$$dE_z + dE_z' = 0\,,$$

sodass das resultierende Feld der Linienladung insgesamt keine z-Komponente besitzt. Dagegen addieren sich die ρ-Komponenten in gleicher Richtung. Wir setzen also für die Integration des elektrischen Feldes nur das Differential der Radialkomponente an:

$$\mathrm{d}E_\rho = \frac{1}{4\pi\varepsilon}\frac{\mathrm{d}Q}{R^2}\cos\alpha .$$

Mit $\mathrm{d}Q = q_l\,\mathrm{d}z$ und $\cos\alpha = \rho/R = \rho/\sqrt{\rho^2 + z^2}$ lautet das Integral der Feldstärke

$$E_\rho = \frac{q_l\rho}{4\pi\varepsilon}\int_{-\infty}^{+\infty}\frac{1}{(\rho^2 + z^2)^{3/2}}\mathrm{d}z ,$$

mit der Lösung

$$E_\rho = \frac{q_l\rho}{4\pi\varepsilon}\left[\frac{z}{\rho^2\sqrt{\rho^2 + z^2}}\right]_{-\infty}^{+\infty} = \frac{q_l\rho}{4\pi\varepsilon}\left[\left(\frac{1}{\rho^2}\right) - \left(-\frac{1}{\rho^2}\right)\right] = \frac{q_l}{2\pi\varepsilon}\frac{1}{\rho} .$$

Eine Linienladung unbegrenzter Länge besitzt also das einfache zylindersymmetrische Feld

$$\mathbf{E} = \frac{q_l}{2\pi\varepsilon\,\rho}\mathbf{e}_\rho . \tag{1.27}$$

Es stellt wie das kugelsymmetrische Feld der Punktladung (1.8) ein elementares elektrisches Feld dar, dessen Stärke im Gegensatz dazu nur mit dem einfachen reziproken Abstand abnimmt. Für die Potentialfunktion (1.13)

$$\varphi(\mathbf{r}) = -\int_{\mathbf{r}_0}^{\mathbf{r}}\mathbf{E}\cdot\mathrm{d}\mathbf{s}$$

wählen wir den zu $\mathbf{E}$ parallelen Integrationsweg in radialer Richtung mit $\mathrm{d}\mathbf{s} = \mathrm{d}\rho\,\mathbf{e}_\rho$ (A.21) und erhalten nach Lösung des elementaren Integrals mit dem willkürlichen Bezugsabstand ρ_0

$$\varphi = -\frac{q_l}{2\pi\varepsilon}\int_{\rho_0}^{\rho}\frac{1}{\rho}\mathrm{d}\rho = -\frac{q_l}{2\pi\varepsilon}\Big[\ln(\rho)\Big]_{\rho_0}^{\rho}$$

als Ergebnis

$$\varphi(\rho) = -\frac{q_l}{2\pi\varepsilon} \ln\left(\frac{\rho}{\rho_0}\right).$$

Man bezeichnet diese Lösung auch als *logarithmisches Potential*. Es weist im Vergleich zur Punktladung (1.8) die Einschränkung auf, dass der Bezugspunkt ρ_0 *nicht ins Unendliche* gelegt werden kann, da

$$\varphi(\rho)\Big|_{\rho_0\to\infty} = -\frac{q_l}{2\pi\varepsilon} \ln\left(0\right) \to \infty.$$

Diese Einschränkung gilt nicht nur spezifisch für die Linienladung, sondern für jede Ladungsverteilung unbegrenzter Ausdehnung, wie im nachfolgenden Beispiel 1.3 bestätigt wird. Wir halten deshalb folgende Merkregel fest:

> Bei unendlich ausgedehnten Ladungsverteilungen muss der Bezugspunkt des Potentials im Endlichen liegen.

Die Feld- und Äquipotentiallinien der Linienladung ähneln in jedem senkrechten Schnitt qualitativ dem in Abb. 1.12b skizzierten Feldbild der Punktladung.

Beispiel 1.3: Das Feld der ladungsbelegten Ebene

Betrachtet wird eine unbegrenzte Fläche A in der x-y-Ebene, auf der eine konstante Flächenladungsdichte $q_A = const.$ gegeben ist.

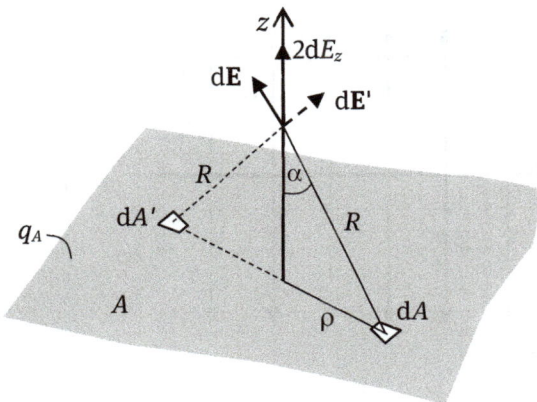

Bei festem senkrechten Abstand von der Ebene kann das Feld somit nicht von der horizontalen Position abhängen, sodass die Wahl von Zylinderkoordinaten für dieses

Problem am zweckmäßigsten ist. Ein Flächenelement dA auf der Ebene mit der Ladung dQ erzeugt in einem beliebigen Aufpunkt entlang der z-Achse den differentiellen Feldbeitrag d$\mathbf{E}$, mit jeweils einer ρ- und z-Komponente. Hierbei hebt sich jedoch die ρ-Komponente für jedes symmetrische Elementepaar dA und dA' auf, während sich die z-Komponenten gleichsinnig addieren.

Gemäß (1.24) lautet das Integral für die z-Komponente des elektrischen Feldes mit $R = |\mathbf{r} - \mathbf{r}'|$

$$E_z = \frac{1}{4\pi\varepsilon} \iint_A \frac{dQ}{R^2}\cos\alpha.$$

Mit $dQ = q_A\,dA$, $dA = dA_z = \rho\,d\phi\,d\rho$ (A.22) und $\cos\alpha = z / \sqrt{\rho^2 + z^2}$ erhalten wir mit

$$E_z = \frac{q_A z}{4\pi\varepsilon} \int_{\phi=0}^{2\pi} \int_{\rho=0}^{\infty} \frac{\rho}{(\rho^2 + z^2)^{3/2}}\,d\phi\,d\rho = \frac{q_A z}{2\varepsilon}\left[\frac{-1}{\sqrt{\rho^2 + z^2}}\right]_0^{\infty}$$

das Ergebnis

$$E_z = \frac{q_A}{2\varepsilon}. \tag{1.28}$$

Dieses Resultat ist insofern überraschend, als es nicht vom Abstand zur Ladung auf der Ebene abhängt. Es handelt sich somit um ein *homogenes Feld*, das, bezogen auf eine positive Ladung, senkrecht von der Ebene weg zeigt.

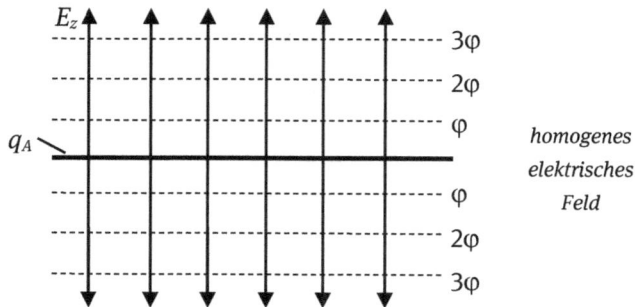

homogenes
elektrisches
Feld

Das gilt ebenfalls für den Bereich unterhalb der Ebene, sodass dort das Vorzeichen von E_z wechseln muss. Dies resultiert auch tatsächlich aus der obigen Rechnung, wenn man den Definitionsbereich um $z < 0$ erweitert:

$$E_z = \frac{q_A z}{2\varepsilon}\left[\frac{-1}{\sqrt{\rho^2 + z^2}}\right]_0^\infty = \frac{q_A z}{2\varepsilon}\left(\frac{1}{|z|}\right) = \pm\frac{q_A}{2\varepsilon} \text{ , für } z \gtrless 0.$$

Für das Potential (A.14) integrieren wir parallel zum Feld in z-Richtung und erhalten

$$\varphi(z) = -\int_{z_0}^z E_z\, dz = \mp\frac{q_A}{2\varepsilon}(z - z_0), \text{ für } z \gtrless 0\,.$$

Die Äquipotentialflächen werden also durch eine parallele Ebenenschar repräsentiert, die senkrecht zu den Feldlinien stehen.

Beispiel 1.4: Feld einer geladenen Kreisscheibe

Zu berechnen ist das Feld einer begrenzten ladungsbelegten Fläche A in Form einer Kreisscheibe mit Radius a. Mit $q_A = const.$ liegt Zylindersymmetrie vor und wir legen den Ursprung des Zylinderkoordinatensystems in den Scheibenmittelpunkt.

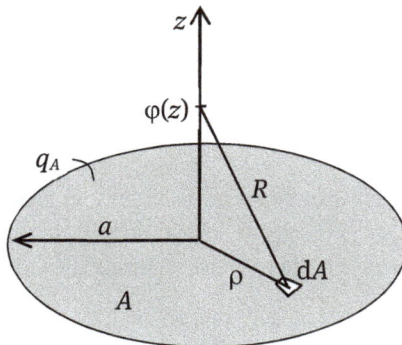

Im Gegensatz zur Ebene (Beispiel 1.3) hängt das Feld von allen 3 Raumkoordinaten ab, wobei sich die ρ- und z-Komponenten nur entlang der Symmetrieachse aufheben. Deshalb wollen wir die Aufpunkte darauf beschränken und beginnen in diesem Beispiel alternativ mit der Bestimmung des Potentials entlang der z-Achse gemäß (1.23) mit $R = |\mathbf{r} - \mathbf{r}'|$:

$$\varphi(z) = \frac{1}{4\pi\varepsilon}\iint_A \frac{q_A}{R}\, dA\,.$$

Mit $dA = dA_z = \rho\, d\phi\, d\rho$ (A.22) und $R = \sqrt{\rho^2 + z^2}$ erhalten wir als Ergebnis

$$\varphi(z) = \frac{q_A}{4\pi\varepsilon} \int\limits_{\phi=0}^{2\pi} \int\limits_{\rho=0}^{a} \frac{\rho\, d\phi\, d\rho}{\sqrt{\rho^2 + z^2}} = \frac{q_A}{2\varepsilon} \int\limits_{\rho=0}^{a} \frac{\rho\, d\rho}{\sqrt{\rho^2 + z^2}} = \frac{q_A}{2\varepsilon} \left(\sqrt{a^2 + z^2} - |z| \right).$$

Erwartungsgemäß ist die Potentialfunktion $\varphi(z)$ symmetrisch bzgl. des Koordinatenursprungs.

Die aus der Potentialfunktion resultierende elektrische Feldstärke ergibt sich nach (1.16) zu

$$\mathbf{E} = -\operatorname{grad}\varphi = -\frac{\partial\varphi}{\partial z}\mathbf{e}_z,$$

wobei die horizontalen Ableitungen aufgrund der Zylindersymmetrie der Lösung um die z-Achse Null sein müssen. Die Ausführung der Ableitung ergibt als Lösung

$$E_z(z) = -\frac{q_A}{2\varepsilon}\frac{\partial}{\partial z}\left(\sqrt{a^2 + z^2} - |z| \right) = -\frac{q_A}{2\varepsilon}\left(\frac{z}{\sqrt{a^2 + z^2}} \mp 1 \right), \text{ für } z \gtrless 0.$$

Wir wollen nun die Lösung in Bezug auf zwei Grenzfälle untersuchen.

$a \to \infty$ (Ebene):

$$\lim_{a\to\infty} E_z(z) = \pm\frac{q_A}{2\varepsilon} \quad (z \gtrless 0) \quad \text{(Vgl. direkte Berechnung in Beispiel 1.3)}$$

$z \to \infty$ (Fernfeld):

Wir wollen hierbei nicht den Grenzwert bestimmen, der sich zu Null ergibt, sondern die *asymptotische Lösung* für große Abstände. Dazu nehmen wir folgende Umformung vor und verwenden die Näherungsformel $(1 + x)^{\alpha} \approx 1 + \alpha x$; für $x \ll 1$.

$$E_z(z) = -\frac{q_A}{2\varepsilon}\left(\frac{1}{\sqrt{1 + (a/z)^2}} - 1 \right) \approx -\frac{q_A}{2\varepsilon}\left(1 - \frac{1}{2}(a/z)^2 - 1 \right) = \frac{q_A a^2}{4\varepsilon z^2}.$$

Da es sich um eine unipolare Ladungsverteilung handelt, erwarten wir, dass die Lösung mit zunehmender Entfernung *asymptotisch* gegen die Lösung der Punktladung strebt, da die Scheibe zu einem Punkt schrumpft. Ihre Größe entspricht dabei der gesamten Ladung auf der Scheibe $Q = q_A \pi a^2$. Umstellen nach q_A und Einsetzen ergibt die zu (1.8) korrespondierende Lösung im Abstand z:

$$E_z(z) \approx \frac{Q}{4\pi\varepsilon z^2}.$$

1.6 Das Gaußsche Gesetz – Elektrische Flussdichte

Das Gaußsche Gesetz beschreibt einen fundamentalen Zusammenhang zwischen der Ladung und ihrem Feld. Hierbei spielt der Begriff des *elektrischen Flusses* eine zentrale Rolle. Das Gaußsche Gesetz und das Gesetz von der Wirbelfreiheit (1.12) stellen die beiden Grundgesetze des elektrostatischen Feldes dar.

1.6.1 Vektorfluss

Betrachten wir zunächst eine Teilfläche ΔA durch die der Vektor **D** unter dem Winkel θ gegenüber dem Normalen-Einheitsvektor $\mathbf{e}_n$ hindurchtritt (Abb. 1.18).

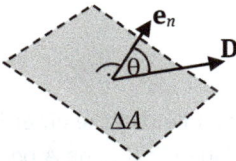

Abb. 1.18: Zur Definition des Vektorflusses $\Delta\Psi$ durch ein Flächenelement ΔA

Wir bezeichnen das Produkt aus der zur Fläche senkrechten Komponente von **D** und der Fläche

$$\Delta\Psi = \left|\mathbf{D}\right|\cos\theta\,\Delta A$$

als den Vektorfluss $\Delta\Psi$ des Vektorfeldes **D** durch das Flächenelement ΔA. Ist **D** parallel zu ΔA gerichtet ($\mathbf{D} \perp \mathbf{e}_n$) wird $\Delta\Psi$ Null. Bei entgegengesetzter Normalkomponente von **D** zu $\mathbf{e}_n$ ist $\Delta\Psi$ negativ. Diesen Zusammenhang können wir allgemein als Skalarprodukt (A.6) zwischen den Vektoren **D** und $\mathbf{e}_n$, bzw. durch Verwendung des *gerichteten Flächenelementes* $\Delta\mathbf{A} = \Delta A \cdot \mathbf{e}_n$, zwischen **D** und $\Delta\mathbf{A}$ interpretieren, d.h.

$$\Delta\Psi = \mathbf{D}\cdot\mathbf{e}_n\,\Delta A = \mathbf{D}\cdot\Delta\mathbf{A}\,.$$

Der Begriff des Vektorflusses lässt sich beispielsweise durch eine Gas- oder Flüssigkeitsströmung veranschaulichen. Betrachten wir dazu in Abb. 1.18 anstelle von **D** den Geschwindigkeitsvektor **v** einer solchen Strömung. Dann ist das Produkt **v**·$\Delta\mathbf{A}$ (m/s·m²) gleich dem pro Zeiteinheit durch ΔA durchfließenden Volumen. Es ist dann anschaulich klar, dass dieser Fluss Null sein muss, wenn die Strömung an der Fläche vorbeifließt ($\mathbf{v} \perp \mathbf{e}_n$), bzw. negativ zu zählen ist, wenn die Strömung umgekehrt zur Bezugsrichtung $\mathbf{e}_n$ durch die Fläche tritt.

Verallgemeinern wir nun den Flussbegriff für eine beliebig geformte Fläche A und ein ortsabhängiges Vektorfeld $\mathbf{D}(\mathbf{r})$ und denken uns die Fläche in eine Anzahl von kleineren Flächenelementen ΔA unterteilt (Abb. A.8). Mit feiner werdender Unterteilung der Fläche strebt die Summe aller Teilflüsse $\Delta\Psi$

$$\Psi = \lim_{\substack{i \to \infty \\ \Delta A \to 0}} \sum_i \mathbf{D}(\mathbf{r}_i) \cdot \Delta\mathbf{A} = \iint_A \mathbf{D}(\mathbf{r}) \cdot d\mathbf{A}$$

einem Grenzwert Ψ zu, der dem gesamten Vektorfluss durch die Fläche A entspricht und mit dem Flächenintegral des ortsabhängigen Skalarproduktes $\mathbf{D}\cdot d\mathbf{A}$ über A symbolisiert wird (Abschn. A.3.2). Bezeichnet Ψ den Fluss einer physikalischen Größe, so ist der zugehörige Vektor $\mathbf{D}$ als *Flussdichte* ("Fluss/Fläche") der betreffenden Größe aufzufassen, was auch dimensionell aus obiger Definition folgt.

1.6.2 Die elektrische Flussdichte

Wir wollen zunächst den Vektorfluss der elektrischen Feldstärke einer Punktladung bestimmen, die durch eine die Ladung umschließende Hüllfläche A beliebiger Form hindurchtritt (Abb. 1.19).

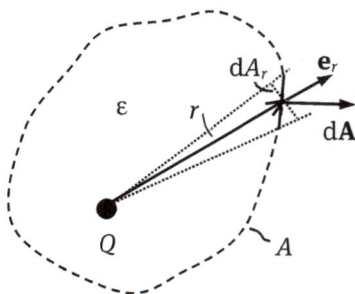

Abb. 1.19: Elektrischer Fluss einer Punktladung durch beliebige Hüllfläche A

Wir setzten dazu die Punktladung Q in den Ursprung eines Kugelkoordinatensystems und setzen den Ausdruck (1.8) in das geschlossene Flächenintegral ein:

$$\oiint_A \mathbf{E} \cdot d\mathbf{A} = \frac{Q}{4\pi\varepsilon} \oiint_A \frac{\mathbf{e}_r \cdot d\mathbf{A}}{r^2} \; .$$

Hierbei haben wir ein homogenes Medium, d.h. $\varepsilon \neq f(\mathbf{r})$, angenommen. Das ortsabhängige Skalarprodukt $\mathbf{e}_r\cdot d\mathbf{A}$ auf der Hüllfläche ergibt die zu $\mathbf{e}_r$ senkrechte

Projektion von d**A**, also $dA_r = r^2 \sin\theta d\theta d\phi$ (A.28). Nach Ausführung der beiden Integrationen erhalten wir schließlich als Ergebnis

$$\oiint_A \mathbf{E} \cdot d\mathbf{A} = \frac{Q}{4\pi\varepsilon} \int_0^{2\pi} d\phi \int_0^\pi \sin\theta d\theta = \frac{Q}{2\varepsilon} \int_0^\pi \sin\theta d\theta = \frac{Q}{\varepsilon}.$$

Das Ergebnis des Hüllenintegrals ist also unabhängig von der Form der Hülle. Um diesen fundamentalen Zusammenhang in einem beliebigen Medium $\varepsilon = f(\mathbf{r})$ formulieren zu können, führen wir ein zweites elektrisches Vektorfeld

$$\mathbf{D} = \varepsilon\,\mathbf{E} \qquad\qquad (1.29)$$

ein, das wir die *elektrische Flussdichte (Erregung)* nennen, sodass das Hüllenintegral

$$\oiint_A \mathbf{D} \cdot d\mathbf{A} = \frac{Q}{4\pi} \oiint_A \frac{dA_r}{r^2} = Q \qquad\qquad (1.30)$$

genau den Wert der eingeschlossenen Punktladung Q ergibt. Des Weiteren folgt aus dem *Superpositionsprinzip* für eine beliebige Anzahl und Anordnung von Punktladungen Q_i mit den Einzelfeldern $\mathbf{D}_i$:

$$\oiint_A \mathbf{D} \cdot d\mathbf{A} = \oiint_A \left(\sum_i \mathbf{D}_i \right) \cdot d\mathbf{A} = \sum_i \oiint_A \mathbf{D}_i \cdot d\mathbf{A} = \sum_i Q_i.$$

Dieses Ergebnis lässt sich schließlich auf eine kontinuierlich verteilte Ladung erweitern, die durch die Ladungsdichte q innerhalb eines Volumens V definiert ist und von der Fläche A eingeschlossen wird, d.h.

$$\oiint_A \mathbf{D} \cdot d\mathbf{A} = \iiint_{V(A)} q\,dV = Q_{ges} \qquad \textit{Gaußsches Gesetz.} \qquad (1.31)$$

Das Gaußsche Gesetz (1.31) gilt also allgemein für eine beliebig verteilte Ladung Q_{ges} (diskret und kontinuierlich) innerhalb einer geschlossenen Fläche A und besagt:

> Der elektrische Fluss, der durch eine geschlossene Fläche tritt, ergibt die Summe der darin eingeschlossenen Ladung.

Wie in (1.30) ersichtlich ist, beruht das Gaußsche Gesetz auf der $1/r^2$-Abhängigkeit des elektrischen Feldes der Punktladung. Es ist damit physikalisch so zu interpretieren, dass die Kenntnis der elektrischen Flussdichte **D** der Kenntnis der vorhandenen Ladung äquivalent ist.

Beispiel 1.5: Gaußsches Gesetz

Für das Feld eines elektrischen Dipols (Beispiel 1.1) soll der elektrische Fluss

$$\Psi = \oiint_A \mathbf{D} \cdot \mathrm{d}\mathbf{A}$$

durch 5 verschiedene Hüllflächen bestimmt werden (siehe Skizze).

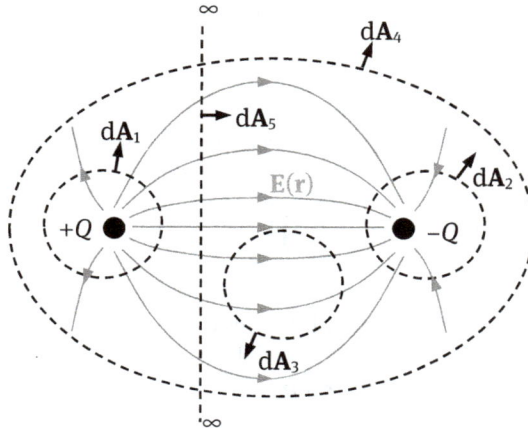

Wie man anhand des skizzierten Feldbildes in Beispiel 1.1 sehen kann, ist eine direkte Berechnung des Hüllenintegrals bereits für diese relativ einfache Ladungsanordnung recht kompliziert. Es ist auch gemäß Gaußschem Gesetz (1.31) überhaupt nicht notwendig und wir können die Ergebnisse direkt angeben:

Fläche	Fluss Ψ
A_1	$+Q$
A_2	$-Q$
A_3	0
A_4	0
A_5	$+Q$

Für die Flächen A_1 und A_2 ist Ψ gleich der eingeschlossenen Ladung $+Q$ bzw. $-Q$. Für die Fläche A_3 muss $\Psi = 0$ sein, da darin keine Ladung eingeschlossen ist. Offensichtlich ist der Teilfluss, der in A_3 reinfließt (negatives Vorzeichen), gleich dem austretenden Fluss mit positivem Vorzeichen. Dies gilt ebenso für A_4, jedoch aus dem Grund, dass die Summe der beiden eingeschlossenen Ladungen gleich Null ist. Wäre beispielsweise die linke, positive Ladung doppelt so groß, wäre Ψ stattdessen $+Q$. Das letzte Beispiel A_5 stellt mit einer unbegrenzten Fläche den Grenzfall einer geschlossenen Hülle dar, wobei durch die gewählte Richtung von d$\mathbf{A}_5$ der linke Raum innen liegt. Somit ist die eingeschlossene Ladung gleich $+Q$. Man kann das Ergebnis auch so interpretieren, dass sämtliche Feldlinien die aus $+Q$ entspringen und in $-Q$ münden, durch A_5 hindurchtreten. Bei umgekehrter Richtung von d$\mathbf{A}_5$ wäre das Ergebnis $-Q$.

1.6.3 Anwendung des Gaußschen Gesetzes

Das Gaußsche Gesetz (1.31) kann zur Berechnung des Feldes einfacher Ladungsanordnungen mit *hoher Symmetrie* direkt ausgewertet werden. Notwendig dafür ist eine geeignete Hüllfläche (*Gaußsche Fläche*), auf der in jedem Punkt gilt $\mathbf{D}\cdot$d$\mathbf{A}$ = *const.*, was auf Teilen der Fläche auch Null sein kann, dort wo $\mathbf{D} \perp$ d$\mathbf{A}$ ist. Das setzt eine gewisse Kenntnis des gesuchten Feldes voraus, die nur bei einfachen Ladungsverteilungen möglich ist. Die eigentliche Berechnung ist dafür gegenüber der direkten Aufstellung und Lösung des Coulombintegrals (1.24) sehr einfach.

Beispiel 1.6: Das Feld der Punktladung

Die Anwendung des Gaußschen Gesetzes soll für das bereits bekannte Feld der Punktladung demonstriert werden. Die Isotropie des Raumes vorausgesetzt, gibt es für die aus der Punktladung ausströmenden Feldlinien keine Vorzugsrichtung, sodass das gesuchte Feld kugelsymmetrisch sein muss und nur vom Abstand r abhängig sein kann, d.h.:

$$\mathbf{D} = D_r(r)\,\mathbf{e}_r\,.$$

Die für die Auswertung des Gaußschen Gesetzes geeignete Hüllfläche A ist damit eine Kugelfläche mit Radius r, auf der in jedem Punkt gilt: $\mathbf{D} \parallel$ d$\mathbf{A}$ und damit $\mathbf{D}\cdot$d$\mathbf{A}$ = *const.*

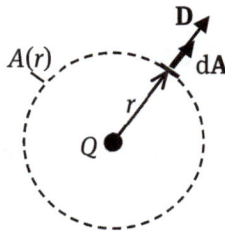

Die Auswertung von (1.31) ergibt mit dem Kugelflächenelement dA_r (A.28)

$$\oiint_A \mathbf{D} \cdot d\mathbf{A} = \oiint_{A(r)} D_r(r) dA_r = D_r(r) \oiint_{A(r)} dA_r = D_r(r) 4\pi r^2 \overset{!}{=} Q.$$

Hierbei markieren die beiden senkrechten Striche das Gleichheitszeichen im Gaußschen Gesetz, in dem das Hüllenintegral mit der eingeschlossenen Punktladung Q gleichzusetzen ist. Die Auflösung der Gleichung nach dem Feld ergibt mit (1.29) das bekannte Ergebnis (1.8):

$$\mathbf{E} = \frac{Q}{4\pi\varepsilon r^2} \mathbf{e}_r.$$

Beispiel 1.7: Das Feld der Linienladung

Als weiteres Anwendungsbeispiel soll das Feld der unendlich langen Linienladung (1.27) aus Beispiel 1.2 mit dem Gaußschen Gesetz bestimmt werden. Für eine konstante Linienladungsdichte q_l entlang der z-Achse kann das gesuchte Feld aufgrund der Zylindersymmetrie weder von z noch von ϕ abhängen, d.h.:

$$\mathbf{D} = D_\rho(r)\mathbf{e}_\rho.$$

Als Gaußsche Hülle kommt deshalb ein um die z-Achse angeordneter Kreiszylinder mit Radius ρ und Höhe h in Frage. Auf den beiden Deckflächen ist $\mathbf{D} \perp d\mathbf{A}$, sodass das Flächenintegral dort Null ist. Auf der Mantelfläche $A(\rho) = 2\pi\rho h$ gilt dagegen $\mathbf{D} \parallel d\mathbf{A}$ und wir erhalten für das Integral den einfachen Ausdruck

$$\iint_{A(\rho)} \mathbf{D} \cdot d\mathbf{A} = D_\rho(\rho) 2\pi\rho h.$$

Mit der innerhalb des Zylinders eingeschlossenen Ladung $Q = q_l h$ ergibt die Auswertung des Gaußschen Gesetzes (1.31) also insgesamt

$$\oiint_A \mathbf{D} \cdot d\mathbf{A} = D_\rho 2\pi\rho h \overset{!}{=} q_l h,$$

und somit das mit dem Coulombintegral übereinstimmende Radialfeld (1.27)

$$D_\rho = \frac{q_l}{2\pi\rho} \quad \text{bzw.} \quad E_\rho = \frac{q_l}{2\pi\varepsilon\rho}.$$

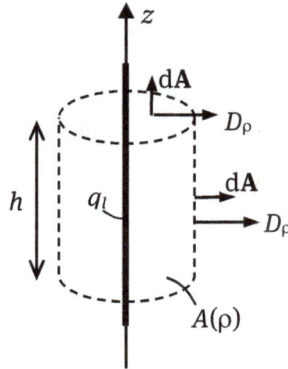

Beispiel 1.8: Das Feld der Flächenladung

Schließlich wollen wir auch das Feld der geladenen Ebene (Beispiel 1.3) mit dem Gaußschen Gesetz verifizieren. Aufgrund der konstanten Flächenladungsdichte q_A kann das gesuchte Feld nicht von der horizontalen Position des Aufpunktes abhängen. Außerdem müssen die Feldlinien, die aus den Flächenladungen ausströmen im oberen und unteren Halbraum entgegengesetzt gerichtet sein. Als Gaußsche Hülle bietet sich deshalb ein senkrecht angeordneter, gleichförmiger Zylinder mit ebenen Deckflächen an, der je zur Hälfte in beiden Halbräumen liegt.

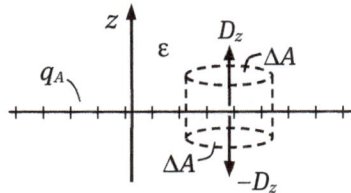

Für das gesuchte Feld setzen wir an

$$\mathbf{D} = \pm D_z\, \mathbf{e}_z \quad \text{für } z \gtrless 0.$$

Eine mögliche, zusätzliche Horizontalkomponente von $\mathbf{D}$ würde bei der Integration über die Mantelfläche keinen Beitrag liefern. Dies gilt auch für D_z wegen $\mathbf{D} \perp \mathrm{d}\mathbf{A}$, sodass vom gesamten Hüllenintegral nur die gleichgroßen Beiträge auf den beiden Deckflächen ΔA übrig bleiben, d.h.

$$\oiint \mathbf{D}\cdot d\mathbf{A} = 2D_z\,\Delta A = q_A\,\Delta A\,,$$

mit der innerhalb des Zylinders eingeschlossenen Ladung $q_A\Delta A$. Wir erhalten somit als Lösung das mit (1.28) übereinstimmende homogene Feld

$$D_z = \frac{q_A}{2} \quad \text{bzw.} \quad E_z = \frac{q_A}{2\varepsilon}\,.$$

1.7 Materie im elektrischen Feld

Materie besteht aus Atomen, die im Kern Protonen mit positiver Elementarladung $+e$ und um den Kern Elektronen mit negativer Elementarladung $-e$ enthalten (Abschn. 1.1). Unter dem Einfluss eines äußeren elektrischen Feldes unterliegen beide der Coulombschen Kraftwirkung $\mathbf{F} = Q\cdot\mathbf{E}$ (1.7), die zu einer Verschiebung ihrer Lage führt. Wir bezeichnen diesen Vorgang allgemein als *elektrische Polarisation* der Materie. Sie ist im Einzelnen abhängig von den spezifischen Eigenschaften des Materials. Wir unterteilen Materie diesbezüglich in Leiter und Nichtleiter (*Dielektrika*).

1.7.1 Leiter – Influenz

Leiter sind typischerweise Metalle, in denen ein Teil der Elektronen keine feste Zuordnung zum einzelnen Atom hat. Diese Elektronen können sich innerhalb eines ganzen Atomverbandes (Atomgitter) quasi frei bewegen. Bei Einbringung eines ungeladenen leitenden Körpers in ein elektrisches Feld $\mathbf{E}_0$ werden diese frei beweglichen Elektronen verschoben und häufen sich auf der dem Feld zugewandten Seite an, während auf der anderen Seite unneutralisierte positive Atome (Elektronenmangel) verbleiben (Abb. 1.20). Dieses Phänomen nennt man *Influenz*. Die Ladungen ordnen sich dabei so um, bis sich die Coulombkräfte des äußeren Feldes und des durch die Ladungstrennung erzeugten Gegenfeldes exakt kompensieren, d.h. dass das *Innere des Leiters feldfrei* wird. Andernfalls würde die Elektronenbewegung nicht zum Erliegen kommen. Dieser Gleichgewichtszustand stellt sich in üblichen Leitern quasi instantan ein. Für Kupfer liegt diese Zeitdauer in der Größenordnung von 10^{-18} s.

Da die Elektronen bei der Influenz den Leiter nicht verlassen können, bleibt die Summe aus positiver und negativer Ladung innerhalb des ungeladenen Körpers unverändert, d.h. *der Leiter ist im Feld weiterhin ungeladen aber polarisiert.*

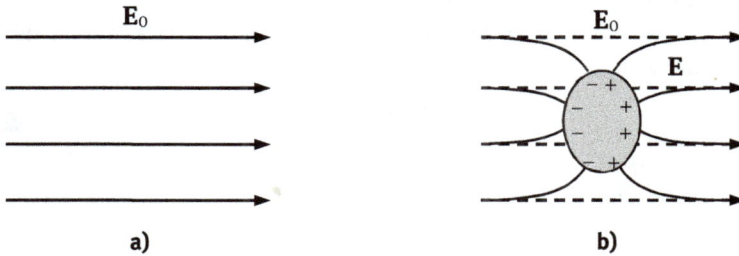

Abb. 1.20: Elektrischen Feld (a) vor und (b) nach Einbringung eines Leiters

Während im unpolarisierten Leiter alle Ladungen derart verteilt sind, dass in Summe sich alle Einzelfelder kompensieren, ist dies im polarisierten Zustand nicht mehr der Fall. Außerhalb des Leiters ergibt das von den getrennten Ladungen produzierte Sekundärfeld zusammen mit dem ursprünglichen Feld $\mathbf{E}_0$ (Abb. 1.20a) das veränderte Feld $\mathbf{E}$ in Anwesenheit des Leiters (Abb. 1.20b). Ein Teil der Feldlinien mündet dabei in den negativen bzw. entspringt den positiven Influenzladungen, die innerhalb einer sehr dünnen Schicht atomarer Größenordnung auf der Leiteroberfläche konzentriert sind.

Ein Leiter im elektrischen Feld weist aufgrund der Influenz einige grundsätzliche Eigenschaften auf. Aufgrund der Feldfreiheit des Leiters ($\mathbf{E} = \mathbf{0}$) ist die Potentialdifferenz (1.14)

$$\varphi(\mathbf{r}_A) - \varphi(\mathbf{r}_b) = \int_{\mathbf{r}_A}^{\mathbf{r}_B} \mathbf{E} \cdot d\mathbf{s} = 0$$

zwischen zwei beliebigen Punkten $\mathbf{r}_A$, $\mathbf{r}_B$ innerhalb des Leiters und auf seiner Oberfläche immer Null. Das bedeutet, dass der Leiter einen einheitlichen Potentialwert besitzt. Demzufolge ist die Oberfläche des Leiters eine Äquipotentialfläche, auf der definitionsgemäß die elektrischen Feldlinien senkrecht stehen (siehe Abschn. 1.4.4).

Mit Hilfe des Gaußschen Gesetzes (1.31) können wir einen einfachen Zusammenhang zwischen dem elektrischen Feld auf der Leiteroberfläche und der darauf influenzierten Ladung herstellen, die wir als Oberflächenladungsdichte q_A beschreiben können.

Wie in Abb. 1.21 dargestellt, gilt für einen beliebig kleinen Zylinder mit Grundfläche ΔA, der z.T. ins Leiterinnere hineinreicht

$$\oiint \mathbf{D} \cdot d\mathbf{A} = (D_n - D_{n,i}) \Delta A = D_n \Delta A \stackrel{!}{=} q_A \Delta A \, .$$

Hierbei ist wegen der Feldfreiheit innerhalb des Leiters $D_{n,\mathrm{i}} = 0$. Die innerhalb des Zylinders eingeschlossene Influenzladung beträgt $q_A \Delta A$. Daraus folgt der einfache Zusammenhang

$$D_n = q_A \quad \text{bzw.} \quad E_n = \frac{q_A}{\varepsilon} \, .$$

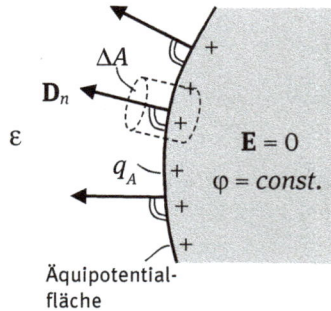

Abb. 1.21: Das elektrische Feld in der Nähe einer Leiteroberfläche

Ein Leiter im elektrischen Feld ist in seinem Inneren feldfrei und hat ein einheitliches elektrisches Potential. Außerhalb des Leiters steht die elektrische Feldstärke senkrecht auf der Leiteroberfläche.

Faradayscher Käfig

Nicht nur das Innere von Leitern ist stets feldfrei, sondern auch jeder Raum, der von einer leitenden Hülle umschlossen wird (Abb. 1.22). Da die leitende Hülle ein einheitliches Potential besitzt, gilt gemäß (1.14) für jeden Weg zwischen zwei Punkten A und B auf der inneren Oberfläche der leitenden Hülle stets

$$\int_A^B \mathbf{E}_i \cdot d\mathbf{s} = \varphi_A - \varphi_B = 0 \, .$$

Dies ist nur möglich, wenn das Feld $\mathbf{E}_i$ in jedem Punkt innerhalb der leitenden Hülle identisch Null ist.

Eine solche Anordnung wird als *Faradayscher Käfig* bezeichnet. Sie kann praktisch dazu verwendet werden, ein Raumgebiet von äußeren elektrischen Feldern abzuschirmen. Dieses Prinzip funktioniert sogar bis zu einem gewissen Grad auch bei einer nicht perfekt geschlossenen Hülle, wie beispielsweise bei Autokarosserien, Flugzeugen, etc., sodass dort noch ein gewisser Schutz vor atmosphärischen Entladungen besteht.

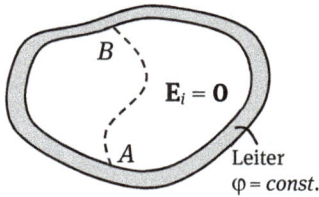

Abb. 1.22: Prinzip des Faradayschen Käfigs

Spiegelungsprinzip

Abb. 1.23 zeigt das Feld einer Punktladung Q im Abstand h vor einer ebenen leitenden Wand. Das Feldbild ergibt sich zwingend dadurch, dass sämtliche Feldlinien senkrecht auf der leitenden Wandoberfläche münden müssen, da diese eine Äquipotentialfläche darstellt. Der Vergleich mit Beispiel 1.1 ($\alpha = -1$) zeigt, dass das Feldbild dem eines Dipols gleicht, innerhalb einer der beiden Raumhälften, die von der Symmetrieebene zwischen den Ladungen begrenzt wird. Das bedeutet, dass die von der Punktladung auf der Leiterwand influenzierte Oberflächenladung hinsichtlich des resultierenden *Feldes vor der Wand* durch eine *fiktive Punktladung (Spiegelladung)* entgegengesetzten Vorzeichens im gleichen Abstand h hinter der Wandoberfläche ersetzt werden kann. Das Feld vor der leitenden Wand ergibt sich damit aus dem Feld der wahren Ladung $+Q$ und der *Spiegelladung* $-Q$.

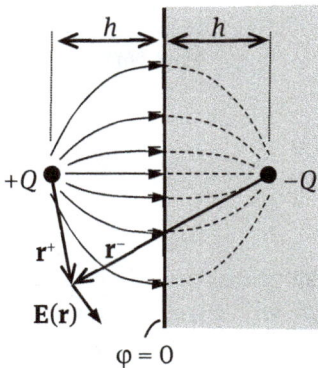

Abb. 1.23: Das Feld einer Punktladung vor einer leitenden Wand

Mit der Potentiallösung der Einzelladung (1.18) und den Einzelabständen $\mathbf{r}^+$ und $\mathbf{r}^-$ zum Aufpunkt (Abb. 1.23) erhalten wir als Lösung für das Potential einer Punktladung vor einer leitenden Wand

$$\varphi(\mathbf{r}) = \frac{Q}{4\pi\varepsilon}\left(\frac{1}{\left|\mathbf{r}^+\right|} - \frac{1}{\left|\mathbf{r}^-\right|}\right).$$

Die Wandoberfläche entspricht also der Äquipotentialfläche $\varphi = 0$. Entsprechend lautet mit (1.8) die Lösung für die elektrische Feldstärke

$$\mathbf{E}(\mathbf{r}) = \frac{Q}{4\pi\varepsilon} \left(\frac{\mathbf{r}^+}{\left|\mathbf{r}^+\right|^3} - \frac{\mathbf{r}^-}{\left|\mathbf{r}^-\right|^3} \right).$$

Die gestrichelten Linien innerhalb der Wand deuten die *fiktive* Fortsetzung des vollständigen Dipolfeldes an, während das Innere der Leiterwand feldfrei ist (s.o.).

Aufgrund der Gültigkeit des Superpositionsprinzips kann dieser Spiegel-ladungsansatz für eine Punktladung ohne Einschränkung auf eine beliebige Ladungsverteilung erweitert werden (Abb. 1.24). Dieses als *Spiegelungsmethode* bezeichnete Rechenverfahren lässt sich auch für andere einfache Leitergeometrien anwenden, wie z.B. Kugel und Zylinder, wobei jeweils andere Konstruktionsregeln für die Ersatzladung gelten.

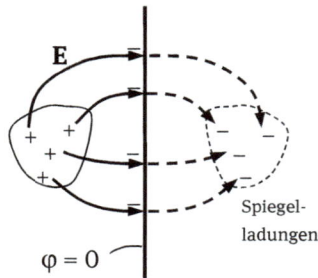

Abb. 1.24: Spiegelungsmethode zur Bestimmung des Feldes einer Ladungsverteilung vor einer leitenden Wand

1.7.2 Dielektrische Materie

In einem Nichtleiter (Dielektrikum) gibt es keine frei beweglichen Elektronen, wie dies bei Leitern der Fall ist. Die von einem äußeren Feld auf die atomaren Ladungen ausgeübten Coulombkräfte führen dennoch zu einer Polarisierung. Hierbei unterscheidet man zwischen polarer und unpolarer dielektrischer Materie.

Polare Dielektrika

Bei diesen Stoffen sind die positiven und negativen Ladungsschwerpunkte im Atom/Molekül unsymmetrisch angeordnet, d.h. sie tragen ein permanentes Dipolmoment **p**. Ein Beispiel dafür ist das Wassermolekül H_2O (Abb. 1.25a).

Unter dem Einfluss der Wärmebewegung sind die molekularen Dipole regellos orientiert, sodass die Materie makroskopisch neutral ist. Bei Anlegen eines äußeren elektrischen Feldes jedoch werden die Elementardipole gemäß $\mathbf{T} = \mathbf{p} \times \mathbf{E}$ (1.9) gegen die thermische Bewegung parallel zum Feld ausgerichtet (*Orientierungspolarisation*). Dadurch wird die Materie makroskopisch polarisiert (Abb. 1.25b)

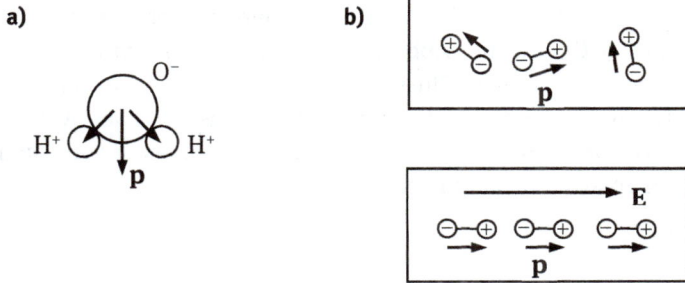

Abb. 1.25: (a) Schematischer Aufbau des Wassermoleküls mit positiven und negativen Ladungs-schwerpunkten, (b) Ausrichtung der molekularen Dipole im elektrischen Feld (Orientierungs-polarisation)

Unpolare Dielektrika

Bei diesen Stoffen sind die Atome/Moleküle durch die symmetrische Anordnung ihrer positiven und negativen Ladungsschwerpunkte nach außen hin elektrisch neutral. Unter dem Einfluss der Coulombkraft eines äußeren elektrischen Feldes jedoch verschieben sich die Ladungsschwerpunkte, sodass sie polarisiert sind (*Elektronenpolarisation*). Durch die Entstehung dieser Elementardipole **p** ist die Materie makroskopisch polarisiert (Abb. 1.26)

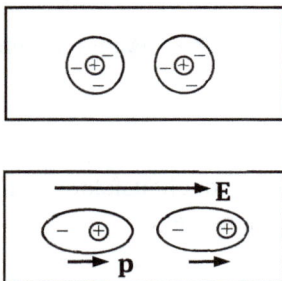

Abb. 1.26: Verschiebung der Ladungs-schwerpunkte im Atom durch äußeres elektrisches Feld (Elektronenpolarisation)

Makroskopische Betrachtung

Die Materie kann also zur Beschreibung ihres elektrischen Verhaltens durch *Elementardipole im Vakuum* ersetzt werden. Dazu betrachten wir in Abb. 1.27a einen Volumenabschnitt mit homogenen Materialeigenschaften. Die Feldstärke $\mathbf{E}$ darin ist mit der elektrischen Flussdichte $\mathbf{D} = \varepsilon\mathbf{E}$ (1.29) über die Permittivität ε des Mediums verknüpft. In unserem Dipolmodell, indem alle Elementardipole zum Teil oder ganz parallel zum Feld ausgerichtet sind, heben sich die einzelnen Polarisationsladungen im Inneren des Volumens gegenseitig auf und es verbleiben unkompensierte Ladungen an der Oberfläche (Abb. 1.27b). Diese *gebundenen Oberflächenladungen* erzeugen einen elektrischen Fluss, der entgegengesetzt zur Flussdichte $\mathbf{D}$ der äußeren, felderzeugenden Ladungen gerichtet ist. Dieser wird durch den *Polarisationsvektor* $\mathbf{P}$ beschrieben, der wie das Dipolmoment $\mathbf{p}$ von den negativen zu den positiven Polarisationsladungen zeigt (Abb. 1.27b).

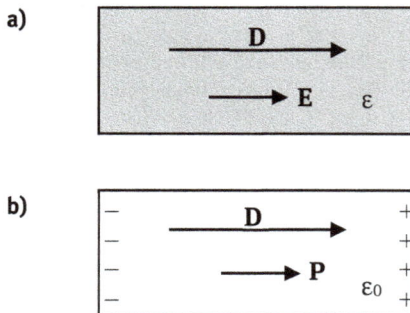

Abb. 1.27: (a) Materie im elektrischen Feld, (b) Äquivalente Beschreibung mit der Polarisationsflussdichte $\mathbf{P}$ im Vakuum

Insgesamt beträgt das elektrische Feld im polarisierten Materialvolumen, das hinsichtlich seiner elektrischen Eigenschaften durch die Elementardipole bzw. durch $\mathbf{P}$ im Vakuum ersetzt wird

$$\mathbf{E} = (\mathbf{D} - \mathbf{P})/\varepsilon_0 .$$

Wir setzen lineares Verhalten der Materie voraus, d.h. $\mathbf{P} \sim \varepsilon_0 \mathbf{E}$, und führen mit

$$\mathbf{P} = \chi_e \varepsilon_0 \mathbf{E}$$

die *elektrische Suszeptibilität* $\chi_e > 0$ als Proportionalitätsfaktor ein, der die Polarisierbarkeit des Mediums quantifiziert. Nach Einsetzen

$$\varepsilon_0 (1 + \chi_e)\mathbf{E} = \mathbf{D}$$

ergibt der Vergleich mit (1.29)

$$1 + \chi_e = \varepsilon_r \, .$$

Damit ist der Zusammenhang zu der in (1.3) eingeführten relativen Dielektrizitätskonstante ε_r des Materials hergestellt.

Anders als in Leitern, in denen sich Elektronen frei anordnen können, wird das Außenfeld $\mathbf{E}_0$ innerhalb des Dielektrikums nicht vollständig, sondern nur zum Teil kompensiert. Ausgehend von der elektrischen Flussdichte $\mathbf{D} = const.$ der felderzeugenden Ladung beträgt die elektrische Feldstärke ohne Dielektrikum $\mathbf{E}_0 = \mathbf{D}/\varepsilon_0$ und mit Dielektrikum $\mathbf{E} = \mathbf{D}/(\varepsilon_0 \varepsilon_r)$. Daraus resultiert das Betragsverhältnis

$$\frac{E}{E_0} = \frac{1}{\varepsilon_r} \, .$$

Die elektrische Feldstärke wird im Dielektrikum um den Faktor $1/\varepsilon_r$ reduziert.

In Tab. 1.1 sind die relativen Dielektrizitätskonstanten einiger Materialien aufgeführt. Sie sind generell von der Temperatur abhängig. Die angegebenen Zahlenwerte beziehen sich auf Raumtemperatur und sind je nach Material gewissen Toleranzen unterworfen.

Anwendungen von Dielektrika

Neben ihrer elektrischen Isolationseigenschaften weisen Dielektrika vielfältige Effekte auf, die technisch genutzt werden, wie z.B.:
- *Piezoelektrizität*
  Polarisation durch mechanische Verformung bei Krafteinwirkung. Dieser Effekt dient als Funktionsprinzip für Drucksensoren. Durch Anbringung von Elektroden an ein dielektrisches Materialstück lässt sich eine druckabhängige Spannung messen.
- *Elektrostriktion* oder reziproker piezoelektrischer Effekt
  Hierbei wird umgekehrt zur Piezoelektrizität bei Anlegen einer elektrischen Spannung die Materie mechanisch verformt. Typische Anwendungen sind Schwingquarze, Relais oder Schrittmotoren.
- *Pyroelektrizität*
  Polarisation durch Wärmeeinwirkung.

Tab. 1.1: Relative Dielektrizitätszahl einiger Materialien

Material	ε_r
Luft	1,0006
Polystyrol	1,03
Papier	1…4
Gummi	2,5…3
Polyethylen	2,3
Porzellan	2…6
Glas	6…8
Destilliertes Wasser	81

1.7.3 Verhalten von E und D an Grenzflächen

Häufig ist das elektrische Feld innerhalb eines Raumgebietes zu bestimmen, das von Bereichen mit anderen elektrischen Eigenschaften begrenzt wird. In diesen Fällen ist die Kenntnis der Änderung der beiden elektrischen Vektoren **E** und **D** an einer solchen Grenzfläche erforderlich. In Bezug auf eine Fläche lässt sich ein beliebig gerichteter Vektor stets in eine zur Fläche parallele und eine dazu senkrechte Komponente zerlegen, für die wir getrennt die Übergangsbedingungen ableiten. Die dabei angenommene abrupte Änderung der Permittivität ε ist als vereinfachende Idealisierung des tatsächlich kontinuierlichen Übergangs innerhalb einer dünnen Schicht atomarer Größenordnung zu verstehen.

Parallele Feldkomponenten

Dazu werten wir das Gesetz der Wirbelfreiheit des elektrostatischen Feldes (1.12)

$$\oint \mathbf{E} \cdot d\mathbf{s} = 0$$

für den in Abb. 1.28a gestrichelten rechteckigen Umlauf mit den Seitenlängen h und Δs innerhalb der beiden Medien aus. Mit den beiden Tangentialkomponenten $E_{t,1}$ und $E_{t,2}$ ergibt sich im Grenzfall $h \to 0$ für ein ausreichend kleines Δs

$$\oint \mathbf{E} \cdot d\mathbf{s} = \Delta s \, E_{t,1} - \Delta s \, E_{t,2} = 0 \, .$$

Daraus folgt die allgemeingültige Stetigkeitsbedingung für die Tangentialkomponente der elektrischen Feldstärke

$$E_{t,1} = E_{t,2} \, , \qquad (1.32)$$

unabhängig von Integrationsrichtung und positiv gezählter Feldrichtung.

> Die Tangentialkomponente der elektrischen Feldstärke verhält sich an der Grenzfläche zwischen
> Medien unterschiedlicher Permittivität stetig. [!]

Aus diesem Ergebnis können wir mit $\mathbf{D} = \varepsilon \, \mathbf{E}$ unmittelbar folgern:

$$\frac{D_{t,2}}{D_{t,1}} = \frac{\varepsilon_2}{\varepsilon_1} \, . \qquad (1.33)$$

Im Gegensatz zu $\mathbf{E}$ ändert sich die Tangentialkomponente von $\mathbf{D}$ also um das
Verhältnis der beiden Permittivitäten.

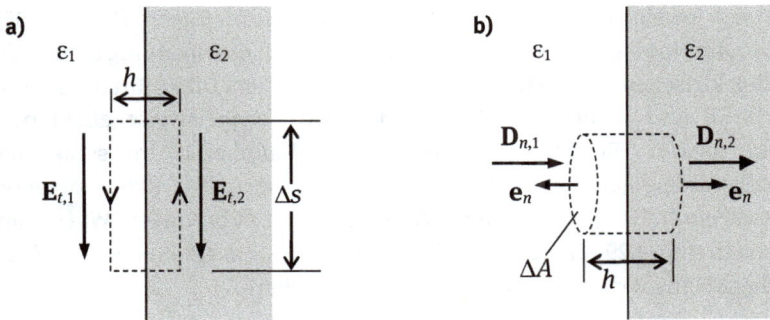

Abb. 1.28: Zur Bestimmung der Übergangsbedingung des elektrischen Feldes an der Grenzfläche
zwischen zwei unterschiedlichen Medien, (a) parallele Feldkomponente, (b) senkrechte Komponente

Senkrechte Feldkomponenten

Hierfür werten wir das Gaußsche Gesetz (1.31) für eine zylindrische Hülle aus, die sich
in beiden Teilräumen erstreckt (Abb. 1.28b). Dadurch, dass sich keine freien
Ladungen auf der Grenzfläche befinden, gilt

$$\oiint \mathbf{D} \cdot d\mathbf{A} = 0 \, .$$

Für das Oberflächenintegral auf dem Zylinder mit Grundfläche ΔA und Höhe h erhalten wir mit den beiden Normalkomponenten $D_{n,1}$ und $D_{n,2}$ im Grenzfall $h \to 0$ bei ausreichend kleinem ΔA

$$-D_{n,1}\,\Delta A + D_{n,2}\,\Delta A = 0\,.$$

Daraus folgt die Stetigkeit der Normalkomponenten von $\mathbf{D}$, d.h.

$$D_{n,1} = D_{n,2}\,, \tag{1.34}$$

Die Normalkomponente der elektrischen Flussdichte verhält sich an der Grenzfläche zwischen Medien unterschiedlicher Permittivität stetig.

Hieraus folgt für die Normalkomponenten von $\mathbf{E} = \mathbf{D}/\varepsilon$ ein Sprung gemäß dem umgekehrten Verhältnis von ε:

$$\frac{E_{n,2}}{E_{n,1}} = \frac{\varepsilon_1}{\varepsilon_2}\,. \tag{1.35}$$

Nachdem wir jeweils für $\mathbf{E}$ und $\mathbf{D}$ die Übergangsbedingungen (1.32)-(1.35) für Tangential- und Normalkomponenten kennen, lässt sich die Brechung der Feldlinien an einer dielektrischen Grenzfläche allgemein untersuchen. Dies führen wir zunächst getrennt für $\mathbf{E}$ und $\mathbf{D}$ aus (Abb. 1.29), indem wir beispielsweise einen beliebig gerichteten Vektor $\mathbf{E}_1$ bzw. $\mathbf{D}_1$ im linken Raumteil 1 in seine beiden Orthogonalkomponenten zerlegen und diese gemäß den zugehörigen Übergangsregeln (1.32)-(1.35) auf den rechten Raumteil 2 übertragen. Wie wir an den Ergebnissen in Abb. 1.29 für die Beispielkonstellation $\varepsilon_1 < \varepsilon_2$ erkennen, werden $\mathbf{E}$ und $\mathbf{D}$ in gleichem Maße vom senkrechten Lot weg gebrochen

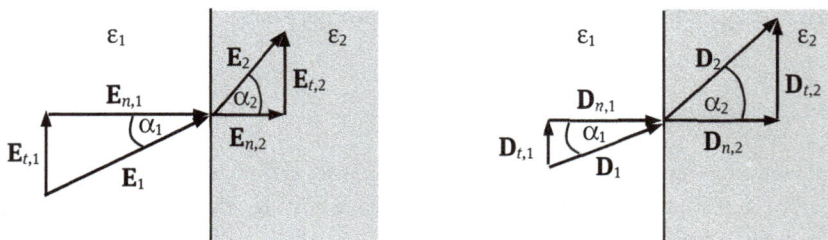

Abb. 1.29: Brechung der **E**- und **D**-Feldlinien an einer dielektrischen Grenzfläche am Beispiel $\varepsilon_1 < \varepsilon_2$

Für die beiden Winkel α_1, α_2 gegen das senkrechte Lot erhalten wir mit (1.32) - (1.35) jeweils das gleiche Verhältnis

$$\frac{\tan\alpha_2}{\tan\alpha_1} = \frac{E_{t,2}/E_{n,2}}{E_{t,1}/E_{n,1}} = \frac{E_{n,1}}{E_{n,2}} = \frac{\varepsilon_2}{\varepsilon_1} \quad \text{bzw.} \quad \frac{\tan\alpha_2}{\tan\alpha_1} = \frac{D_{t,2}/D_{n,2}}{D_{t,1}/D_{n,1}} = \frac{D_{t,2}}{D_{t,1}} = \frac{\varepsilon_2}{\varepsilon_1} \, .$$

An Grenzflächen zwischen unterschiedlichen dielektrischen Medien gilt somit für das elektrische Feld das *"Brechungsgesetz"*

$$\frac{\tan\alpha_2}{\tan\alpha_1} = \frac{\varepsilon_2}{\varepsilon_1} \, .$$

Für den trivialen Fall gleicher Medien resultiert hieraus $\alpha_1 = \alpha_2$, ansonsten folgt daraus die Merkregel:

Elektrische Feldlinien werden im Medium mit der höheren/niedrigeren Permittivität vom Lot weg/zum Lot hin gebrochen. **!**

Im Extremfall, z.B. $\varepsilon_2 \gg \varepsilon_1$ ist nach (1.35) $E_{n,1} \gg E_{n,2}$ bzw. nach (1.33) $D_{t,2} \gg D_{t,1}$. D.h. aus Stoffen mit hoher Permittivität treten die Feldlinien nahezu senkrecht aus. Ein Leiter entspricht also im Außenraum einem Dielektrikum mit $\varepsilon_r \to \infty$. Dies gilt auch für die elektrische Feldstärke **E** im Innenraum, der von den gebundenen Polarisationsladungen vollständig abgeschirmt wird. Aufgrund der Stetigkeit der Normalkomponente (1.34), gilt dies jedoch nicht für die elektrische Flussdichte **D**, deren Quellen und Senken nur freie Ladungen sind.

1.8 Die Kapazität

Wir betrachten eine Anordnung mit zwei voneinander isolierten Elektroden 1 und 2, die von einem Medium mit der Permittivität ε_r umgeben sind (Abb. 1.30). Durch eine äußere Energiequelle sei die Ladungsmenge $+Q$ von Elektrode 2 zur Elektrode 1 verschoben worden. Aufgrund der bestehenden Isolation zwischen den Elektroden bleibt die Ladungstrennung bestehen. Sie baut ein elektrisches Feld **E** im gesamten Raum auf, wobei sämtliche von der positiv geladenen Elektrode ausgehenden Feldlinien auf der negativen Elektrode münden. Somit besteht zwischen den Elektroden nach (1.14) die elektrische Spannung

$$U = \int_{\mathbf{r}_1}^{\mathbf{r}_2} \mathbf{E} \cdot d\mathbf{s} \, , \tag{1.36}$$

unabhängig vom gewählten Integrationsweg zwischen zwei beliebigen Punkten $\mathbf{r}_1$ und $\mathbf{r}_2$ auf den Elektroden (Abschn. 1.4.3).

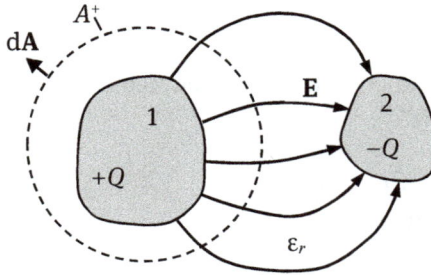

Abb. 1.30: Zur Definition der Kapazität zwischen zwei Elektroden

Die ortsabhängige Feldstärke $\mathbf{E} = \mathbf{D}/\varepsilon$ ist gemäß Gaußschem Gesetz (1.31)

$$Q = \oiint_{A^+} \mathbf{D} \cdot \mathrm{d}\mathbf{A} = \varepsilon \oiint_{A^+} \mathbf{E} \cdot \mathrm{d}\mathbf{A} \,, \tag{1.37}$$

beispielsweise bezogen auf die Hülle A^+ (Abb. 1.30), in jedem Punkt proportional zur Ladung Q auf der Elektrode, sodass U proportional zu Q sein muss. Die entsprechende Proportionalitätskonstante

$$C = \frac{Q}{U} \tag{1.38}$$

bezeichnen wir als die *Kapazität* der Anordnung, die zu Ehren des berühmten englischen Naturforschers *Michael Faraday* (1791-1867) die abgeleitete Einheit

$$[C] = \frac{\mathrm{A\,s}}{\mathrm{V}} = \mathrm{F} \quad \text{(Farad)}$$

trägt. Eine solche 2-Elektroden-Anordnung bezeichnet man als *Kondensator*. Der Wert der Kapazität C hängt von der Geometrie der Elektroden und der relativen Permittivität ε_r des Mediums zwischen den Elektroden ab, da beide für eine gegebene Ladung Q das elektrische Feld $\mathbf{E}$ und damit die resultierende Spannung U bestimmen. Umgekehrt gib die Kapazität C an, wieviel Ladung der Kondensator bezogen auf die Elektrodenspannung U fähig ist aufzunehmen.

Als allgemeine Berechnungsvorschrift für die Kapazität C erhalten wir durch Einsetzen von (1.36) und (1.37) in die Definition (1.38)

$$C = \varepsilon_0\,\varepsilon_r \frac{\oiint\limits_{A^+} \mathbf{E}\cdot d\mathbf{A}}{\int\limits_{r_1}^{r_2} \mathbf{E}\cdot d\mathbf{s}}\,,\tag{1.39}$$

woraus die direkte Abhängigkeit von der relativen Dielektrizitätskonstante ε_r des Mediums hervorgeht, während der Einfluss der Geometrie implizit in den Integralen enthalten ist.

Die Berechnung der Kapazität (1.39) für eine gegebene Anordnung setzt somit die Kenntnis des elektrischen Feldes **E** voraus. Dieses ist entweder durch Ansetzen einer Ladung Q auf den Elektroden oder einer Spannung U zwischen den Elektroden zu bestimmen. In beiden Fällen ist jeweils nur eines der beiden Integrale in (1.39) zu berechnen, da sich die angesetzte Größe Q bzw. U herauskürzt. Dies soll am folgenden einfachen Beispiel des Plattenkondensators gezeigt werden.

1.8.1 Der Plattenkondensator

Als Plattenkondensator bezeichnen wir eine Anordnung, die aus zwei planparallelen, plattenförmigen Elektroden beliebiger Form besteht (Abb. 1.31). Die im Abstand d befindlichen Plattenelektroden sind durch ein Material mit der Permittivität ε voneinander isoliert.

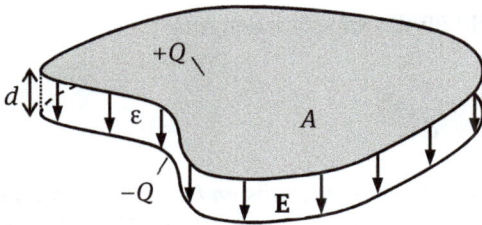

Abb. 1.31: Plattenkondensator mit näherungsweise homogenem elektrischen Feld

Die exakte Berechnung des elektrischen Feldes des Plattenkondensators ist mathematisch relativ anspruchsvoll. Deshalb betrachten wir dazu zunächst das Feld zwischen zwei entgegengesetzt geladenen Ebenen. Wie in Abb. 1.32 skizziert, ergibt die Überlagerung der beiden homogenen Felder (1.28) zwischen den Ebenen den doppelten Wert

$$E_z = \frac{q_A}{\varepsilon}\,,\tag{1.40}$$

während oberhalb und unterhalb des Ebenenpaares sich die Felder kompensieren.

Der Plattenkondensator mit der endlichen Fläche A kann somit als Ausschnitt des Ebenenpaares angesehen werden, wobei die elektrischen Feldlinien an den Plattenrändern gemäß der Stetigkeitsbedingung (1.32) nicht abrupt enden können. Stattdessen weicht das Feld zu den Rändern hin zunehmend vom homogenen Feld innerhalb der Platten ab und greift als sog. *Streufeld* in den Außenraum (Abb. 1.32). Je kleiner der Plattenabstand d im Verhältnis zu den Plattenabmessungen ist, desto geringer fällt das Streufeld bei der Berechnung der Kapazität ins Gewicht.

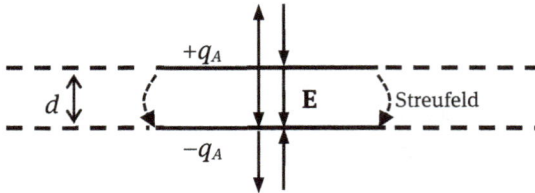

Abb. 1.32: Konstruktion des elektrisches Feldes im Plattenkondensator durch das homogene Feld zwischen zwei geladenen Ebenen

Wir setzten also als Näherung für den Plattenkondensator die homogene Flächenladungsdichte $q_A = Q/A$ an und erhalten mit dem homogenen Feld E_z für die Spannung zwischen den Platten

$$U = \int_d \mathbf{E} \cdot d\mathbf{s} \approx E_z d = \frac{Q}{\varepsilon A} d .$$

(1.41)

Einsetzen in die Definition (1.39) ergibt für die Kapazität den Ausdruck

$$C = \varepsilon \frac{A}{d} ,$$

(1.42)

der als *Näherung umso genauer ist, je kleiner der Plattenabstand d im Verhältnis zu den Plattenabmessungen ist*. Das Ergebnis zeigt, dass man für hohe Kapazitätswerte neben einem Dielektrikum mit hoher relativer Permittivität ε_r, große Plattenflächen A und kurze Plattenabstände d benötigt.

Beispiel 1.9: Zylinderkondensator

Zu bestimmen ist die Kapazität zwischen zwei koaxial angeordneten, kreisrunden Zylinderelektroden mit Innen- und Außenradius ρ_i bzw. ρ_a und Länge l. Der Raum zwischen den Elektroden habe die Permittivität ε.

Aus der zylindersymmetrischen Elektrodenanordnung resultiert ein ebenfalls zylindersymmetrisches elektrisches Feld, das nur eine radiale Komponente zwischen den Elektroden haben kann. Unter Vernachlässigung des Streufeldes an den beiden Enden setzen wir demzufolge an:

$$\mathbf{E} = E_\rho(\rho)\mathbf{e}_\rho .$$

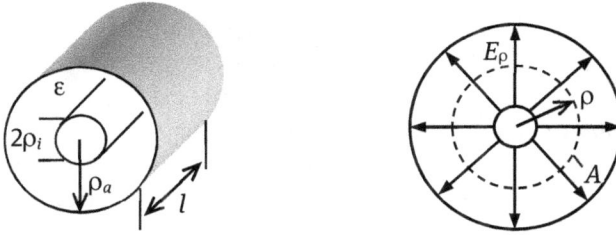

Für die Lösung mit Hilfe des Gaußschen Gesetzes eignet sich die Zylinderfläche $A(\rho)$ als Gaußsche Hülle (siehe Abschn. 1.6.3). Unter Annahme einer positiven Ladung Q auf dem Innenzylinder erhalten wir

$$\oiint \mathbf{D} \cdot d\mathbf{A} = \varepsilon \iint_{A(\rho)} \mathbf{E} \cdot d\mathbf{A} = \varepsilon E_\rho 2\pi\rho l = Q ,$$

und für das elektrische Feld

$$E_\rho = \frac{Q}{2\pi\rho\varepsilon l} .$$

Damit berechnen wir die Spannung zwischen den Elektroden

$$U = \int_{\rho_i}^{\rho_a} E_\rho d\rho = \frac{Q}{2\pi\varepsilon l}\int_{\rho_i}^{\rho_a} \frac{1}{\rho}d\rho = \frac{Q}{2\pi\varepsilon l}\ln\left(\frac{\rho_a}{\rho_i}\right)$$

und erhalten nach Einsetzen in (1.38) als Lösung für die Kapazität des Zylinderkondensators

$$C = \frac{Q}{U} = \varepsilon\frac{2\pi l}{\ln(\rho_a / \rho_i)} .$$

Wegen der Proportionalität zur Länge l ist die Angabe der längenbezogenen Kapazität (*Kapazitätsbelag*) zweckmäßig:

$$C' = \varepsilon \frac{2\pi}{\ln(\rho_a / \rho_i)} \quad (\text{F/m}).$$

1.8.2 Zusammenschaltung von Kondensatoren

Die Elektroden mehrerer Kondensatoren können durch leitende Verbindung zusammengeschaltet werden, sodass sie gleiches Potential besitzen. Beispielsweise könnte die Fläche des Plattenkondensators (Abb. 1.31) aus mehreren Teilflächen zusammengesetzt sein. Abb. 1.33a zeigt die symbolische Darstellung einer solchen *Parallelschaltung* mit den einzelnen Kapazitätswerten $C_1, C_2, ... C_N$. Die Gesamtkapazität C_{ges} ergibt sich gemäß (1.38) aus der insgesamt gespeicherten Ladung Q_{ges} und der Spannung U an den Anschlussklemmen, die an jedem Kondensator anliegt, d.h.

$$C_{ges} = \frac{Q_{ges}}{U} = \frac{1}{U} \sum_{I=1}^{N} Q_i = \frac{1}{U} \sum_{i=1}^{N} U C_i .$$

Wir erhalten demnach für die Parallelschaltung von Kondensatoren die einfache Summenformel

$$C_{ges} = \sum_{i=1}^{N} C_i . \tag{1.43}$$

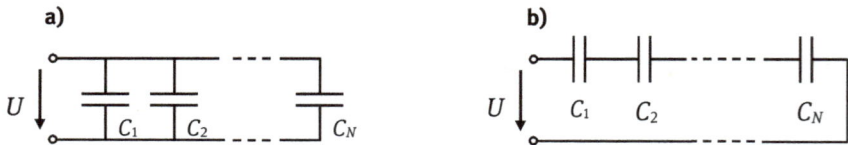

Abb. 1.33: (a) Parallel- und (b) Serienschaltung von Kondensatoren

Eine *Reihen- oder Serienschaltung* von Kondensatoren kann man sich beispielsweise für den Plattenkondensator wie auch für den Zylinderkondensator (Beispiel 1.10) in geschichteter Form vorstellen. Hierbei stellen jeweils zwei aufeinanderfolgende Platten- bzw. Zylinderelektroden einen Teilkondensator dar (Abb. 1.33b). In diesem Fall teilt sich die Gesamtspannung U in die Teilspannungen U_i über die einzelnen Kondensatoren auf. Die Ladung dagegen, hat in jedem Kondensator als Folge der Influenz (Abschn. 1.7.1) den gleichen Wert Q, wobei diese auf jeweils zwei aufeinanderfolgenden Elektroden entgegengesetzt ist und sich damit aufhebt. Somit ergibt sich mit (1.38) allgemein für die Gesamtkapazität C_{ges}

$$C_{ges} = \frac{Q_{ges}}{U} = \frac{Q}{\sum\limits_{i=1}^{N} U_i} = \frac{Q}{\sum\limits_{i=1}^{N} \dfrac{Q}{C_i}},$$

und damit für die Reihenschaltung von Kapazitäten die reziproke Summenformel

$$\frac{1}{C_{ges}} = \sum_{i=1}^{N} \frac{1}{C_i}. \tag{1.44}$$

Wie im nachfolgenden Beispiel gezeigt, lassen sich mit den beiden Formeln (1.42),(1.43) der Parallel- und Reihenschaltung auch kompliziertere Zusammenschaltungen von Kondensatoren durch sukzessive Zusammenfassung zu einer dieser beiden Schaltungsarten berechnen.

Beispiel 1.10: Kondensatornetzwerk

Man berechne die Gesamtkapazität C_{ges} der folgenden Zusammenschaltung aus 4 Kondensatoren mit den Werten $C_1 - C_4$

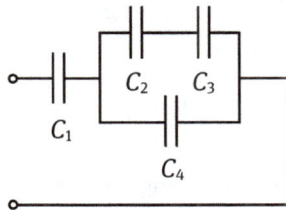

Zunächst fassen wir die Reihenschaltung von C_2 und C_3 nach Gl. (1.44) zusammen:

$$C_{2,3} = \frac{C_2 C_3}{C_2 + C_3}.$$

Danach ergibt die Parallelschaltung von $C_{2,3}$ und C_4 gemäß (1.43)

$$C_{2,3,4} = C_{2,3} + C_4.$$

Die verbleibende Serienschaltung aus $C_{2,3,4}$ und C_1 liefert die Gesamtkapazität

$$C_{ges} = \frac{C_1 C_{2,3,4}}{C_1 + C_{2,3,4}}.$$

Durch Rückwärtseinsetzten erhält man als Endergebnis

$$C_{ges} = \frac{C_1 C_2 C_3 + C_1 C_2 C_4 + C_1 C_3 C_4}{C_1 C_2 + C_1 C_3 + C_2 C_3 + C_2 C_4 + C_3 C_4}.$$

Für einen Spezialfall, beispielsweise $C_2 = C_3 = 2C_4$ erhalten wir nach Einsetzen als Gesamtkapazität

$$C_{ges} = \frac{2 C_1 C_4}{C_1 + 2 C_4},$$

die der Parallelschaltung von C_4 mit dem gleich großen Wert aus der Serienschaltung von C_2 und C_3, in Reihe mit C_4 entspricht.

1.9 Die Energie im elektrischen Feld

Für die Aufladung eines Kondensators wird eine äußere Energiequelle benötigt, da die zu trennende Ladung gegen das Feld verschoben werden muss (gegensätzliche Ladungen ziehen sich an). Betrachten wir dazu die Verschiebung einer infinitesimalen Ladungsmenge dQ von der negativen zur positiven Elektrode, zwischen denen die Spannung U besteht (Abb. 1.34). Gemäß (1.15) ergibt sich für die dazu notwendige Energie das Differential

$$dW_e = U \, dQ$$

Die gesamte Energie, die für die Aufladung der Ladung Q erforderlich ist, ergibt sich somit aus dem Integral

$$W_e = \int_0^Q U(Q') dQ' = \frac{1}{C} \int_0^Q Q' dQ' = \frac{1}{2} \frac{Q^2}{C}.$$

Hierbei wurde die Beziehung $U = Q/C$ (1.38) des Kondensators mit der Kapazität C eingesetzt. Aus der gleichen Beziehung resultieren zwei weitere alternative Ausdrücke, d.h.

$$W_e = \frac{1}{2} \frac{Q^2}{C} = \frac{1}{2} C U^2 = \frac{1}{2} Q U. \tag{1.45}$$

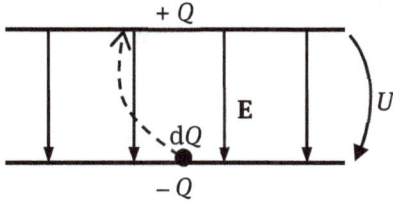

Abb. 1.34: Verschiebung der infinitesimalen Ladung dQ im elektrischen Feld des Kondensators

Der Kondensator stellt ein abgeschlossenes System dar, dem durch eine äußere Quelle die Energiemenge W_e für die Aufladung (Ladungstrennung) zugeführt worden ist. Diese Energiemenge bleibt nach Abtrennung von der äußeren Quelle im Kondensator gespeichert. Durch eine leitende Verbindung zwischen den Kondensatorelektroden findet der Ladungsausgleich, d.h. die Entladung des Kondensators statt, bei der die gespeicherte Energie im Stromkreis in eine andere Energieform, z.B. Wärme, umgewandelt wird (siehe Abschn. 2.4). Zusammenfassend stellen wir fest:

Der Kondensator ist ein Ladungs- und Energiespeicher, dessen Speichervermögen durch die Kapazität C quantifiziert wird.

Die beiden ersten Zusammenhänge in (1.45) ermöglichen umgekehrt eine zu (1.38) alternative Definition der Kapazität über die gespeicherte Energie W_e:

$$C = \frac{1}{2}\frac{Q^2}{W_e} = \frac{2W_e}{U^2}. \tag{1.46}$$

Wie wir im Folgenden sehen werden, ist W_e mit dem elektrischen Feld im Kondensator verknüpft, sodass auch bei dieser Definition die Kenntnis des Feldes erforderlich ist.

Dazu betrachten wir das orthogonale Netz aus Feld- und Äquipotentiallinien (Abschn.1.4.4) zwischen den Kondensatorplatten, das den Raum in Volumenelemente unterteilt, durch die jeweils ein Teil des elektrischen Gesamtflusses zwischen den Platten hindurchtritt. Denken wir uns nun das orthogonale Netz wie in Abb. 1.35 skizziert, unendlich fein unterteilt mit den infinitesimalen Volumenelementen $dV = ds\,dA$ zwischen jeweils zwei aufeinanderfolgende Äquipotentialflächen der Größe dA im Abstand ds. Jedes Volumenelement stellt in diesem Grenzfall einen Plattenkondensator dar, mit der infinitesimalen Plattenkapazität (1.42)

$$dC = \varepsilon\frac{dA}{ds}.$$

Wir könnten uns ebenso die Äquipotentialflächen in Abb. 1.35 durch eine unendliche dünne metallische Belegung ersetzt denken, bei der das Feld unverändert bleibt (siehe Abschn. 1.7.1).

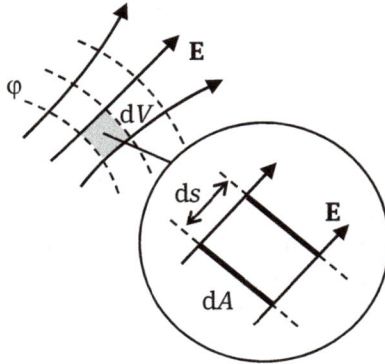

Abb. 1.35: Infinitesimale gespeicherte Energie innerhalb eines felderfüllten Volumenelementes dV

Gemäß (1.45) ist in jedem Volumenelement die differentielle Energie

$$dW_e = \frac{1}{2}dC\left(dU\right)^2$$

gespeichert. Einsetzen von dC ergibt mit $dU = E\,ds$

$$dW_e = \frac{1}{2}\varepsilon E^2\,dV = \frac{1}{2}\mathbf{D}\cdot\mathbf{E}dV\,,$$

bzw. die auf das Volumen bezogene Energie (*elektrische Feldenergiedichte*):

$$w_e = \frac{dW_e}{dV} = \frac{1}{2}\mathbf{D}\cdot\mathbf{E} \qquad \left(\frac{VAs}{m^3}\right). \tag{1.47}$$

Damit haben wir den folgenden wichtigen physikalischen Sachverhalt gefunden:

> Die im Kondensator gespeicherte Energie ist im felderfüllten Raum zwischen den Elektroden lokalisiert. Das elektrische Feld ist Sitz gespeicherter Energie (Feldenergie).

Die gesamte Energie innerhalb eines felderfüllten Raumbereichs V ist somit das Volumenintegral der Energiedichte w_e, d.h.

$$W_e = \frac{1}{2} \iiint\limits_V \mathbf{D} \cdot \mathbf{E} \, dV \ . \tag{1.48}$$

1.10 Kraft an Grenzflächen

Unter dem Einfluss eines elektrischen Feldes wirken an einer Grenzfläche zwischen unterschiedlichen Medien Zug- bzw. Druckkräfte. Sie sind auf die Coulombkräfte auf Ladungen zurückzuführen, die sich an einer solchen Grenzfläche ansammeln. Auf metallischen Flächen ist dies der Vorgang der Influenz (Abschn. 1.7.1), während bei dielektrischen Materialen durch die Polarisation unkompensierte, gebundene Ladungen an der Grenzfläche entstehen (Abschn. 1.7.2). Prinzipiell lassen sich die Grenzflächenkräfte mit Hilfe des Coulombschen Kraftgesetzes $\mathbf{F} = Q\,\mathbf{E}$ (1.7) direkt berechnen. Vorausgesetzt, die Ladungsverteilung ist explizit bekannt.

Eine allgemeine Berechnungsmethode, die ohne die Kenntnis der Ladungen auskommt, beruht auf dem *Prinzip der virtuellen Verrückung*. Hierbei wird die verrichtete mechanische Arbeit mit der Änderung der im System gespeicherten Energie und ggfs. einer zusätzlichen äußeren Energiezufuhr in Bilanz gesetzt.

Isoliertes System ohne äußere Energiequelle ($Q = const.$):

Bei infinitesimaler Verschiebung dx (Abb. 1.36) ergibt sich aus der differentiellen mechanischen Arbeit $dW_{mech} = F_x\,dx$ und der Änderung der Feldenergie dW_e die Energiebilanz

$$F_x\,dx = -\,dW_e\big|_{Q=const.} \ .$$

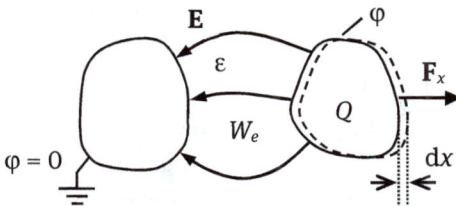

Abb. 1.36: Prinzip der virtuellen Verschiebung einer Oberfläche

Hieraus folgt unmittelbar für die gesuchte Kraft in x-Richtung

$$F_x = -\frac{dW_e}{dx}\bigg|_{Q=const} \ . \tag{1.49}$$

System mit äußerer Spannungsquelle (φ = *const.*):

In diesem Fall ist die Ladung $Q = CU \neq const$ aufgrund der Änderung der geometrieabhängigen Kapazität C. Demnach ergibt sich mit der äußeren elektrischen Energiezufuhr $dW_{el} = \varphi dQ$ und der Änderung der Feldenergie dW_e (1.45) die Energiebilanz

$$F_x\, dx = \left(dW_{el} - dW_e\right)\Big|_{\varphi=const.}$$

$$= \varphi dQ - \frac{1}{2}\varphi dQ = \frac{1}{2}\varphi dQ = dW_e.$$

Daraus folgt die gleiche Berechnungsvorschrift (1.49), jedoch mit umgekehrtem Vorzeichen:

$$F_x = +\frac{dW_e}{dx}\bigg|_{\varphi=const} . \tag{1.50}$$

In beiden Fällen (1.49) und (1.50) ist die Feldenergie W_e bei Vorgabe der Ladung Q bzw. der Spannung U als Funktion von x aus dem Feld zu bestimmen.

1.10.1 Leitfähige Oberflächen

Da nach (1.45) die in einem System gespeicherte Energie

$$W_e = \frac{1}{2}\frac{Q^2}{C} = \frac{1}{2}CU^2$$

durch die geometrieabhängige Kapazität C bestimmt wird, kann die Kraft auf leitende Grenzflächen alternativ auch über die *Änderung der Kapazität* berechnet werden.

Wir erhalten für den Fall (1.49) des isolierten Systems (Q = *const.*):

$$F_x = -\frac{dW_e}{dx}\bigg|_{Q=const} = -\frac{1}{2}Q^2\frac{d}{dx}\left(\frac{1}{C}\right) = \frac{1}{2}\frac{Q^2}{C^2}\frac{dC}{dx}, \tag{1.51}$$

und gemäß (1.50) bei angeschlossener Spannungsquelle (U = *const.*)

$$F_x = +\frac{dW_e}{dx}\bigg|_{U=const} = \frac{1}{2}U^2\frac{dC}{dx}. \tag{1.52}$$

Wie man sieht, lassen sich beide Ergebnisse über die Beziehung $C = Q/U$ ineinander umrechnen.

Beispiel 1.11: Kraft im Plattenkondensator

Wir wollen die Methode der virtuellen Verschiebung am einfachen Beispiel des Plattenkondensators anwenden und zum Vergleich auch die direkte Berechnung der Coulombkraft auf die Ladung durchführen.

Gegeben ist ein Plattenkondensator mit der Fläche A, dem Plattenabstand d und der Füllung mit der Permittivität ε.

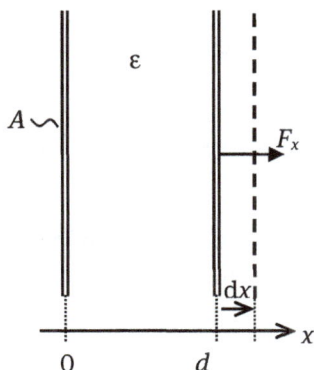

Der Kondensator sei über eine äußere Quelle auf die Spannung U geladen. Zur Bestimmung der horizontalen Kraft F_x auf eine der beiden Plattenelektroden mit der Formel (1.52) setzen wir die Kapazität (1.42)

$$C(x) = \frac{\varepsilon A}{x},$$

in Abhängigkeit vom Plattenabstand x an. Nach Ausführung der Ableitung nach x und Einsetzen von $x = d$ erhalten wir

$$F_x(x) = \frac{1}{2}U^2 \frac{dC(x)}{dx}\bigg|_{x=d} = -\frac{1}{2}U^2 \frac{\varepsilon A}{x^2}\bigg|_{x=d} = -\frac{1}{2}U^2 \frac{C}{d}.$$

Entsprechend der angesetzten positiven Kraft in x-Richtung besagt das negative Vorzeichen im Ergebnis richtigerweise, dass sich die entgegengesetzten Ladungen auf den Platten anziehen.

Für die direkte Berechnung der Coulombkraft auf der linken, positiv geladenen Platte setzen wir für ein Flächenelement dA mit der infinitesimalen Ladung dQ das Differential der Kraft (1.7) wie folgt an:

$$dF = dQ\frac{E}{2} = q_A\,dA\frac{E}{2}$$

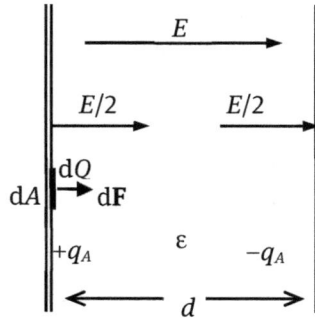

Das Feld E im Kondensator (1.40) wird je zur Hälfte von den Ladungen auf beiden Platten erzeugt. Deshalb ist die betrachtete Ladung dQ dem Feld der rechten Platte

$$\frac{E}{2} = \frac{q_A}{2\varepsilon}\,,$$

ausgesetzt. Daraus resultiert für die Flächenladungsdichte auf der Platte

$$q_A = \varepsilon E\,,$$

und wir erhalten für die Flächenkraft (Druck) auf der Platte

$$\sigma = \frac{dF}{dA} = \frac{\varepsilon}{2}E^2 = \frac{1}{2}DE\,.$$

Die Integration über die Fläche A ergibt die Kraft auf die gesamte Platte:

$$F = \iint_A \sigma\,dA = \frac{\varepsilon}{2}E^2 A = \frac{1}{2}\varepsilon\left(\frac{U}{d}\right)^2 A = \frac{1}{2}U^2\frac{C}{d}\,,$$

in Übereinstimmung mit dem Ergebnis aus dem Prinzip der virtuellen Verrückung, das auf die rechte (negativ geladene) Platte bezogen ist und deshalb ein negatives Vorzeichen trägt.

Beispiel 1.12: Kraft auf ungeladene, leitfähige Körper im elektrischen Feld

Mit dem Prinzip der virtuellen Verrückung kann auch gezeigt werden, dass selbst auf ungeladene Körper Kräfte im elektrischen Feld wirken. Einzige Ausnahme ist das homogene Feld (linkes Bild). Da der Energieinhalt (1.48) im felderfüllten Volumen unabhängig von der Position des Körpers ist, folgt gemäß (1.49) direkt $\mathbf{F} = \mathbf{0}$.

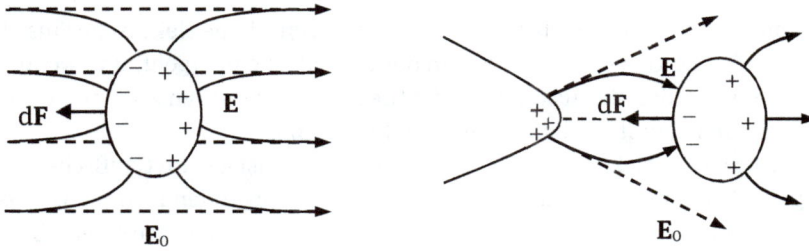

Betrachten wir dazu die Kraft $d\mathbf{F} = q_A\, dA\, \mathbf{E}_0$ auf ein Flächenelement dA mit der influenzierten Oberflächenladungsdichte q_A, auf die das homogene Feld $\mathbf{E}_0 \neq f(\mathbf{r})$ wirkt. Für die Gesamtkraft auf dem Körper folgt unmittelbar

$$\mathbf{F} = \mathbf{E}_0 \oiint_A q_A\, dA = 0\,,$$

da der Körper insgesamt ungeladen ist, d.h. die Summe aus positiver und negativer Influenzladung ist Null.

In einem inhomogenen Feld $\mathbf{E}_0 = f(\mathbf{r})$ dagegen, beispielsweise erzeugt durch eine spitze Elektrode (rechtes Bild), resultiert allgemein die Kraft

$$\mathbf{F} = \oiint_A \mathbf{E}_0\, q_A\, dA \neq 0\,.$$

Die Kraft wirkt dementsprechend in Richtung wachsender Feldinhomogenität, da die Kraftbeiträge auf dem Teil der Körperoberfläche überwiegen, wo $\mathbf{E}_0$ und demzufolge die influenzierte Ladungsdichte q_A größer sind. Dies wird durch (1.49) dadurch bestätigt, dass die Feldenergie abnimmt, je mehr sich der Körper der geladenen Elektrode nähert.

1.10.2 Dielektrische Grenzflächen

Die Kraft auf eine Grenzfläche zwischen zwei dielektrischen Medien bestimmen wir am einfachsten getrennt für die Feldkomponente senkrecht und die Komponente parallel zur Grenzfläche.

Feldlinien senkrecht zur Grenzfläche

Als Normalkomponente des elektrischen Feldes setzen wir die elektrische Flussdichte $D_{n,1} = D_{n,2} = D_n$, die gemäß (1.34) stetig an der Grenzfläche übergeht, und wenden das Prinzip der virtuellen Verrückung auf die Grenzfläche zwischen zwei angrenzenden Medien mit den Permittivitäten ε_1 und ε_2 an (Abb. 1.37).

Der Ansatz der elektrischen Flussdichte $D_n = const.$ ist gemäß Gaußschem Gesetz (1.31) gleichbedeutend mit der Annahme einer felderzeugenden Ladung ($Q = const.$). Somit kommt die Formel (1.49) zur Anwendung, die bezogen auf das Grenzflächenelement dA die Flächenkraft (Druck) σ_x angibt:

$$\sigma_x = \frac{dF_x}{dA} = -\frac{dW_e}{dx\,dA} = -\frac{dW_e}{dV}.$$

Hierbei resultiert im Nenner das Volumenelement dV, in dem sich bei der Verschiebung um dx die Permittivität vom ursprünglichen Wert ε_2 auf ε_1 ändert (siehe Abb. 1.37).

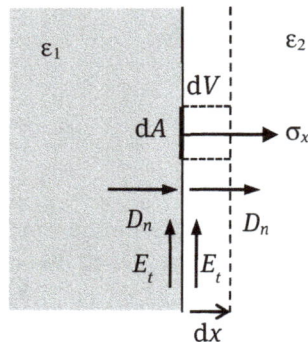

Abb. 1.37: Anwendung des Prinzips der virtuellen Verrückung zur Bestimmung der Grenzflächenkraft zwischen zwei dielektrischen Medien

Die differentielle Änderung der elektrischen Feldenergie dW_e innerhalb von dV beträgt dementsprechend

$$dW_e = \left(w_{e,1} - w_{e,2}\right)dV,$$

mit der elektrischen Feldenergiedichte (1.47)

$$w_e = \frac{1}{2}\mathbf{E}\cdot\mathbf{D} = \frac{1}{2\varepsilon}D_n^2 \, .$$

Durch Einsetzen erhalten wir schließlich für die gesuchte Flächenkraft der Normalkomponente des Feldes die Beziehung

$$\sigma_x = \frac{1}{2}\left(\frac{1}{\varepsilon_2} - \frac{1}{\varepsilon_1}\right)D_n^2 \, . \tag{1.53}$$

Bezogen auf die gewählte positive Kraftrichtung von Medium 1 nach Medium 2, parallel zum Feld, handelt es sich um einen *Längsdruck in Richtung kleinerer Permittivität*, da die Differenz der beiden reziproken Permittivitäten für $\varepsilon_2 < \varepsilon_1$ positiv ist. Für den trivialen Fall gleicher Medien verschwindet die Kraft. Charakteristisch für Feldkräfte ist die quadratische Abhängigkeit von der Feldgröße, d.h. die Unabhängigkeit von der Richtung des Feldes.

Feldlinien parallel zur Grenzfläche

Als Tangentialkomponente des elektrischen Feldes setzen wir die elektrische Feldstärke $E_{t,1} = E_{t,2} = E_t$ an, die gemäß (1.32) stetig an der Grenzfläche zwischen zwei angrenzenden Medien mit den Permittivitäten ε_1 und ε_2 übergeht (Abb. 1.37).

Der Ansatz der elektrischen Feldstärke $E_t = const.$ ist gemäß (1.14) gleichbedeutend mit der Annahme einer Spannung im System ($U = const.$). Somit kommt die Formel (1.50) zur Anwendung, die bezogen auf das Grenzflächenelement dA die Flächenkraft (Druck) σ_x angibt:

$$\sigma_x = \frac{\mathrm{d}F_x}{\mathrm{d}A} = \frac{\mathrm{d}W_e}{\mathrm{d}x\,\mathrm{d}A} = \frac{\mathrm{d}W_e}{\mathrm{d}V} \, .$$

Die differentielle Änderung der elektrischen Feldenergie $\mathrm{d}W_e$ innerhalb von $\mathrm{d}V$ beträgt in diesem Fall

$$\mathrm{d}W_e = (w_{e,1} - w_{e,2})\mathrm{d}V \, ,$$

mit der Feldenergiedichte (1.47)

$$w_e = \frac{1}{2}\mathbf{E}\cdot\mathbf{D} = \frac{\varepsilon E_t^2}{2} \, .$$

Einsetzen ergibt den *Querdruck in Richtung kleinerer Permittivität*:

$$\sigma_x = \frac{1}{2}\left(\varepsilon_1 - \varepsilon_2\right)E_t^2 \,. \tag{1.54}$$

Wir stellen somit allgemein fest:

> **!** Die Kraft auf eine dielektrische Grenzfläche ist unabhängig von der Feldrichtung stets so gerichtet, dass sich das Dielektrikum mit der höheren Permittivität auszudehnen versucht.

1.11 Übungsaufgaben

1.1 Feld von diskreten Ladungsverteilungen

Eine beliebige Anzahl N von Punktladungen der Stärke Q_1 ist auf dem Umfang eines Kreises mit dem Radius r gleichmäßig verteilt. Auf der Kreisachse befindet sich eine Punktladung der Stärke Q_2 in der Höhe $z = h$.

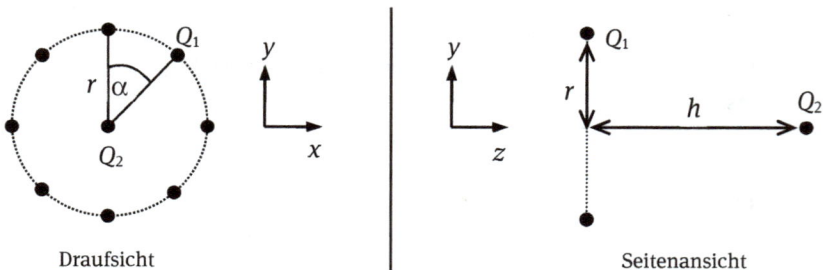

Draufsicht   Seitenansicht

a) Berechnen Sie die elektrische Feldstärke **E** der N Ladungen der Stärke Q_1 im Punkt $z = h$. Gegen welches Ergebnis strebt die Lösung für **E** im Falle, dass $h \gg r$ bzw. $h \ll r$ gilt? Interpretieren Sie jeweils das Ergebnis.
b) Berechnen Sie allgemein die Kraft **F**, die auf die Ladung Q_2 wirkt.
c) Bestimmen Sie aus der elektrischen Feldstärke **E** die Potentialverteilung $\varphi(z)$, die die N Ladungen entlang der Ringachse erzeugen. Das Bezugspotential soll auf der Kreisoberfläche liegen, d.h. $\varphi(z = 0) = 0$.

Hinweis: $\displaystyle \int \frac{z}{\sqrt{\left(z^2 + r^2\right)^3}}\,\mathrm{d}z = -\frac{1}{\sqrt{z^2 + r^2}} + C$

1.2 Linien- und Flächenladung

Gegeben sei ein gerader Streifen der Breite b und vernachlässigbarer Dicke, der mit einer homogenen Flächenladungsdichte q_A (C/m²) belegt ist und parallel zu einer Linienladung q_l (C/m) im Abstand d angeordnet ist.

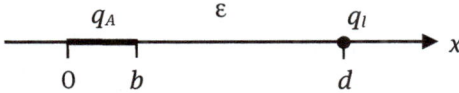

a) Geben Sie formelmäßig die differentielle Feldstärke $\mathrm{d}\mathbf{E}$ am Ort $x = d$, die ein an der Stelle x' liegendes Linienladungselement $q_A \, \mathrm{d}x'$ erzeugt, als Funktion von x' an.

b) Berechnen Sie die längenbezogene Kraft $\mathbf{F}'$, die insgesamt auf die Linienladung q_l an der Stelle $x = d$ wirkt.

c) Verifizieren Sie explizit durch umgekehrte Berechnung der längenbezogenen Kraft auf den ladungsbelegten Streifen (q_A) das allgemeine physikalische Prinzip "*actio et reactio*".

d) Welches Ergebnis erhalten Sie für die auf den Streifen wirkende Kraft bei sehr großen Abständen ($d \gg b$)? Interpretieren Sie das Ergebnis.

Hinweise: $\displaystyle\int \frac{1}{ax+c}\,\mathrm{d}x = \frac{1}{a}\ln|ax+c| + C, \quad \ln(1-\xi) \approx -\xi, \quad \text{für } \xi \ll 1$

1.3 Potential kontinuierlicher Ladungsverteilungen

Eine in der Ebene $z = 0$ liegende Kreisscheibe mit dem Radius a sei mit einer Flächenladungsdichte $q_A(r) = K/r$ belegt.

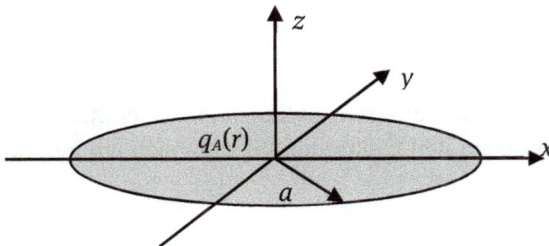

a) Berechnen Sie die Gesamtladung Q der Scheibe.

b) Berechnen Sie das Potential $\varphi(z)$ entlang der z-Achse.

c) Berechnen Sie aus der Potentialfunktion das elektrische Feld $\mathbf{E}(z)$ entlang der z-Achse. Welcher asymptotischen Lösung strebt das Ergebnis für große Abstände $z \gg a$ entgegen?

Hinweis: $\displaystyle \int \frac{1}{\sqrt{z^2 + r^2}}\, dr = \operatorname{arsinh}\left(\frac{r}{z}\right) + C$

1.4 Anwendung des Gaußschen Gesetzes

Gegeben ist ein kugelförmiges Volumen mit dem Radius R, in dem die Ladungsdichte $q(r) = k\,r$ besteht (k: beliebige Konstante). Innerhalb der Kugel gilt $\varepsilon = \varepsilon_0 \varepsilon_r$ und außerhalb $\varepsilon = \varepsilon_0$. Der unbegrenzte Raum außerhalb der Kugel ist ladungsfrei.

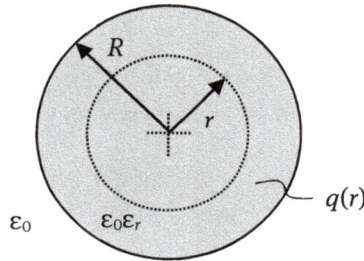

a) Berechnen Sie die elektrische Flussdichte $\mathbf{D}$ innerhalb ($r \leq R$) und außerhalb ($r \geq R$) der Kugel und überprüfen Sie Ihre Ergebnisse anhand der Stetigkeitsbedingung für $\mathbf{D}$ auf der Kugeloberfläche, d.h. bei $r = R$.
b) Bestimmen Sie die elektrische Feldstärke $\mathbf{E}$ innerhalb und außerhalb der Kugel. Wie verhält sich $\mathbf{E}$ auf der Kugeloberfläche?
c) Bestimmen Sie die elektrische Potentialverteilung φ innerhalb und außerhalb der Kugel, bezogen auf den Wert $\varphi(r = R) = 0$.

1.5 Kapazität eines geschichteten Koaxialkabels

Gegeben sei eine Anordnung aus zwei Zylinderelektroden mit den Radien r_1 und r_3 und der Länge l. Zwischen den Elektroden befindet sich ein geschichtetes Medium mit den Permittivitäten ε_1 und ε_2.

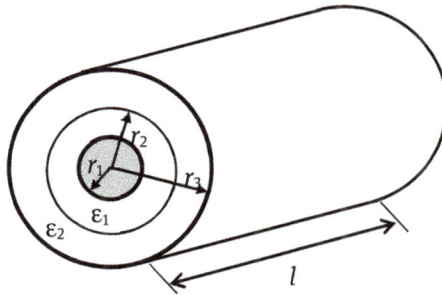

a) Berechnen Sie unter Anwendung des Gaußschen Gesetzes die elektrische Feldstärke $\mathbf{E}(\mathbf{r})$, indem Sie eine Ladung Q auf der Innenelektrode ansetzen. Rechnen Sie das Ergebnis um in Abhängigkeit von der Spannung U zwischen den Elektroden.

b) Bestimmen Sie unter zur Zuhilfenahme der Ergebnisse aus a) die Kapazität C der Anordnung. Welche Lösung ergibt sich für ein homogenes Medium ($\varepsilon_1 = \varepsilon_2$)?

1.6 Kapazität der Paralleldrahtleitung

Zwei parallel angeordnete Drähte mit dem Radius r und dem Achsenabstand d befinden sich in einem Medium mit der Permittivität ε. Beide Drähte tragen eine gleichmäßig verteilte, entgegengesetzte Ladung. Für die nachfolgenden Berechnungen gilt $r \ll d$, sodass die auf der Drahtoberfläche befindliche Ladung als Linienladung der Stärke $\pm q_l$ auf der Drahtachse angesetzt werden kann.

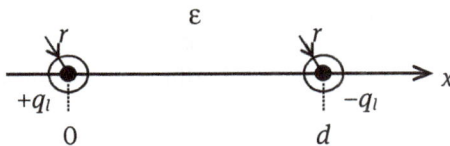

a) Stellen Sie durch Superposition des Potentials der Linienladung die Lösung des Potentials zwischen den Drähten entlang der x-Achse auf, im Intervall $x = r \dots d - r$.

b) Welche Potentialdifferenz erhalten Sie zwischen den beiden Drahtoberflächen, d.h. zwischen den beiden gegenüberliegenden Punkten auf der x-Achse?

c) Verifizieren Sie die Lösung aus b), indem Sie direkt die elektrische Feldstärke entlang der x-Achse durch Superposition ansetzen und anschließend integrieren.

d) Bestimmen Sie die auf die Länge bezogene Kapazität C' der Paralleldrahtleitung. Gehen Sie dafür zunächst von einer endlichen Leitungslänge aus und beziehen

Sie die resultierende Kapazität auf diese Länge. Welche Näherung erhalten Sie für $r \ll d$?

Hinweis: $\displaystyle\int \frac{1}{ax+c}\,\mathrm{d}x = \frac{1}{a}\ln|ax+c| + C$

1.7 Plattenkondensator mit geschichtetem Medium

Zwischen zwei Kondensatorplatten mit der Plattenfläche A befinden sich zwei parallel geschichtete Medien mit unterschiedlicher Dicke a und b und Permittivität ε_1 und ε_2. An den Kondensatorplatten liege die Spannung U an. Sämtliche Randeffekte sind zu vernachlässigen.

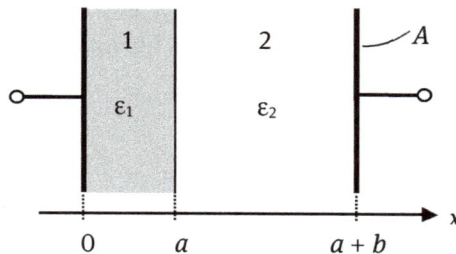

a) Berechnen Sie die elektrischen Feldstärken $\mathbf{E}_1$ und $\mathbf{E}_2$ in den beiden Medien. Stellen Sie die beiden dazu notwendigen Gleichungen aus der Stetigkeitbedingung für $\mathbf{D}$ an der Mediengrenze und aus der Spannung zwischen den Platten auf.
b) Berechnen Sie mit dem Ergebnis aus a) die Plattenkapazität C.
c) Überprüfen Sie Ihre Lösung für C mit Hilfe des entsprechenden elektrischen Ersatzschaltbildes mit den beiden Teilkapazitäten C_1 und C_2.
d) Berechnen Sie die Kraft auf der dielektrischen Grenzfläche.

1.8 Kapazitätsnetzwerk

Berechne die an den Anschlussklemmen resultierende Gesamtkapazität C_{ges} des gegebenen Kondensatornetzwerkes mit einheitlicher Kapazität C, durch sukzessive Zusammenfassung von Parallel- und Serienschaltungen.

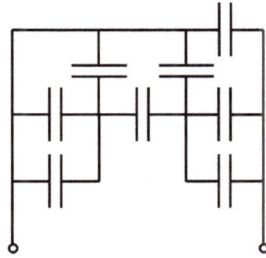

1.9 Kapazität und elektrische Kraft

Eine halbkreisförmige Metallscheibe mit dem Radius R sei planparallel zu einer in der linken Halbebene unbegrenzten Gegenelektrode im Abstand d angeordnet und innerhalb des Winkelbereichs $0 \leq \gamma \leq \pi$ drehbar gelagert. Das Medium zwischen den Elektroden habe die Permittivität ε.

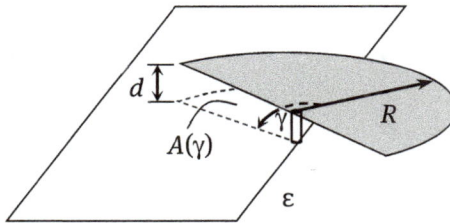

a) Berechnen Sie die winkelabhängige Kapazität $C(\gamma)$ zwischen den beiden Elektroden. Dabei soll in dem Raum der sich überschneidenden Fläche $A(\gamma)$ ein homogenes Feld angenommen werden und das Feld außerhalb davon vernachlässigt werden.

b) Berechnen Sie für eine feste Spannung U zwischen den Elektroden die gespeicherte Feldenergie $W_e(\gamma)$ mit Hilfe des Ergebnisses aus a) und leiten Sie mit Hilfe des *Prinzips der virtuellen Verrückung* die Lösung für das auf die Anordnung wirkende Drehmoment M ab.

Hinweis: $\mathrm{d}W_{\mathrm{mech}} = M \cdot \mathrm{d}\gamma$ (differentielle mechanische Arbeit)

c) Berechnen Sie nun für eine unveränderliche Ladung $\pm Q$ auf den Elektroden die Feldenergie $W_e(\gamma)$ mit Hilfe des Ergebnisses aus a) und leiten Sie mit Hilfe des *Prinzips der virtuellen Verrückung* die Lösung für das auf die Anordnung wirkende Drehmoment M ab.

2 Das stationäre elektrische Strömungsfeld

Unter dem Einfluss eines elektrischen Feldes geraten bewegliche Ladungsträger gemäß der Coulombkraft in Bewegung. Bei der Durchströmung eines Volumens gilt der Ladungserhaltungssatz. Während der unregelmäßigen Driftbewegung innerhalb eines stofferfüllten Raumes findet durch Kollision mit den Atomen/Molekülen ein Energieumsatz von elektrischer zu thermischer Energie statt. Die entsprechende Kenngröße einer konkreten Anordnung ist der elektrische Widerstand bzw. der reziproke Leitwert. Aus der Wirbelfreiheit des elektrischen Feldes und der Ladungserhaltung folgen die beiden Kirchhoffschen Gleichungen, aus denen alle Ströme und Spannungen in einer beliebigen Zusammenschaltung von Widerstandselementen bestimmt werden können.

2.1 Stromflussmechanismen

Wird in einem Medium, indem sich frei bewegliche Ladungen Q befinden, ein elektrisches Feld $\mathbf{E}$ angelegt, so geraten diese aufgrund der Coulombkraft $\mathbf{F} = Q\mathbf{E}$ in Bewegung. Die Art der Ladungsträgerbewegung ist abhängig vom Medium indem sie stattfindet.

Vakuum

Innerhalb eines perfekten Vakuums würden darin eingebrachte Ladungsträger wie Elektronen, Protonen oder ionisierte Atome mit der Ladung Q und der Masse m entsprechend dem *Newtonschen Gesetz* $\mathbf{F} = m\mathbf{a}$ mit der gleichmäßigen Beschleunigung

$$\mathbf{a} = \frac{\mathbf{F}}{m} = \frac{Q\mathbf{E}}{m}$$

von einem elektrischen Feld $\mathbf{E}$ in Bewegung versetzt. Entsprechend des Vorzeichens ihrer Ladung ist die Bewegung parallel zu $\mathbf{E}$ bzw. entgegengesetzt dazu gerichtet (Abb. 2.1). Die Geschwindigkeit ist durch die Lichtgeschwindigkeit begrenzt, da die Masse des Teilchens m nach der speziellen Relativitätstheorie mit der Geschwindigkeit zunimmt und bei Annäherung an die Lichtgeschwindigkeit über alle Maßen wächst.

https://doi.org/10.1515/9783110768176-002

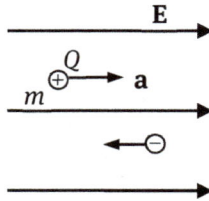

Abb. 2.1 Beschleunigte
Ladungen im Vakuum

In der Praxis ist ein absolutes Vakuum nicht herstellbar und die beschleunigten Ladungen kollidieren mit einer gewissen Wahrscheinlichkeit mit den noch vorhandenen Atomen. Dabei geben Sie einen Teil ihrer kinetischen Energie ab und werden erneut beschleunigt. Im technisch herstellbaren Hochvakuum kann die Restkonzentration an Atomen soweit reduziert werden, dass ein großer Teil der beschleunigten Ladungen die gewünschte Strecke innerhalb der Apparatur kollisionsfrei zurücklegen kann. Ladungsträgerbewegungen dieser Art finden z.B. in Teilchenbeschleunigern statt und werden in Industrieanwendungen und in der Medizin genutzt.

Gase und Flüssigkeiten

In Gasen können frei bewegliche positiv geladene Ionen oder negative Elektronen auf verschiedene Weise erzeugt werden. Die durch ein elektrisches Feld beschleunigten Teilchen geben beim regelmäßigen Zusammenstoß mit den Gasatomen einen Teil ihrer kinetischen Energie ab und setzen ihre Bewegung mit einem Richtungswechsel fort (Abb. 2.2). Die momentanen Wegstrecken senkrecht zu E heben sich dabei im Mittel auf und es resultiert eine mittlere *Driftgeschwindigkeit* $\overline{v}$ in Richtung bzw. entgegen des Feldes. Die von den Gasatomen aufgenommene Energie wird zum Teil als Licht wieder abgegeben, sodass der Ladungstransport in Gasen häufig mit Leuchterscheinungen verbunden ist, wie z.B. beim Blitz und dem Funkenüberschlag an Schaltern oder technisch genutzt in Leuchtstofflampen, Glimmlampen, Natriumdampflampen, etc.

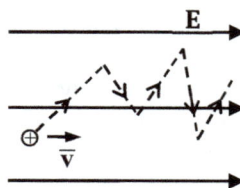

Abb. 2.2 Driftbewegung
einer positiven Ladung in
Flüssigkeiten und Gasen

In Flüssigkeiten wie Basen, Säuren und Salzen findet eine chemische Dissoziation statt, bei der die Moleküle in kleinere, ionisierte (elektrisch geladene) Bestandteile zerlegt werden. Diese als Elektrolyte bezeichneten Flüssigkeiten enthalten eine gewisse Konzentration an positiv und negativ geladenen Ionen, die sich bei Anlegen eines äußeren Feldes in die entsprechende Richtung mit der Driftgeschwindigkeit $\overline{v}$ durch die Flüssigkeit bewegen. Der durch die regelmäßige Kollision stattfindende Energieaustausch führt zu einer Zunahme der Brownschen Bewegung, d.h. zur Erwärmung der Flüssigkeit. Mit der Ionenbewegung findet nicht nur ein Ladungs- sondern auch ein Massentransport zur positiven Elektrode (Anode) und negativen Elektrode (Kathode) statt. Nachdem dort ihre elektrische Ladung neutralisiert wird, lagern sie sich als entsprechende Stoffe ab bzw. werden als Gas freigesetzt. Dieser Vorgang wird als *Elektrolyse* bezeichnet.

Metalle

Die Atome eines Metalls sind in einer Kristallgitterstruktur angeordnet, bei der einige auf den Außenschalen befindlichen Elektronen nur schwach am einzelnen Atom gebunden sind. Sie befinden sich energetisch im sog. Leitungsband und können sich quasi-frei innerhalb des Atomgitters bewegen. Unter dem Einfluss eines äußeren elektrischen Feldes bewegen sie sich mit der mittleren Driftgeschwindigkeit $\overline{v}$ entgegen dem Feld (Abb. 2.3). Die regelmäßige Kollision mit den Gitteratomen versetzt das gesamte Kristallgitter in stärkere Brownsche Schwingungen, sodass eine Energieumwandlung vom elektrischen Feld über die kinetische Energie der Elektronen in Wärme erfolgt.

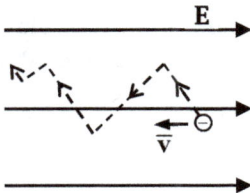

Abb. 2.3 Driftbewegung von quasifrei beweglichen Elektronen im Metallgitter

Halbleiter

Halbleiter sind Stoffe, bei denen unter Einwirkung eines elektrischen Feldes zusätzlich zum metallischen Ladungstransport eine Wanderung von Elektronen im energetisch tieferen Valenzband über Fehlstellen (Löcher) im Atomgitter stattfindet. Solche Fehlstellen werden technologisch gezielt durch sog. Dotierung in der gewünschten Konzentration hergestellt. Man bezeichnet diesen Ladungstransport als Löcherleitung, da mit der Umbesetzung der gebundenen Elektronen die Position der positiven Fehlstellen im Gitter in die entgegengesetzte Richtung wechselt (Abb. 2.4).

Es handelt sich ebenfalls um eine unregelmäßige Driftbewegung mit einer entsprechenden Driftgeschwindigkeit $\overline{v}^+$, die kleiner ist als die Driftgeschwindigkeit $\overline{v}^-$ der quasifrei beweglichen Elektronen. Während des gesamten Ladungstransportes findet zum Teil eine Energieumwandlung in Wärme statt.

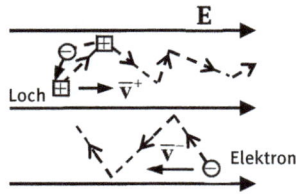

Abb. 2.4 Elektronen- und Löcherleitung im Halbleiter

2.2 Strom und Stromdichte

Die durch eine Fläche A pro Zeiteinheit strömende Ladungsmenge Q bezeichnet man als den elektrischen Strom

$$ I = \frac{dQ}{dt} \qquad \left(\frac{As}{s} = A \text{, Ampere} \right). \qquad (2.1) $$

Legt man im betreffenden Medium die Volumendichte q der vorhandenen beweglichen Ladungsträger zugrunde, dann beträgt die innerhalb des infinitesimalen Längenabschnittes dx durchgeströmte Ladung (Abb. 2.5)

$$ dQ = q\,dx\,A \,. $$

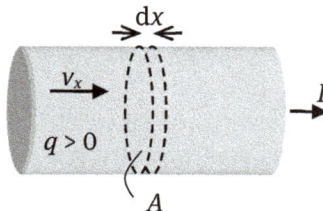

Abb. 2.5 Zur Definition des Stromes und der Stromdichte

Einsetzen in (2.1) ergibt mit der Geschwindigkeit v_x der strömenden Ladungen in x-Richtung

$$I = q \frac{\mathrm{d}x}{\mathrm{d}t} A = q v_x A \,.$$

Hierbei bezeichnet man das Produkt $q\,v_x$ mit der Dimension Strom/Fläche als Stromdichte

$$J_x = q v_x \,.$$

Sie gibt also an, wieviel Ladung pro Zeit und Fläche in einem Punkt strömt, in diesem Fall in x-Richtung. Im allgemeinen Fall einer beliebig gerichteten Strömung mit dem Geschwindigkeitsvektor $\mathbf{v}$ ist dies der Vektor der Stromdichte

$$\mathbf{J} = q \mathbf{v} \quad \left(\frac{\mathrm{A}}{\mathrm{m}^2} \right) . \tag{2.2}$$

Umgekehrt fließt somit durch ein Flächenelement $\mathrm{d}A$, auf dem der Stromdichtevektor $\mathbf{J}$ bekannt ist, der infinitesimale Strom

$$\begin{aligned} \mathrm{d}I &= J\,\mathrm{d}A \, \cos(\sphericalangle\,\mathbf{J},\mathbf{e}_n) \\ &= \mathbf{J}\cdot\mathbf{e}_n \mathrm{d}A = \mathbf{J}\cdot\mathrm{d}\mathbf{A} \end{aligned} \tag{2.3}$$

in Richtung des Flächennormalen-Einheitsvektors $\mathbf{e}_n$ (Abb. 2.6). Dementsprechend ist der Strom maximal, wenn $\mathbf{J}$ senkrecht auf der Fläche steht und Null, wenn die Stromdichte tangential zur Fläche gerichtet ist, d.h. wenn die Ladung an der Fläche vorbeiströmt.

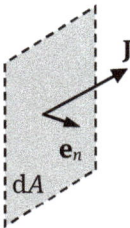

Abb. 2.6 Zum Integral der Stromdichte

Aus dem Differential des Stromes $\mathrm{d}I$ erhält man allgemein als Definition und Rechenvorschrift für den Strom I durch eine beliebige Fläche A das Flächenintegral

$$I = \iint_A \mathbf{J}\cdot\mathrm{d}\mathbf{A} \,. \tag{2.4}$$

Die Angabe der Richtung des Stromes ist auf die sog. *technische Stromrichtung* bezogen, ausgehend von positiven Ladungen, die sich in Richtung des elektrischen Feldes **E** bewegen (Abb. 2.7). Die Richtungsangabe des Stromes bleibt auch im Falle negativer Ladungen unverändert, so wie in Metallen, in denen negative Elektronen entgegengesetzt zu **E** fließen, d.h.

$$\mathbf{J} = q\mathbf{v} = (-q)(-\mathbf{v}).$$

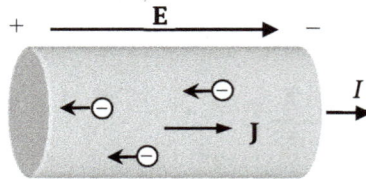

Abb. 2.7 Technische Stromrichtung bei Elektronenfluss in Metallen

Damit das Stromintegral (2.4) Null ergibt, muss nicht notwendigerweise die Stromdichte **J** Null sein. Die ist auch dann der Fall, wenn die Summe aller Stromanteile, die in entgegengesetzte Richtung durch die Fläche A fließen, gleich groß ist. Im stationären Strömungsfeld gilt dies sogar für jede geschlossene Fläche, die ein Volumen V umschließt (Abb. 2.16), d.h.

$$\oiint_A \mathbf{J} \cdot d\mathbf{A} = 0. \tag{2.5}$$

Hierin drückt sich der Ladungserhaltungssatz (Kap. 4.5.1) aus, der besagt, dass die elektrische Ladung weder vernichtet noch aus dem Nichts erzeugt werden kann. In einem stationären Strömungsfeld, in dem die Ladungsdichte sich zeitlich nicht ändert, muss die Ladungsmenge, die pro Zeiteinheit in ein Volumen hinein und herausfließt, gleich groß sein. Dies entspricht einer *inkompressiblen Strömung*, wie das beispielsweise bei Wasser in einer Rohrleitung näherunsweise der Fall ist.

2.3 Das Ohmsche Gesetz

Wir betrachten im Folgenden leitende Medien, in denen sich die Ladungsträger mit konstanter Driftgeschwindigkeit $\bar{\mathbf{v}}$ bewegen (Abschn. 2.1). Im Sinne eines Ursache-Wirkung-Verhältnis ist $\bar{\mathbf{v}}$ abhängig von der Feldstärke **E**. In den häufig betrachteten Leitern handelt es sich um einen proportionalen Zusammenhang

$$|\bar{\mathbf{v}}| \sim |\mathbf{E}|,$$

das von der Beweglichkeit der Ladungen im betreffenden Medium abhängig ist. Daraus resultiert für die Stromdichte **J** (2.2) der lineare Zusammenhang

$$\mathbf{J} = \kappa \mathbf{E}\,, \tag{2.6}$$

mit der Proportionalitätskonstanten κ, die als *spezifische Leitfähigkeit des Mediums* bezeichnet wird. Gl. (2.6) wird als *Ohmsches Gesetz in differentieller Form* bezeichnet (Georg Simon Ohm, 1789-1854). Als Maßeinheit resultiert entsprechend

$$\left[\kappa\right] = \frac{\left[J\right]}{\left[E\right]} = \frac{A}{V\,m} = \frac{S}{m} = \frac{1}{\Omega\,m}\,.$$

Hierbei wurde für das Verhältnis zwischen Strom und Spannung die Einheit

$$S = \frac{A}{V} \quad \text{(Siemens)}$$

bzw. für den Kehrwert

$$\Omega = \frac{V}{A} \quad \text{(Ohm)}$$

eingeführt.

Oft wird statt der spezifischen Leitfähigkeit κ der als spezifischer Widerstand bezeichnete Kehrwert verwendet:

$$\rho_R = \frac{1}{\kappa}\,.$$

Die spezifische Leitfähigkeit κ gibt an, wie gut ein Material den elektrischen Strom durchleitet bzw. bezogen auf ρ_R, wieviel Widerstand es dem Strom entgegensetzt. Der Wert kann sich je nach Material erheblich unterscheiden. Zudem ist er auch von der Temperatur abhängig. Die bei weitem besten elektrischen Leitermaterialien sind die Metalle. Einige der wichtigsten sind in Tab. 2.1 mit ihrer spezifischen Leitfähigkeit bei Raumtemperatur aufgeführt.

2.3.1 Der elektrische Widerstand

Wir betrachten nun einen leitfähigen Körper, der aus einem Material mit der spezifischen Leitfähigkeit κ besteht, und an dem eine Spannung U über zwei ideal leitfähige Elektroden 1 und 2 angelegt ist (Abb. 2.8). Innerhalb des Körpers besteht gemäß (1.14)

$$U = \int_1^2 \mathbf{E} \cdot d\mathbf{s} = \int_1^2 \frac{\mathbf{J}}{\kappa} \cdot d\mathbf{s}$$

das elektrische Feld $\mathbf{E}$, das nach dem differentiellen ohmschen Gesetz (2.6) mit dem Strömungsfeld $\mathbf{J}$ einhergeht.

Tab. 2.1: Spezifische Leitfähigkeit einiger Metalle

Material	κ (S/m) @ 25°C
Silber (Ag)	$61 \cdot 10^6$
Kupfer (Cu)	$58 \cdot 10^6$
Gold (Au)	$45,5 \cdot 10^6$
Aluminium (Al)	$37,7 \cdot 10^6$
Wolfram (W)	$18,5 \cdot 10^6$
Platin (Pt)	$9,4 \cdot 10^6$
Eisen (Fe)	$11 \cdot 10^6$

Somit besteht bei unveränderter Geometrie und Material die Proportionalität zwischen Stromdichte und Spannung und bezogen auf den stromdurchflossenen Querschnitt A mit (2.4)

$$I = \iint_A \mathbf{J} \cdot d\mathbf{A} = \iint_A \kappa \mathbf{E} \cdot d\mathbf{A}$$

auch zwischen dem Strom I und der Spannung U.

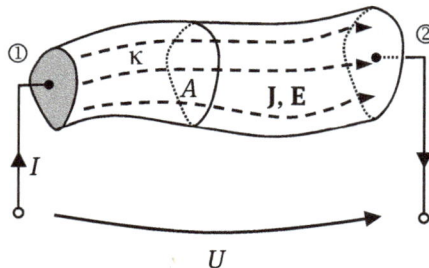

Abb. 2.8 Zur Definition des elektrischen Widerstandes eines Bauteils

Der Proportionalitätsfaktor

$$R = \frac{U}{I} \quad \left(\frac{V}{A} = \Omega \right)$$ (2.7)

ist der *elektrische Widerstand* des Bauteils, der von seiner Geometrie und der spezifischen Leitfähigkeit κ des Materials abhängt. Gl. (2.7) ist die *integrale Form des Ohmschen Gesetzes* (2.6), in der die Geometrie und das Material eines Bauteils durch Integration über die Stromdichte bzw. der elektrischen Feldstärke gemäß der Definition von Strom und Spannung eingeht:

$$R = \frac{\int_1^2 \frac{\mathbf{J}}{\kappa} \cdot d\mathbf{s}}{\iint_A \mathbf{J} \cdot d\mathbf{A}} = \frac{\int_1^2 \mathbf{E} \cdot d\mathbf{s}}{\iint_A \kappa \mathbf{E} \cdot d\mathbf{A}}.$$ (2.8)

Alternativ verwendet man auch den als elektrischen Leitwert bezeichneten Kehrwert

$$G = \frac{1}{R} = \frac{I}{U} \quad \left(\frac{A}{V} = S \right).$$

Zur Berechnung des Widerstandes R bzw. des Leitwertes G eines Bauteils entsprechend der Definition (2.8) muss die Verteilung des elektrischen Feldes $\mathbf{E}$ bzw. der Stromdichte $\mathbf{J}$ bekannt sein. Es muss dabei nur eines der beiden Integrale berechnet werden, da bei Vorgabe der Spannung U oder des Stromes I der Zähler bzw. der Nenner sich gemäß (2.7) herauskürzt.

Dies soll am einfachen Beispiel eines gleichförmigen Zylinders der Länge l mit beliebig geformtem Querschnitt A und homogenem Material ($\kappa = const.$) demonstriert werden (Abb. 2.9).

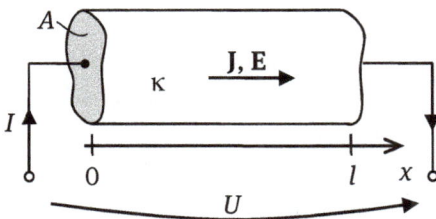

Abb. 2.9 Gleichförmiger Zylinder mit homogener spezifischer Leitfähigkeit

Aufgrund der gleichförmigen Geometrie und des homogenen Materials ist der elektrische Strom I gleichmäßig auf den Querschnitt A verteilt und die Strömung parallel zur Zylinderachse in x-Richtung gerichtet, d.h.

$$\mathbf{J} = J_x \, \mathbf{e}_x = \frac{I}{A} \mathbf{e}_x \, .$$

Somit erhalten wir nach Lösung des Linienintegral für die Spannung im Nenner von (2.8)

$$U = \int_0^l \frac{\mathbf{J}}{\kappa} \cdot \mathbf{e}_x \, \mathrm{d}x = \frac{J_x l}{\kappa} = \frac{I l}{\kappa A}$$

und nach Kürzung von I als Ergebnis für den Widerstand eines gleichförmigen, homogenen Zylinders den einfachen Ausdruck

$$R = \frac{l}{\kappa A} = \frac{\rho_R l}{A} \, . \tag{2.9}$$

Wie man sieht, ist der Widerstand des gleichförmigen Zylinders proportional zu seiner Länge l und umgekehrt proportional zu seinem Querschnitt A.

2.3.2 Direkte Berechnung des Widerstandes

Für einige einfache Geometrien lässt sich der Widerstand ohne explizite Kenntnis der Stromdichtefunktion $\mathbf{J}$ bestimmen. Kann man wie in in Abb. 2.10a von einer homogenen Verteilung über den veränderlichen Querschnitt $A(r)$ entlang der Koordinate r in Stromrichtung ausgehen, dann lässt sich gemäß (2.9) für einen infinitesimalen Längenabschnitt $\mathrm{d}r$ der differentielle Widerstand

$$\mathrm{d}R = \frac{\mathrm{d}r}{\kappa A(r)} \tag{2.10}$$

ansetzen. Der gesamte Widerstand über die Länge l ist dann als unendliche Aufsummation aller differentiellen Widerstandselemente zu verstehen und kann durch das Integral

$$R = \int_l \mathrm{d}R = \int_l \frac{\mathrm{d}r}{\kappa A(r)}$$

bestimmt werden. Hierbei kann auch ein in Stromflussrichtung veränderlicher spezifischer Leitwert κ(r) berücksichtigt werden.

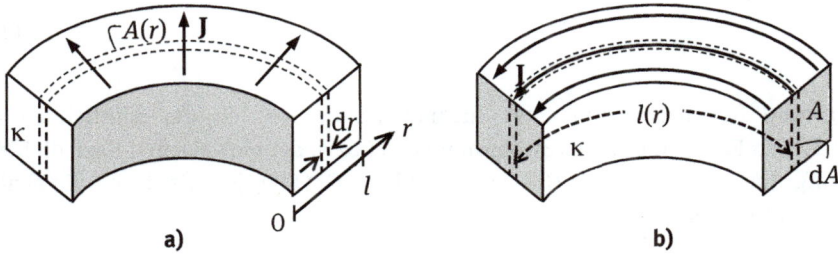

Im dualen Fall (Abb. 2.10b), bei dem die Stromdichte **J** über dem Querschnitt A wegen der unterschiedlichen Länge der Stromlinien $l(r)$ nicht konstant sein kann, setzen wir für ein infinitesimales Querschnittselement dA den differentiellen Leitwert

$$\mathrm{d}G = \frac{\kappa \,\mathrm{d}A}{l(r)} \tag{2.11}$$

entsprechend dem Kehrwert von (2.9) an. Der Gesamtleitwert G ist dann als Aufsummation der differentiellen Leitwerte zu verstehen und resultiert aus der Integration über den Querschnitt:

$$G = \iint\limits_{A} \mathrm{d}G = \iint\limits_{A} \frac{\kappa \,\mathrm{d}A}{l(r)}\ .$$

Hierbei kann auch ein über die Querschnittskoordinaten veränderlicher spezifischer Leitwert κ des Widerstandsmaterials berücksichtigt werden.

Ist die Homogenität der Stromdichte **J** über den ortsveränderlichen Querschnitt, bzw. die Konstanz entlang der einzelnen Querschnittselemente nicht exakt gegeben, so stellt der Ansatz (2.10) bzw. (2.11) eine entsprechende Näherung dar, die in vielen praktischen Fällen von ausreichender Genauigkeit sein kann.

2.3.3 Beziehung zwischen Widerstand und Kapazität

Es besteht auch die Möglichkeit, den Widerstand eines Bauelementes aus dessen Kapazität C zu bestimmen. Unter der einzigen Voraussetzung, dass das Medium homogen ist (κ, $\varepsilon = const.$), ergibt die Multiplikation der allgemeinen Definition des Widerstandes (2.8) und der Kapazität (1.39) den einfachen Zusammenhang

$$RC = \frac{\varepsilon}{\kappa} \,. \qquad (2.12)$$

Der Grund für diesen einfachen Zusammenhang liegt in der Ähnlichkeit des elektrischen Feldes **E** und des Strömungfeldes **J** bzw. der elektrischen Flussdichte **D**, die aufgrund des Ohmschen Gesetzes (2.6) bzw. Gl.(1.29) jeweils durch die skalare Größe κ bzw. ε verknüpft sind.

2.4 Die elektrische Leistung

Während der Ladungsträgerdrift durch ein Leitermaterial findet ein ständiger Zusammenstoß mit den Atomen und Beschleunigung durch das Feld statt. Die dadurch an die Atome des Leiters abgegebene kinetische Energie führt zu einer Erhöhung der Brownschen Bewegung, d.h. der Leiter erwärmt sich. Die vom elektrischen Feld zugeführte kinetische Energie wird somit in Wärmeenergie umgewandelt. Die pro Zeiteinheit umgesetzte Wärmenergie, d.h. die Wärmeleistung P ist dann gleich der elektrischen Leistung der Strom- bzw. Spannungsquelle.

Wir betrachten dazu zunächst ein Volumenelement dV, das die Ladung dQ enthält, die vom Feld **E** mit der mittleren Driftgeschwindigkeit $\overline{\mathbf{v}}$ durch den Leiter bewegt wird (Abb. 2.11). Die ständigen Kollisionen entsprechen im Mittel einer entgegenwirkenden Kraft d**F** ähnlich der mechanischen Reibungskraft, die zur Aufrechterhaltung von $\overline{\mathbf{v}}$ von der Coulombkraft des elektrischen Feldes ausgeglichen werden muss. Die auf das Volumenelement bezogene mechanische Leistung dP (*Kraft* $\times$ *Geschwindigkeit*), die vom elektrischen Feld zugeführt wird, beträgt somit

$$dP = d\mathbf{F} \cdot \overline{\mathbf{v}} = dQ\,\mathbf{E} \cdot \overline{\mathbf{v}} \,.$$

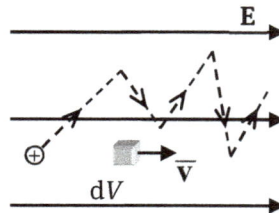

Abb. 2.11 Elektrisch-thermische Energieumwandlung im Leiter

Setzen wir nun für die im Leiter befindlichen beweglichen Ladungen die Volumendichte $q = dQ/dV$ an, d.h.

$$dP = q\,dV\,\mathbf{E}\cdot\overline{\mathbf{v}},$$

so erhalten wir mit der Stromdichte (2.2)

$$\mathbf{J} = q\,\overline{\mathbf{v}}$$

das Ergebnis

$$dP = \mathbf{J}\cdot\mathbf{E}\,dV.$$

Daraus resultiert die Volumendichte der im Leiter umgesetzten elektrischen Leistung

$$\frac{dP}{dV} = \mathbf{J}\cdot\mathbf{E} = \kappa E^2 = \frac{J^2}{\kappa}\quad\left(\frac{\mathrm{VA}}{\mathrm{m}^3} = \frac{\mathrm{W}}{\mathrm{m}^3}\right), \qquad (2.13)$$

die auch als *Joulsche Verlustleistungsdichte* bezeichnet wird. Hierbei wurde das Ohmsche Gesetz (2.6) für die beiden Alternativausdrücke verwendet. Das Produkt aus Spannung U und Strom I entspricht damit der Leistung mit der Einheit

$$\left[P\right] = \mathrm{VA} = \mathrm{W}\;(\mathrm{Watt}).$$

Aus der Leistungsdichte (2.13) erhält man durch Integration die insgesamt im Volumen V umgesetzte Joulsche Leistung

$$P = \iiint_V \mathbf{E}\cdot\mathbf{J}\,dV = \iiint_V \kappa E^2\,dV = \iiint_V \frac{J^2}{\kappa}\,dV. \qquad (2.14)$$

Nachdem die Verlustleistung im Leiter mit dem Feld in Beziehung gebracht worden ist, wollen wir den Zusammenhang herstellen zum Strom (2.1), der durch das Bauelement fließt und zur Spannung (1.14), die am Widerstand über seiner Länge l anliegt. Dazu betrachten wir als Beispiel das in Abb. 2.10a dargestellte zylindrische Widerstandssegment und teilen die Volumenintegration in (2.14) auf in das Oberflächenintegral über $A(r)$ und das Linienintegral entlang r, d.h.

$$P = \int_l \iint_{A(r)} J(r)E(r)\,dA\,dr = \int_l E(r)\,dr \iint_{A(r)} J(r)\,dA = U\,I.$$

Die Auftrennung von Flächen- und Linienintegral ist deshalb möglich, weil $J(r)$ und damit auch $E(r)$ auf der Fläche $A(r)$ einen konstant Wert haben. Das Flächenintegral über die Stromdichte J ergibt dabei den durch den Querschnitt $A(r)$ durchfließenden Strom I. Das Ergebnis in Form des Produktes $P = U I$ gilt ganz allgemein für jede Leiteranordnung, bei der die integralen Größen Strom und Spannung definiert sind. Bezugnehmend auf Abb. 2.11 nimmt ein Ladungselement dQ nach Durchlaufen der Spannung U gemäß (1.15) die entsprechende differentielle Energie

$$dW = dQU$$

vom elektrischen Feld auf. Diese Energie wird während der Driftbewegung bei den Kollisionen mit den Atomen des Leiters vollständig in Brownsche Bewegung (Wärme) umgesetzt. Daraus resultiert für die Verlustleistung (*Energie/Zeit*) mit der Definition des Stromes I (2.12)

$$P = \frac{dW}{dt} = \frac{dQ}{dt}U = IU \ .$$

Unter Verwendung der Integralform des Ohmschen Gesetzes (2.7) lässt sich dieses Ergebnis auch mit dem Widerstand R der Leiteranordnung wie folgt ausdrücken:

$$P = IU = \frac{U^2}{R} = I^2 R \ . \tag{2.15}$$

Die beiden Zusammenhänge zwischen P und R in (2.15) können umgekehrt auch als Alternative zur Definition (2.8) zur Berechnung des Widerstands R verwendet werden, d.h.:

$$R = \frac{P}{I^2} = \frac{1}{I^2} \iiint_V \mathbf{E} \cdot \mathbf{J}\,dV = \frac{1}{I^2} \iiint_V \kappa E^2\,dV = \frac{1}{I^2} \iiint_V \frac{J^2}{\kappa}\,dV \ . \tag{2.16}$$

Wie in (2.8) muss auch in dieser Definition die elektrische Feldstärke $\mathbf{E}$ bzw. die Stromdichte $\mathbf{J}$ als Funktion des Ortes innerhalb der gesamten Leiteranordnung bekannt sein.

Für den gleichförmigen Zylinder aus Abb. 2.9 mit beliebigem Querschnitt A, der Länge l und homogenem Leitermaterial ($\kappa = const.$) liefert Gl. (2.16) in Übereinstimmung mit Gl. (2.15) das Ergebnis

$$P = \iiint_V \frac{1}{\kappa}J^2\,dV = \frac{1}{\kappa}\left(\frac{I}{A}\right)^2 A l = I^2 \frac{l}{\kappa A} = I^2 R \ .$$

In den folgenden zwei Beispielen werden die verschiedenen Ansätze zur Berechnung des Widerstandes für zwei einfache Geometrien angewendet.

Beispiel 2.1: Widerstand eines zylindrischen Körpers

Gegeben sind zwei koaxiale Elektroden mit der Länge l und den Radien ρ_i und ρ_a. Der Raum zwischen den Elektroden ist mit einem Material gefüllt, das die spezifische Leitfähigkeit κ besitzt. Gesucht ist der elektrische Widerstand R zwischen den beiden Elektroden. Sämtliche Randeffekte sollen vernachlässigt werden, d.h. das Strömungsfeld bilde sich so aus, wie in einer Struktur unbegrenzter Länge.

Wir beginnen mit der Definition des Widerstandes (2.8) und setzen für das zylindersymmetrische Problem unter Vernachlässigung der Feldverzerrungen an beiden Enden der Struktur eine rein radiale Stromdichte an:

$$\mathbf{J} = J_\rho(\rho)\mathbf{e}_\rho \ .$$

Daraus folgt für die gesuchte Stromdichtefunktion gemäß (2.3) mit dem Strom I, der senkrecht durch die Mantelfläche $A(\rho)$ fließt

$$J_\rho = \frac{I}{A(\rho)} = \frac{I}{2\pi\rho l} \ .$$

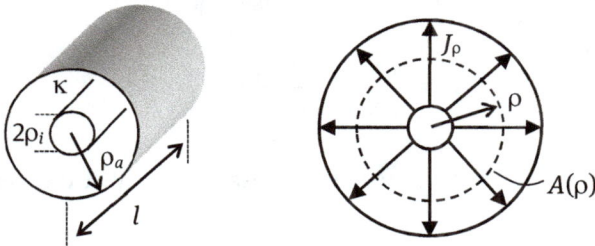

Aus der Stromdichte berechnen wir die Spannung zwischen den beiden Elektroden

$$U = \frac{1}{\kappa}\int_{\rho_i}^{\rho_a} J_\rho \, d\rho = \frac{I}{2\pi\kappa l}\int_{\rho_i}^{\rho_a} \frac{1}{\rho} d\rho = \frac{I}{2\pi\kappa l}\ln\left(\rho_a/\rho_i\right)$$

und durch Einsetzen in (2.7) erhalten wir für den Widerstand die Lösung

$$R = \frac{U}{I} = \frac{1}{2\pi\kappa l}\ln\left(\rho_a/\rho_i\right),$$

bzw. für den Leitwert $G = 1/R$. Dieser ist für die gegebene Geometrie proportional zur Länge l, sodass hierfür die Angabe des sog. Leitwertbelages (*Leitwert/Länge*) genügt:

$$G' = 2\pi\kappa / \ln(\rho_a / \rho_i).$$

Die alternative Berechnung des Widerstandes R über den differentiellen Widerstand (Abschn. 2.3.2)

$$dR = \frac{d\rho}{\kappa 2\pi\rho l}$$

ergibt nach Integration erneut das Ergebnis

$$R = \frac{1}{2\pi\kappa l}\int_{\rho_i}^{\rho_a}\frac{d\rho}{\rho} = \frac{1}{2\pi\kappa l}\ln(\rho_a / \rho_i).$$

Die direkte Umrechnung von R aus der Kapazität C ergibt mit dem Lösungsausdruck aus Beispiel 1.9

$$C = \frac{2\pi\varepsilon l}{\ln(\rho_a / \rho_i)}$$

über die Formel (2.12) $RC = \varepsilon / \kappa$ ebenfalls das Ergebnis

$$R = \frac{1}{C}\frac{\varepsilon}{\kappa} = \frac{1}{2\pi\kappa l}\ln(\rho_a / \rho_i).$$

Und schließlich soll auch der Berechnungsansatz (2.16) über die Verlustleistung P verifiziert werden:

$$R = \frac{P}{I^2} = \frac{1}{I^2}\iiint_V \frac{J^2}{\kappa}dV.$$

Einsetzen der bekannten Stromdichtefunktion J und Integration über das Volumen zwischen den beiden Elektroden mit dem zylindrischen Volumenelement (A.23) $dV = \rho d\rho d\phi dz$ ergibt

$$R = \frac{1}{\kappa I^2}\int_{z=0}^{l}\int_{\phi=0}^{2\pi}\int_{\rho_i}^{\rho_a}\left(\frac{I}{2\pi\rho l}\right)^2\rho d\rho d\phi dz = \frac{1}{\kappa I^2}\left(\frac{I}{2\pi\ell}\right)^2 2\pi l\int_{\rho_i}^{\rho_a}\frac{d\rho}{\rho} = \frac{1}{2\pi\kappa l}\ln(\rho_a / \rho_i).$$

Beispiel 2.2: Halbkugel – Erder

In Hausinstallationen werden sog. Erder zur Ableitung von atmosphärischen Blitzentladungen ins Erdreich verwendet. Als Elektrodenform für den Erder wird eine metallische Halbkugel mit Radius r_K betrachtet, die vollständig in einem Halbraum mit der spez. Leitfähigkeit κ_E eingetaucht ist. Dies stellt ein stark vereinfachtes Modell des Erdbodens dar, das die ortsabhängige Leitfähigkeit und die Bodenbeschaffenheit vernachlässigt.

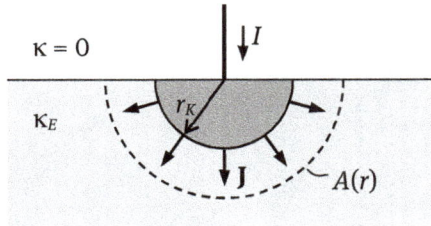

Der in die Halbkugelelektrode eingespeiste Ableitstrom I, der in das homogene Medium übertritt, verteilt sich gleichmäßig auf der Kugeloberfläche und setzt sich als kugelsymmetrisches Strömungsfeld $\mathbf{J} = J_r \, \mathbf{e}_r$ in radialer Richtung über die ortsabhängige Querschnittsfläche $A(r) = 2\,\pi\,r^2$ fort, d.h.

$$J_r = \frac{I}{A(r)} = \frac{I}{2\pi r^2} \quad \text{(Halbkugel)}.$$

Für die ebenfalls radiale elektrische Feldstärke ergibt sich

$$E_r = \frac{J_r}{\kappa} = \frac{I}{2\pi \kappa_E \, r^2},$$

und für das Potential mit Bezugspunkt im Unendlichen ergibt sich entsprechend (A.13)

$$\varphi(r) = -\int_\infty^r E_r \, \mathrm{d}r = -\frac{I}{2\pi \cdot \kappa_E} \int_\infty^r \frac{\mathrm{d}r}{r^2} = \frac{I}{2\pi \kappa_E \, r}.$$

Eine in diesem Zusammenhang wichtige Größe für die Sicherheit von Personen in der Nähe des Erders ist die sog. Schrittspannung. Es handelt sich dabei um den Potentialunterschied, dem eine Person über die Schrittlänge Δs neben dem Erder ausgesetzt ist, d.h.:

$$U_S(r) = \varphi(r) - \varphi(r + \Delta s)$$

$$= \frac{I}{2\pi\kappa_E}\left(\frac{1}{r} - \frac{1}{r + \Delta s}\right) \sim \frac{\Delta s}{r(r + \Delta s)}.$$

Für eine gegebene Schrittlänge Δs tritt das Maximum von U_s für $r = r_{min} = r_K$ auf:

$$U_{S,\max} = U_S(r = r_K) = \frac{I\Delta s}{2\pi\kappa_E(r_K^2 + r_K\Delta s)}.$$

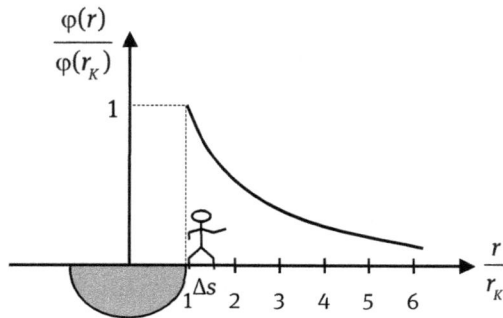

Eine weitere wichtige Kenngröße des Erders ist sein Widerstand R_E, der dem Ableitstrom im Erdboden entgegengebracht wird. Hierbei können wir den Widerstand des Erders selbst aufgrund der Verwendung guter Leiter im Vergleich zum Erdboden vernachlässigen. Ausgehend von der Spannung U_∞, die zwischen Erder und einer unendlich weit entfernten Gegenelektrode resultiert, folgt aus dem Omschen Gesetzt direkt

$$R_E = \frac{U_\infty}{I} = \frac{\varphi(r_K) - \varphi(r \to \infty)}{I} = \frac{1}{2\pi\kappa_E r_K}.$$

Der Widerstandswert wird also durch die spez. Leitfähigkeit des Bodens κ_E und die Geometrie des Erders (r_K) definiert. Wir können R_E auch alternativ über die Methode der differentiellen Widerstände bestimmen. Gemäß (2.10) setzen wir für eine Kugelschale an

$$\mathrm{d}R_E = \frac{\mathrm{d}r}{\kappa_E\,A(r)} = \frac{\mathrm{d}r}{\kappa_E\,2\pi\,r^2}$$

und erhalten nach Integration

$$R_E = \frac{1}{2\pi\kappa_E} \int_{r_K}^{\infty} \frac{dr}{r^2} = \frac{-1}{2\pi\kappa_E}\left[\frac{1}{r}\right]_{r_K}^{\infty} = \frac{1}{2\pi\kappa_E\, r_K}\,.$$

2.5 Ströme an Grenzflächen

Wie für das elektrische Feld lassen sich auch für den Vektor der elektrischen Stromdichte **J** einfache Gesetzmäßigkeiten an der Grenzfläche zwischen zwei Medien mit unterschiedlicher spezifischer Leitfähigkeit κ_1 und κ_2 aufstellen (Abb. 2.12). Über das Ohmsche Gesetz (2.6)

$$\mathbf{J} = \kappa\mathbf{E}$$

folgt mit der Stetigkeit der elektrischen Tangentialkomponenten (1.32) für die Tangentialkomponente der Stromdichte (Abb. 2.12a) direkt

$$\frac{J_{t,2}}{J_{t,1}} = \frac{\kappa_2}{\kappa_1}\,. \tag{2.17}$$

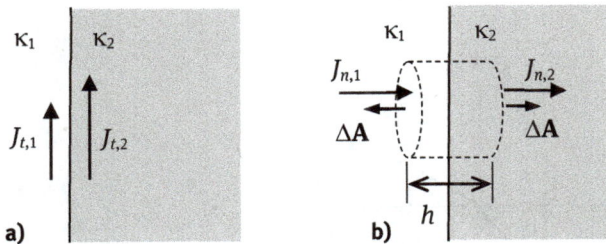

Abb. 2.12 Zur Bestimmung der Übergangsbedingung der elektrischen Stromdichte an der Grenzfläche zwischen zwei verschiedenen Medien, (a) Tangentialkomponente, (b) Normalkomponente

Für die Normalkomponente von **J** werten wir das Ladungserhaltungsgesetz (2.5) für einen kleinen Zylinder aus, der im Bereich der Grenzfläche in beide Medien hineinreicht (Abb. 2.12b). Um das Verhalten der Normalkomponente J_n an der Grenze zu bestimmen, betrachten wir das Hüllenintegral (2.5) im Grenzfall $h \to 0$ und erhalten mit den Beiträgen auf den beiden gegenüberliegenden Deckflächen ΔA parallel zur Grenzfläche

$$\lim_{h \to 0} \oiint \mathbf{J} \cdot d\mathbf{A} = -J_{n,1}\,\Delta A + J_{n,2}\,\Delta A = 0\,.$$

Daraus folgt die Stetigkeit der Normalkomponente der Stromdichte:

$$J_{n,1} = J_{n,2}\,. \tag{2.18}$$

Wie für die elektrischen Feldlinien ergibt sich damit auch für **J** das "Brechungsgesetz" des stationären Strömungsfeldes. Mit den beiden Beziehungen (2.17) und (2.18) resultiert für die beiden Winkel α_1 und α_2 gegen die Flächennormale (Abb. 2.13)

$$\frac{\tan\alpha_2}{\tan\alpha_1} = \frac{J_{t,2}/J_{n,2}}{J_{t,1}/J_{n,1}} = \frac{J_{t,2}}{J_{t,1}}\frac{J_{n,1}}{J_{n,2}} = \frac{J_{t,2}}{J_{t,1}}\,,$$

und somit

$$\frac{\tan\alpha_2}{\tan\alpha_1} = \frac{\kappa_2}{\kappa_1}\,. \tag{2.19}$$

Wie in Abb. 2.13 für $\kappa_1 > \kappa_2$ skizziert, werden die Strömungslinien in dem Medium mit der niedrigeren spezifischen Leitfähigkeit zum Lot hin gebrochen ($\alpha_2 < \alpha_1$).

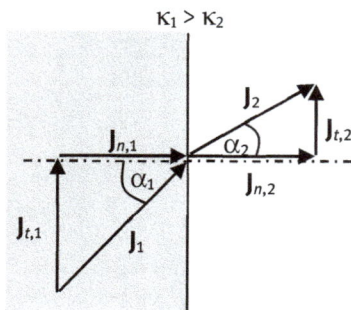

Abb. 2.13 Brechung der elektrischen Strömungslinien an einer Grenzfläche zwischen zwei unterschiedlichen Medien

Im Extremfall $\kappa_1 \gg \kappa_2$ ist nach (2.17) das Verhältnis $J_{t,2}/J_{t,1} \approx 0$, sodass nach (2.18) ein kleiner Anteil der Strömungslinien nahezu senkrecht in Medium 2 übertritt (Abb. 2.14a). Für den Sonderfall eines Nichtleiters ($\kappa_2 = 0$), in dem $\mathbf{J}_2 = 0$ sein muss, verschwinden die Normalkomponenten vollständig ($J_{n,2} = J_{n,1} = 0$) und der Strom in Medium 1 fließt entlang der Grenzfläche (Abb. 2.14b).

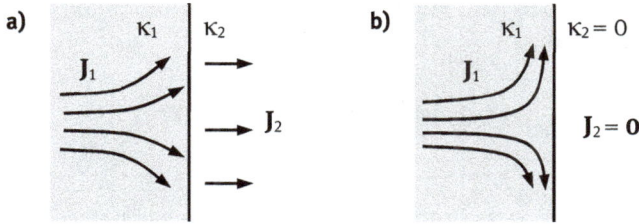

Abb. 2.14 Verhalten des elektrischen Strömungfeldes nahe Leiteroberfläche, (a) $\kappa_1 \gg \kappa_2$, (b) $\kappa_2 = 0$

2.6 Gleichstromnetzwerke

Liegt eine Zusammenschaltung mehrerer Widerstandselemente und Quellen als Netzwerk vor (Abb. 2.15), so ist das Ohmsche Gesetz (2.7) allein nicht ausreichend, um alle Ströme I_i und Spannungen U_i darin bestimmen zu können. Über jedem Zweipol (Zweig) bleibt entweder U_i oder I_i unbekannt. Deshalb ist die Einbeziehung von zwei weiteren Bedingungen des stationären Strömungsfeldes notwendig, um die erforderliche Anzahl unabhängiger Gleichungen zu erhalten. Dazu dienen die beiden folgenden Kirchhoffschen Sätze.

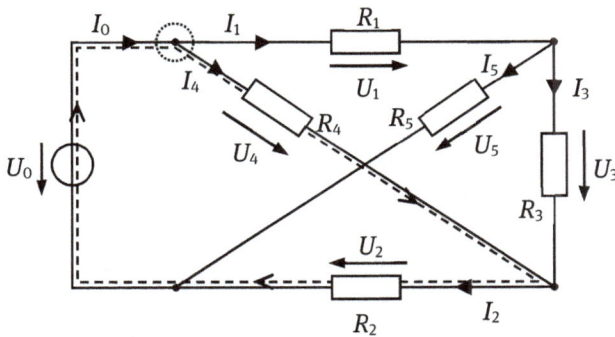

Abb. 2.15
Gleichstromnetzwerk
mit Beispielknoten
und Masche
(gestrichelt)

2.6.1 Der Kirchhoffsche Knotensatz

Ein Netzwerkknoten stellt eine Stromverzweigung dar, wie in Abb. 2.15 bespielhaft für die Ströme I_0, I_1 und I_4, mit gestricheltem Kreis gekennzeichnet. Wie in Abb. 2.16 schematisch für das Volumen V einer solchen Verzweigung mit einer beliebigen

Anzahl von Strompfaden mit Einzelquerschnitten ΔA_i dargestellt, folgt aus der Ladungserhaltung (2.5)

$$\oiint_A \mathbf{J} \cdot d\mathbf{A} = \sum_i \iint_{\Delta A_i} \mathbf{J}_i \cdot d\mathbf{A} = 0 \,.$$

Mit der Definition (2.4) des Stromes I_i durch den Querschnitt ΔA_i resultiert der *Kirchhoffsche Knotensatz*

$$\sum_i I_i = 0 \,, \qquad\qquad (2.20)$$

der besagt:

In einer Netzwerkverzweigung ist die Summe der zufließenden Ströme gleich der Summe aller abfließenden Ströme, oder kurz: Die Summe aller Ströme in einer Verzweigung ist Null (Kirchhoffscher Knotensatz).

Bezogen auf die gewählte Orientierung des gerichteten Oberflächenelementes d**A** in Abb. 2.16, resultiert in (2.20) ein positives Vorzeichen für Ströme, die von der Verzweigung abfließen und ein negatives für zufließende Ströme. Für den gestrichelt gekennzeichneten Knoten in Abb. 2.15 ergibt sich beispielsweise

$$-I_0 + I_1 + I_4 = 0$$

Eine umgekehrte Konvention ist gleichwertig.

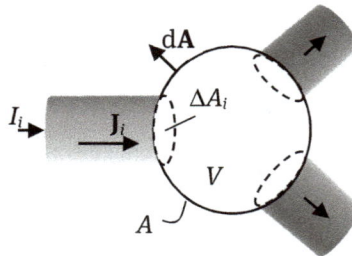

Abb. 2.16
Zum Kirchhoffschen
Knotensatz an einer
Stromverzweigung

2.6.2 Der Kirchhoffsche Maschensatz

Der zweite Satz unabhängiger Netzwerkgleichungen beruht auf der *Wirbelfreiheit des elektrostatischen Feldes* (1.12), wie sie in einem Gleichstromkreis vorliegt:

$$\oint \mathbf{E} \cdot d\mathbf{s} = 0 \, .$$

In einem Netzwerk ergibt das Ringintegral entlang einer sog. *Masche*, das aus Einzelabschnitten der Länge s_i besteht, jeweils (Abb. 2.15)

$$\oint \mathbf{E} \cdot d\mathbf{s} = \sum_i \int_{s_i} \mathbf{E}_i \cdot d\mathbf{s} = 0 \, .$$

Mit der Spannungsdefinition (1.14) resultiert der *Kirchhoffsche Maschensatz*

$$\sum_i U_i = 0 \, , \tag{2.21}$$

der besagt:

> Innerhalb einer Netzwerkmasche ist die Summe der Spannungen in Umlaufrichtung gleich der Summe aller entgegengesetzten Spannungen, oder kurz: Die Summe aller Spannungen in einer Netzwerkmasche ist Null (Kirchhoffscher Maschensatz).

Unabhängig von dem gewählten Umlaufsinn, werden gemäß des Linienintegrals über $\mathbf{E}_i$ die Spannungen in Umlaufrichtung positiv und die dazu entgegengesetzten negativ gezählt, d.h. für die in Abb. 2.15 gestrichelt gezeichnete Masche ergibt sich bei Umlauf im Uhrzeigersinn

$$-U_0 + U_4 + U_2 = 0 \, .$$

Mit Bezug auf Abb. 2.15 erstrecken sich die Einzelabschnitte s_i über einzelne Widerstandselemente R_i und Spannungsquellen U_0. Hierbei werden die Verbindungen zu den Knoten als ideal leitend angenommen, d.h. nach (2.6) gilt $\mathbf{E} \to \mathbf{0}$ auf ihrer Oberfläche. Das ist oft eine zulässige Vereinfachung, solange es sich um sehr gute Leiter handelt, wie üblicherweise Kupfer. Ist der Anschlusswiderstand gegenüber den Widerstandselementen nicht vernachlässigbar, kann er durch ein zusätzliches Widerstandselement im betreffenden Zweig eingefügt, bzw. in einem Element des Zweiges eingerechnet werden. Dies entspricht dem allgemeinen Fall einer Reihenschaltung von Widerständen, wie nachfolgend gezeigt.

Beispiel 2.3: Reihenschaltung von Widerständen

Gesucht ist der resultierende Gesamtwiderstand

$$R_{ges} = \frac{U_{ges}}{I}$$

an den Anschlüssen einer Kette von N hintereinander geschalteten Einzelwiderständen R_i.

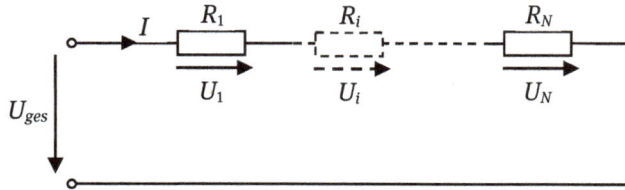

Der Umlauf entlang der einzig vorliegenden Masche einschließlich der Spannung U_{ges} an den Anschlussklemmen ergibt nach (2.21)

$$U_{ges} = \sum_{i=1}^{N} U_i .$$

Die Einzelspannungen U_i über den Widerständen R_i können über das Ohmsche Gesetz

$$U_i = I R_i$$

mit dem Strom I durch die Reihenschaltung ausgedrückt werden. Rückwärtseinsetzen ergibt für den gesuchten Gesamtwiderstand die einfache Summenformel

$$R_{ges} = \sum_{i=1}^{N} R_i .$$

Beispiel 2.4: Parallelschaltung von Widerständen

Für den Gesamtwiderstand

$$R_{ges} = \frac{U}{I_{ges}}$$

einer parallelen Verschaltung von N Einzelwiderständen R_i an den beiden Anschlußknoten, zwischen denen die Spannung U resultiert, ergibt der Knotensatz (2.20)

$$I_{ges} = \sum_{i=1}^{N} I_i .$$

Über das Ohmsche Gesetz

$$I_i = \frac{U}{R_i}$$

können die Einzelströme I_i durch die Widerstände R_i und der Spannung U zwischen den Anschlussknoten ausgedrückt werden. Durch Rückwärtseinsetzen erhalten wir für die Parallelschaltung von Widerständen die reziproke Summenformel

$$\frac{1}{R_{ges}} = \sum_{i=1}^{N} \frac{1}{R_i}.$$

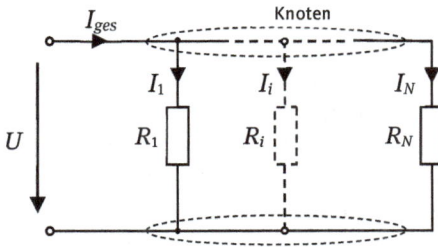

2.6.3 Berechnung komplexer Netzwerke

Bei komplexen Netzwerken wird die Topologie in einen sog. *Graphen* überführt, mit allen Stromknoten und Stromzweigen zwischen den Knoten. Abb. 2.17 zeigt dies beispielhaft für das in Abb. 2.15 dargestellte Netzwerk, das $K = 4$ Knoten und $Z = 6$ Zweige mit den zugehörigen Zweigströmen $I_0, I_1, \dots I_5$ beinhaltet.

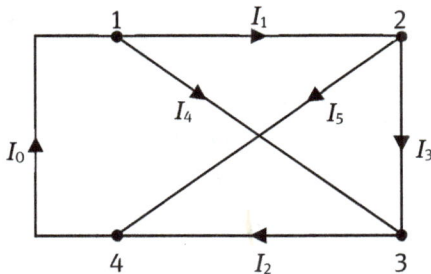

Abb. 2.17 Netzwerkgraph mit Knoten und Zweigen zu Beispiel aus Abb. 2.15

Über das Ohmsche Gesetz $U_i = I_i R_i$ sind die Zweigspannungen U_i durch die Zweigströme I_i bestimmt. Das gilt auch, wenn mehrere Widerstände innerhalb eines

Zweiges verschaltet sind. Somit ist die Anzahl der Zweige Z gleich der Anzahl der unbekannten Ströme I_i. Im vorliegenden Beispiel werden somit $Z = 6$ linear unabhängige Gleichungen zur Bestimmung der Ströme $I_0 \dots I_5$ benötigt. Diese werden zunächst im Graphen (Abb. 2.17) mit frei wählbarer Richtung eingetragen.

Dann werden aus dem Kirchhoffschen Knotensatz (2.20) $K - 1$ linear unabhängige Gleichungen aufgestellt. Dabei entfällt einer der K Knoten, da die Strombilanz dort sich aus den anderen ergibt und somit linear abhängig ist. Für das vorliegende Beispiel (Abb. 2.17) betrachten wir die Knoten 1 - 3 und erhalten

$$
\begin{aligned}
I_0 \quad -I_1 \quad\quad\quad -I_4 \quad\quad\quad &= 0 \\
+I_1 \quad -I_3 \quad\quad -I_5 \quad &= 0 \\
-I_2 \quad +I_3 \quad +I_4 \quad\quad\quad &= 0 \,.
\end{aligned}
$$

Hierbei wurden Ströme, die in den Knoten fließen, positiv und die ausfließenden Ströme negativ gezählt. Wie man sich leicht überzeugen kann, resultiert die Strombilanz für den ausgelassenen 4. Knoten aus der Summe dieser 3 Gleichungen. Die noch fehlenden $M = Z - (K - 1)$ linear unabhängigen Gleichungen werden mit dem Kirchhoffschen Maschensatz (2.21) aufgestellt. Im vorliegenden Beispiel (Abb. 2.17) sind dafür $M = 3$ Maschenumläufe zu wählen.

Voraussetzung für lineare Unabhängigkeit ist, dass jeweils ein Zweig nur in einer Masche vorkommt. Dies lässt sich, wie in Abb. 2.18 gezeigt, durch sukzessive Entfernung eines Zweiges systematisch durchführen.

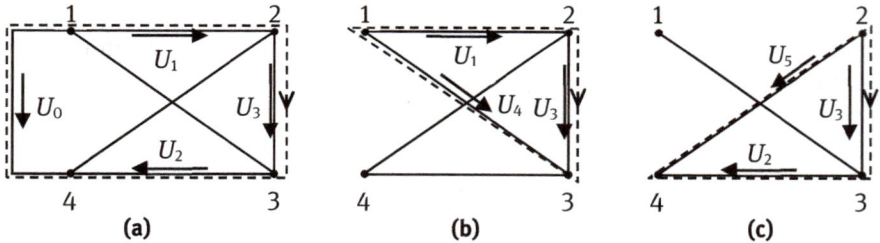

Abb. 2.18 Aufstellung der linear unabhängigen Maschengleichungen durch sukzessive Auftrennung der Maschen

Aus der frei gewählten ersten Masche 1-2-3-4 (Abb. 2.18a) wird beispielsweise der Zweig 1-4 entfernt und durch den Zweig 1-3 ersetzt (Abb. 2.18b). Entfernen von Zweig 1-2 und Ersetzen durch Zweig 2-4 ergibt schließlich die dritte und letzte Masche (Abb. 2.18c).

Die drei so gewählten Maschenumläufe ergeben nach dem Maschensatz (2.21) für die 5 unbekannten Spannungen $U_1 \dots U_5$, die jeweils in die zuvor festgelegte Stromrichtung zeigen, einschließlich der vorhandenen Spannungsquelle U_0 nacheinander

$$
\begin{aligned}
U_1 + U_2 + U_3 \qquad\qquad\qquad &= U_0 \\
U_1 \qquad + U_3 - U_4 \qquad\quad &= 0 \\
+ U_2 + U_3 \qquad\quad - U_5 &= 0.
\end{aligned}
$$

Die Anwendung des Ohmschen Gesetzes ergibt schließlich die noch benötigten 3 unabhängigen Gleichungen für die Ströme:

$$
\begin{aligned}
R_1 I_1 + R_2 I_2 + R_3 I_3 \qquad\qquad\qquad &= U_0 \\
R_1 I_1 \qquad + R_3 I_3 - R_4 I_4 \qquad\quad &= 0 \\
+ R_2 I_2 + R_3 I_3 \qquad\quad - R_5 I_5 &= 0.
\end{aligned}
$$

Insgesamt ergibt sich somit für das Beispielnetzwerk aus Abb. 2.15 für die unbekannten Zweigströme $I_0 \dots I_5$ das lineare Gleichungssystem

$$
\begin{bmatrix}
1 & -1 & 0 & 0 & -1 & 0 \\
0 & 1 & 0 & -1 & 0 & -1 \\
0 & -1 & 0 & 1 & 1 & 0 \\
0 & R_1 & R_2 & R_3 & 0 & 0 \\
0 & R_1 & 0 & R_3 & -R_4 & 0 \\
0 & 0 & R_2 & R_3 & 0 & -R_5
\end{bmatrix}
\begin{pmatrix}
I_0 \\ I_1 \\ I_2 \\ I_3 \\ I_4 \\ I_5
\end{pmatrix}
=
\begin{pmatrix}
0 \\ 0 \\ 0 \\ U_0 \\ 0 \\ 0
\end{pmatrix}
$$

mit den daraus resultierenden Zweigspannungen ($i \neq 0$)

$$
U_i = I_i R_i.
$$

Die systematische Aufstellung und Lösung eines solchen Gleichungssystems mit Verfahren der linearen Algebra bietet somit die Möglichkeit der rechnerischen Automatisierung in Computerprogrammen zur Schaltungssimulation.

2.7 Übungsaufgaben

2.1 Widerstandsberechnung in zylindrischen Geometrien

Ein in der Mitte aufgeschnittener Hohlzylinder der Höhe h mit Innenradius r_i und Außenradius r_a habe die spezifische Leitfähigkeit κ. Berechnen Sie mit Hilfe des ohmschen Gesetzes den elektrischen Widerstand R der Anordnung.
a) bei Stromfluss in Umfangsrichtung (linkes Bild)
b) bei Stromfluss in radialer Richtung (rechtes Bild)
c) Bestimmen Sie alternativ den elektrischen Widerstand für beide Stromflussrichtungen durch Integration über differentielle Widerstands- bzw. Leitwertelemente.

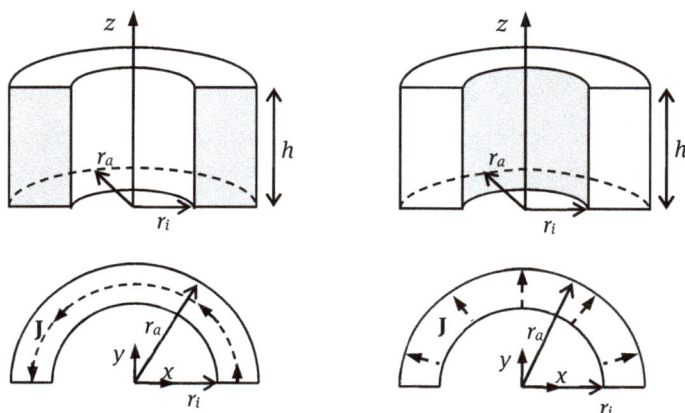

2.2 Widerstand zwischen zwei Kugelelektroden

Zwei gleich große Kugelelektroden mit Radius r_0 befinden sich in einem Medium mit der Leitfähigkeit κ im Abstand a. Auf den Kugeloberflächen soll jeweils näherungsweise die kugelsymmetrische Stromdichte der Einzelelektrode angesetzt werden.
a) Bestimmen Sie den Widerstand, den das Material dem Stromfluss zwischen den beiden Elektroden entgegensetzt.
Hinweis: Setzen Sie die Potentialverteilung im Medium aus den Beiträgen der beiden Elektroden zusammen und bestimmen Sie die Konstanten aus der Spannung U_{12} zwischen den Elektroden an den Punkten 1 und 2.

b) Wie groß ist der Widerstand, wenn die zweite Kugel durch eine Platte in der y-z-Ebene ersetzt wird?
Hinweis: Skizzieren Sie das Strömungsfeld mit der Platte in der Symmetrieebene

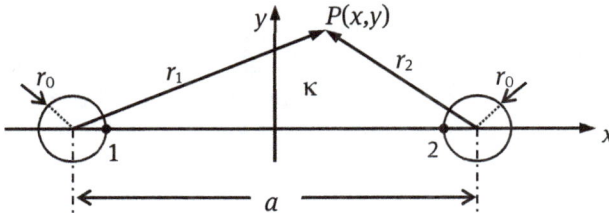

2.3 Widerstand zwischen zwei Kugelschalenelektroden

Ein viereckiger Kugelschalen-Ausschnitt mit den Winkeln θ_0, ϕ_0, dem Radius r_0, der Dicke d und spezifischer Leitfähigkeit κ werde vom Strom I radial durchflossen.

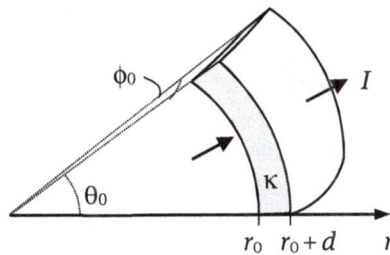

a) In welche Koordinatenrichtung zeigt die Stromdichte **J** und von welcher Koordinate hängt sie ab? Berechnen Sie mit dem unbestimmten funktionalen Ausdruck für **J** den Strom I durch die Schale und damit die explizite Lösung für **J**. Welchen ortsabhängigen Querschnitt $A(r)$ für den Strom I entnehmen Sie der Lösung?

b) Bestimmen Sie aus dem Spannungsabfall über die Dicke d den Widerstand R der Schale.

c) Berechnen Sie alternativ den Widerstand R mit der Methode der "differentiellen Widerstände" unter Verwendung der Funktion $A(r)$ aus a).

d) Wie groß ist die Kapazität C der Anordnung, wenn die Permittivität ε des Widerstandsmateriales bekannt ist?

e) Gegen welche Lösung streben jeweils R und C für relativ kleine Schichtdicken, d.h. für $d/r_0 \ll 1$? Welcher Anordnung entspricht jeweils dieser Grenzfall?

2.4 Rotationssymmetrischer Widerstandskörper

Gegeben sei ein aus zwei gleich großen Kegelstümpfen und einem Zylinder zusammengesetzter Körper. Die Kegelstümpfe haben die gleiche spezifische Leitfähigkeit κ_1, während dem Zylinder κ_2 zugeordnet wird. Die gesamte Geometrie ist durch die beiden Radien r_1 und r_2 und die Längen h und b definiert. Die beiden äußeren Grundflächen mit Radius r_1 dienen als Stromanschlüsse.

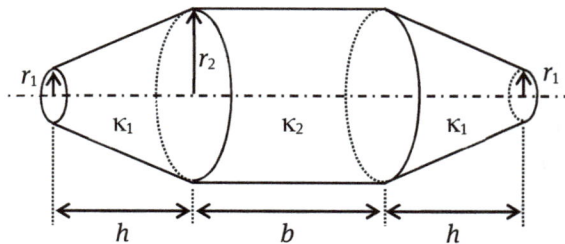

a) Berechnen Sie den elektrischen Widerstand R_1 eines Kegelstumpfes mit der "Methode der differentiellen Widerstände".
b) Berechnen Sie den Widerstand des Zylinders R_2 und stellen Sie die Lösung für den Gesamtwiderstand R_{ges} der Anordnung auf.
c) Welche Lösungen ergeben sich für R_{ges} in den folgenden 3 Fällen: $r_1 = r_2$, $b = 0$ und $\kappa_1 \rightarrow \infty$?

   Hinweis: $\displaystyle\int \frac{dx}{(ax+b)^2} = \frac{-1}{a(ax+b)} + C$

2.5 Stationäres Strömungsfeld in einer Bandleitung

Gegeben ist eine Bandleitung der Länge l, Breite b und dem Plattenabstand h. Zwischen den ideal leitfähigen Platten befinde sich ein Widerstandsmaterial mit ortsabhängiger, spezifischer Leitfähigkeit $\kappa(x) = \kappa_0\, e^{-x/l}$. An den Leitungsanschlüssen ($x = 0$) ist eine Spannungsquelle U angeschlossen.

a) Bestimmen Sie Betrag und Richtung der elektrischen Feldstärke **E** in der Bandleitung unter Vernachlässigung sämtlicher Randeffekte (Hinweis: Beide Platten sind Äquipotentialflächen). Berechnen Sie den Strom I an den

Leitungsanschlüssen durch Integration über die Stromdichte **J** im Widerstands-material und daraus den Widerstand R der Leitung.

b) Berechnen Sie den Widerstand R der Leitung alternativ über den direkten Ansatz mit differentiellen Leitwerten dG.

c) Verifizieren Sie Ihr Ergebnis aus a) und b) für den Widerstand R der Leitung durch die Berechnung der Verlustleistung P im Widerstandsmaterial.

d) Berechnen Sie den zwischen $0 \dots x$ durch das Widerstandsmaterial abfließenden Strom $I_z(x)$ und aus der Strombilanz den ortsabhängigen Leitungsstrom $I_x(x)$ in den Platten.

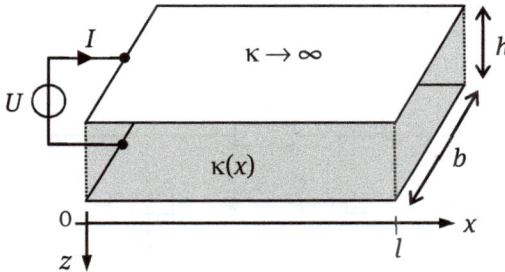

2.6 Widerstand eines zusammengesetzten Quaders

Ein quaderförmiger Körper ist aus drei kleineren Quadern mit unterschiedlicher spezifischer Leitfähigkeit, $\kappa_1, \kappa_2, \kappa_3$ zusammengesetzt. Der Körper wird insgesamt vom Strom I in Richtung $\mathbf{e}_x$ durchflossen. Die Geometrie ist durch die drei Querschnitte A_1 - A_3 und die Längen a bzw. b definiert.

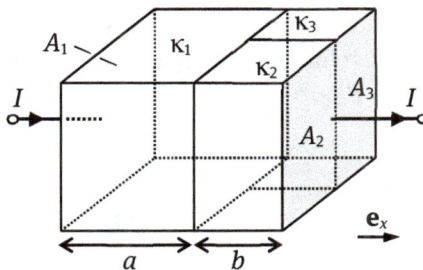

a) Wie groß ist die Stromdichte $\mathbf{J}_1$ im Abschnitt 1?

b) Berechnen Sie die beiden Stromdichten $\mathbf{J}_2$ und $\mathbf{J}_3$ in den Abschnitten 2 und 3 aus zwei Bestimmungsgleichungen, und zwar aus der

– Stetigkeitsbedingung für die elektrischen Feldstärken $\mathbf{E}_{2,3}$ zwischen Raum 2, 3
– Strombilanz aus den Teilströmen in den 3 Abschnitten.

c) Berechnen Sie aus den Ergebnissen aus a) und b) den elektrischen Widerstand R der Anordnung.

d) Verifizieren Sie Ihr Ergebnis aus c) mit Hilfe des entsprechenden elektrischen Ersatzschaltbildes der Anordnung mit den drei Teilwiderständen R_1, R_2, R_3.

2.7 Gleichstromnetzwerke

Gegeben ist das nachfolgende Netzwerk mit den Widerständen R_1, ... R_6 und der Strom- u. Spannungquelle I_0 bzw. U_0.

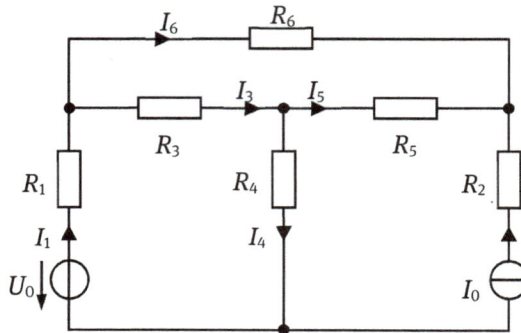

a) Bestimmen Sie die Anzahl unabhängiger Knotengleichungen $K - 1$ und Zweigspannungen Z. Wie viele unabhängige Maschengleichungen M sind erforderlich?

b) Stellen Sie die zur Lösung aller Zweigströme notwendigen Knoten- bzw. Maschengleichungen und das formale Gleichungssystem auf.

c) Welche Lösung ergibt sich für die Zweigspannung U_6 bei folgendem Spezialfall: $R_4 \rightarrow \infty$ $(I_4 = 0)$, $R_3 + R_5 = R_6$.

3 Das statische magnetische Feld

Zusätzlich zur elektrischen Kraft zwischen ruhenden Ladungen gibt es auch eine *magnetische Wechselwirkung zwischen bewegten Ladungen bzw. elektrischen Strömen*. Sie wird durch das magnetische Feld vermittelt, das jeweils vom elektrischen Strom erzeugt wird. Im Gegensatz zum elektrostatischen Feld entspringen magnetische Feldlinien nicht aus Ladungen, d.h. sie sind in sich geschlossen. Die Quellenfreiheit zusammen mit dem Ampèreschen Durchflutungsgesetz sind die Grundgesetze des magnetostatischen Feldes. Daraus folgen die Zusammenhänge für das Verhalten von Materie im magnetischen Feld. Die im magnetischen Feld gespeicherte Energie wird durch die Induktivität des Stromkreises beschrieben. Aus dem Prinzip der virtuellen Verrückung folgen aus der Feldenergieänderung die Kräfte auf Grenzflächen von Materialübergängen.

3.1 Die magnetische Kraft

In Analogie zum Coulombschen Kraftgesetz (1.1) des elektrostatischen Feldes zwischen zwei Punktladungen wollen wir die folgende Grundanordnung mit zwei parallel angeordneten, vom Strom I_1 bzw. I_2 durchflossenen Drähten betrachten (Abb. 3.1). Die Drahtlängen seien dabei unbegrenzt angenommen. Als weitere Idealisierung sollen die Drähte gegenüber dem Drahtabstand r sehr dünn sein (d.h. Drahtdurchmesser $<< r$).

Ein solche experimentelle Anordnung und ähnliche dieser Art gehen auf die ersten Untersuchungen von André-Marie Ampère im Jahr 1820 zurück.

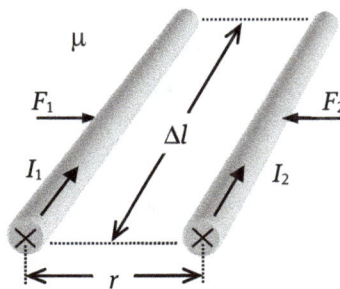

Abb. 3.1: Magnetische Kraftwirkung zwischen zwei parallelen Linienströmen

Auf den stromdurchflossenen Drähten treten gleich große und entgegengesetzte Kräfte $F_{1,2}$ auf, die nicht elektrischer Natur sein können, da die Drähte ungeladen sind.

https://doi.org/10.1515/9783110768176-003

Für die auf einen Abschnitt der Länge Δl wirkende magnetische Kraft gilt

$$F_{1,2} = \mu \frac{I_1 I_2}{2\pi r} \Delta l \,. \tag{3.1}$$

Mit Bezug auf die in Abb. 3.1 gewählte positive Richtung von $F_{1,2}$ folgt daraus, dass für gleichgerichtete Ströme ($I_1 = I_2$) die Kräfte anziehend sind, während bei entgegengesetzten Strömen ($I_1 = -I_2$) abstoßende Kräfte wirken.

> Gleichgerichtete Ströme ziehen sich an, entgegengesetzte stoßen sich ab.

Wie aus (3.1) hervorgeht, ist der Betrag der Kraft $F_{1,2}$ zwischen den beiden parallelen Linienströmen jeweils umgekehrt proportional zum gegenseitigen Parallelabstand r. Die Kraft hängt auch von den magnetischen Eigenschaften des Mediums ab, die durch die *Permeabilitätskonstante*

$$\mu = \mu_r \mu_0 \tag{3.2}$$

berücksichtigt sind. Im Vakuum hat sie den Wert

$$\mu_0 = 4\pi \cdot 10^{-7} \, \frac{\text{Vs}}{\text{Am}} \quad (\textit{magnetische Feldkonstante}). \tag{3.3}$$

Alle anderen Medien werden gemäß (3.2) durch die dimensionslose, *relative Permeabilität* μ_r berücksichtigt. Im Medium Luft ist der Unterschied zum Vakuum äußerst gering, sodass dafür im praktischen Fall $\mu_r = 1$ gesetzt werden kann.

3.2 Die magnetische Flussdichte

Das magnetische Kraftgesetz (3.1) beschreibt eine Fernwirkung. Wie beim Coulombschen Kraftgesetz (1.1) deuten wir es um zu einer *Nahwirkung*, die durch ein Feld vermittelt wird. Beispielsweise erzeugt der Strom I_1 am Ort von I_2 im Abstand r das *magnetische Feld*

$$\left| \mathbf{B}_1 \right| = \mu \frac{\left| I_1 \right|}{2\pi r} \,, \tag{3.4}$$

sodass in Übereinstimmung mit (3.1) für die magnetische Kraft auf Leiter 2 folgt:

$$\left| \mathbf{F}_2 \right| = \left| \mathbf{B}_1 \right| \left| I_2 \right| \Delta l \,. \tag{3.5}$$

Ein entsprechendes Ergebnis erhalten wir mit vertauschten Indizes für die Kraft auf
Leiter 1. Aus (3.4) resultiert für das Feld **B** somit die Einheit

$$\left[B\right] = \frac{\text{Vs}}{\text{m}^2} = 1\text{T} \;\; (\text{Tesla})$$

Der magnetische Feldvektor **B** wird als *magnetische Induktion* oder *Flussdichte*
bezeichnet.

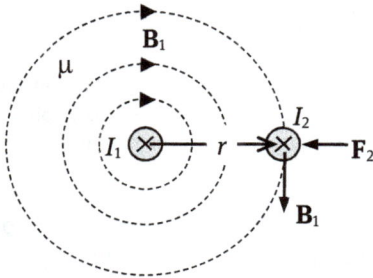

Abb. 3.2: Magnetische
Feldlinien des Linienstroms I_1

Wie in Abb. 3.2 skizziert, sind die Feldlinien von $\mathbf{B}_1$ (3.4) konzentrische Kreise, die den
sie erzeugenden Linienstrom I_1 umschließen. Die magnetischen Feldlinien sind stets
im *Rechtsschraubensinn* zum Strom gerichtet. Ausgedrückt in Zylinderkoordinaten
folgt aus (3.4) für das elementare Magnetfeld **B** des unbegrenzten, z-gerichteten
Linienstroms

$$\mathbf{B} = \frac{\mu I}{2\pi\rho}\mathbf{e}_\phi. \tag{3.6}$$

Im Gegensatz zum elektrostatischen Feld, bei dem die Feldlinien elektrischen
Ladungen entspringen, bzw. in ihnen münden, sind die magnetischen Feldlinien also
stets in sich geschlossen. Es handelt sich um ein sog. *Wirbelfeld*. Darin drückt sich
eine grundlegende Eigenschaft des Magnetfeldes aus: Die *Nichtexistenz magnetischer
Ladungen*. Analog zum Gaußschen Gesetz des elektrischen Feldes (1.31) lautet dieses
erste Grundgesetz des magnetischen Feldes

$$\oiint \mathbf{B}\, d\mathbf{A} \; = \; 0 \quad \begin{array}{l}\textit{Quellenfreiheit des}\\ \textit{magnetischen Feldes.}\end{array} \tag{3.7}$$

> Die Feldlinien des magnetischen Feldes **B** sind stets in sich geschlossen (Wirbelfeld) und
> umschließen den sie erzeugenden Strom im Rechtsschraubensinn.

3.3 Ampèresches Kraftgesetz

Wir wollen nun das Ampèresche Kraftgesetz (3.5) für den unbegrenzten Linienstrom auf eine beliebige Länge und Form innerhalb eines Magnetfeldes **B** verallgemeinern (Abb. 3.3).

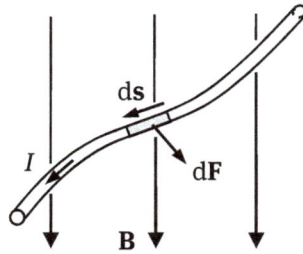

Abb. 3.3: Magnetische Kraft auf einen beliebig geformten Linienstrom I

Dazu betrachten wir ein beliebig gerichtetes Linienelement d**s**, das in Stromrichtung zeigt und auf das die magnetische Flussdichte **B** wirkt. Entsprechend (3.5) setzen wir für das Differential der resultierenden Kraft an:

$$\left| d\mathbf{F} \right| = I \left| \mathbf{B} \right| \left| d\mathbf{s} \right| \sin \alpha \,.$$

Hierbei sind durch den Winkel α zwischen d**s** und **B** nur die zueinander senkrechten Komponenten wirksam (Abb. 3.4).

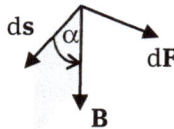

Abb. 3.4: Differential der magnetischen Kraft d**F** auf ein Stromelement d**s** im magnetischen Feld **B**

Die Kraft d**F** ist also maximal, wenn wie in Abb. 3.2, Strom- und Feldrichtung senkrecht zueinanderstehen, bzw. verschwindet, wenn sie parallel zueinander sind. Die resultierende Kraft d**F** steht senkrecht auf der von den beiden Vektoren d**s** und **B** aufgespannten Ebene. Der Zusammenhang zwischen ihnen lässt sich mithilfe des Kreuzproduktes (A.8) in kompakter Form wie folgt schreiben:

$$d\mathbf{F} = I \, d\mathbf{s} \times \mathbf{B} \,. \tag{3.8}$$

Die Integration dieses Ausdrucks entlang des gesamten Strompfades der Länge l ergibt die insgesamt an den Linienstrom I angreifende magnetische Kraft:

$$\mathbf{F} = I \int_l \mathrm{d}\mathbf{s} \times \mathbf{B} \,. \tag{3.9}$$

Dies ist das von André-Marie Ampère im Jahr 1825 aufgestellte allgemeine *magnetische Kraftgesetz*, gültig für einen elektrischen Linienstrom.

Beispiel 3.1: Magnetische Kräfte auf eine rechteckige Stromschleife

Eine vom Strom I durchflossene ebene Leiterschleife mit der Fläche $A = a \cdot b$ befindet sich im homogenen Magnetfeld $\mathbf{B}$ mit Neigungswinkel $\alpha = \angle(\mathbf{B}, \mathbf{e}_n)$ gegenüber der Flächennormalen $\mathbf{e}_n$ (im Rechtsschraubensinn zu I).

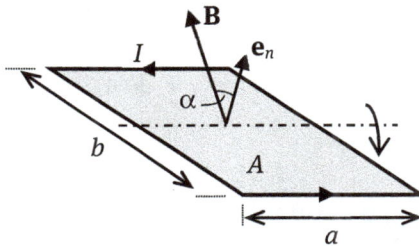

Für die Kräfte auf den Seiten a, b erhalten wir mit (3.8)

$$\mathrm{d}\mathbf{F} = I \, \mathrm{d}\mathbf{s} \times \mathbf{B}$$

und dem jeweils konstanten Betrag des Kreuzproduktes (siehe untere Skizzen) gemäß des Integrals (3.9)

$$F_a = \pm I \, a \, B$$

$$F_b = \pm I \, b \, B \cos(\alpha)$$

Der Vorzeichenwechsel für die Kräfte auf den jeweils gegenüberliegenden Seiten ergibt sich durch die gegensätzliche Stromrichtung in Bezug zu $\mathbf{B}$. Somit heben sich die Kräfte auf den Seiten a und b paarweise auf, sodass insgesamt keine translatorische Kraft auf die Stromschleife wirkt:

$$\sum \mathbf{F}_a + \mathbf{F}_b = \mathbf{0} \,.$$

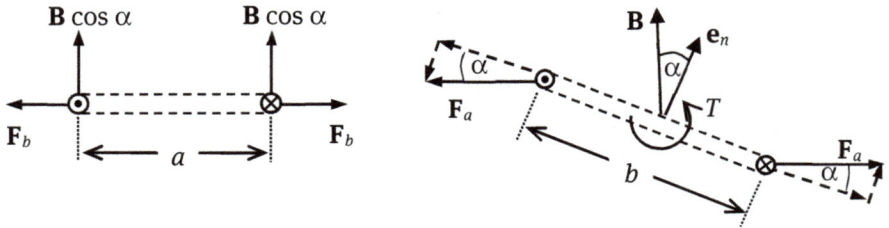

Jedoch ergeben sich durch den Neigungswinkel α die beiden zur Schleifenebene senkrechten Komponenten von $\pm\mathbf{F}_a$. Dieses Kräftepaar ergibt ein Drehmoment (Kraft $\times$ Hebelarm) T auf die Leiterschleife:

$$T = F_a \sin(\alpha)\, b = I\,a\,B\,b\sin\alpha = I\,A\,B\sin\alpha\,.$$

Das resultierende Drehmoment wächst mit dem Neigungswinkel α und wirkt entgegengesetzt dazu.

3.4 Magnetisches Dipolmoment

Wir wollen die im Beispiel 3.1 an der rechteckigen Leiterschleife untersuchte Kraftwirkung auf *ebene Leiterschleifen beliebiger Form* verallgemeinern. Dazu legen wir die Fläche A der Leiterschleife in die x-y-Ebene eines kartesischen Koordinatensystems, wobei der Koordinatenursprung innerhalb A liegt (Abb. 3.5). Die Leiterschleife ist einem *homogenen* Magnetfeld $\mathbf{B}$ ausgesetzt, das beliebig gegenüber der Flächennormalen $\mathbf{e}_z$ orientiert ist. Der Schleifenstrom I ist im Rechtsschraubensinn zur Flächennormalen $\mathbf{e}_z$ gerichtet.

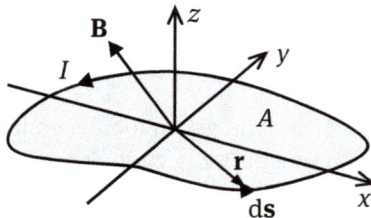

Abb. 3.5: Ebene Stromschleife beliebiger Form im Magnetfeld $\mathbf{B}$

Ausgehend von der differentiellen magnetischen Kraft (3.8) auf ein Längenelement $d\mathbf{s}$ entlang des Schleifenumfangs

$$d\mathbf{F} = I\,d\mathbf{s}\times\mathbf{B}\,,$$

resultiert aus der Integration über den Schleifenumfang die Gesamtkraft auf die Leiterschleife

$$\mathbf{F} = I \oint \mathrm{d}\mathbf{s} \times \mathbf{B} = -I\,\mathbf{B} \times \oint \mathrm{d}\mathbf{s} = \mathbf{0}\,.$$

Das Verschwinden der Translationskraft in Beispiel 3.1 gilt also allgemein, auch für unebene Leiterschleifen, im Falle eines homogenen Magnetfeldes **B**.

Für das resultierende Drehmoment **T** betrachten wir nun eine beliebige Schnittebene senkrecht zur Schleifenebene (Abb. 3.6).

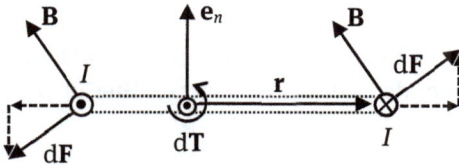

Abb. 3.6: Resultierendes Drehmoment auf ebene Stromschleife

Für ein Längenelement d**s** in Richtung des Stromes I resultiert das differentielle Drehmoment

$$\mathrm{d}\mathbf{T} = \mathbf{r} \times \mathrm{d}\mathbf{F} = \mathbf{r} \times (I\,\mathrm{d}\mathbf{s} \times \mathbf{B})\,.$$

Der Vektor **T** gibt mit seiner Richtung die Drehachse an, um die das Drehmoment im Rechtsschraubensinn dazu wirkt (Abb. 3.6).

Zur Bildung der beiden Kreuzprodukte drücken wir den Ortsvektor in der x-y-Ebene

$$\mathbf{r} = x\mathbf{e}_x + y\mathbf{e}_y\,,$$

ebenso wie das Wegelement

$$\mathrm{d}\mathbf{s} = \mathrm{d}x\,\mathbf{e}_x + \mathrm{d}y\,\mathbf{e}_y$$

und das Magnetfeld

$$\mathbf{B} = B_x\mathbf{e}_x + B_y\mathbf{e}_y + B_z\mathbf{e}_z$$

mit ihren kartesischen Komponenten aus und erhalten:

$$\mathrm{d}\mathbf{T} = I\left[(yB_y\mathrm{d}x - yB_x\mathrm{d}y)\mathbf{e}_x + (xB_x\mathrm{d}y - xB_y\mathrm{d}x)\mathbf{e}_y + (-xB_z\mathrm{d}x - yB_z\mathrm{d}y)\mathbf{e}_z\right]\,.$$

Bei der Integration entlang des geschlossenen Strompfades ergeben die Terme $x\,\mathrm{d}x$ und $y\,\mathrm{d}y$ jeweils Null. Die beiden verbleibenden Integrale entsprechen der Schleifenfläche A, d.h.

$$\mathbf{T} = \oint \mathrm{d}\mathbf{T} = \mathbf{e}_x I B_y \underbrace{\oint y\,\mathrm{d}x}_{-A} + \mathbf{e}_y I B_x \underbrace{\oint x\,\mathrm{d}y}_{A} = I A \left(B_x \mathbf{e}_y - B_y \mathbf{e}_x \right).$$

Der Vektor $\mathbf{T}$ hat keine z-Komponente und liegt somit in der Schleifenebene. Der resultierende Differenzausdruck kann als Kreuzprodukt

$$\mathbf{T} = I A \left(\mathbf{e}_z \times \mathbf{B} \right)$$

interpretiert werden. Das Drehmoment ist somit proportional zum Produkt aus Strom und Schleifenfläche, unabhängig von der Form der Fläche. Hierfür wird das *magnetische Dipolmoment*

$$\mathbf{m} = I A \mathbf{e}_n \quad (\mathrm{Am}^2) \tag{3.10}$$

eingeführt. Es beinhaltet den Normaleneinheitsvektor $\mathbf{e}_n = \mathbf{e}_z$, der im Rechtsschraubensinn zum Schleifenstrom I gerichtet ist. Damit sind die Stromschleife und die Anordnung im Raum vollständig beschrieben. Wir erhalten schließlich die folgende koordinatenunabhängige Formel für das magnetische Drehmoment auf eine ebene, stromdurchflossene Schleife (Abb. 3.7):

$$\mathbf{T} = \mathbf{m} \times \mathbf{B}. \tag{3.11}$$

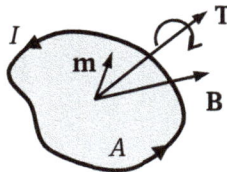

Abb. 3.7: Ebene Stromschleife mit Dipolmoment $\mathbf{m}$ im Magnetfeld $\mathbf{B}$ und resultierendem Drehmoment $\mathbf{T}$

Auf eine stromdurchflossene Leiterschleife wird im Magnetfeld ein Drehmoment ausgeübt, das die Schleifenebene senkrecht zu $\mathbf{B}$ auszurichten versucht ($\mathbf{m} \parallel \mathbf{B}$).

3.5 Die Lorentzkraft —— **111**

3.5 Die Lorentzkraft

Die magnetischen Kraft (3.8)

$$\mathrm{d}\mathbf{F} = I\,\mathrm{d}\mathbf{s} \times \mathbf{B}\,,$$

die auf den Strom I im Längenelement ds wirkt, ist letztendlich auf eine Kraft auf die einzelnen Ladungsträger zurückzuführen, die sich mit der Geschwindigkeit $\mathbf{v}$ in Stromrichtung parallel zu ds durch das Magnetfeld $\mathbf{B}$ bewegen (Abb. 3.8). Drücken wir I durch die innerhalb des Längenelements ds pro Zeit durchfließende Ladung dQ aus, d.h.

$$\mathrm{d}\mathbf{F} = \frac{\mathrm{d}Q}{\mathrm{d}t}\,\mathrm{d}\mathbf{s} \times \mathbf{B} = \mathrm{d}Q\,\frac{\mathrm{d}\mathbf{s}}{\mathrm{d}t} \times \mathbf{B}\,,$$

so ist das gleichbedeutend mit der Ladungsmenge dQ, die sich mit der Geschwindigkeit $\mathbf{v} = \mathrm{d}\mathbf{s}/\mathrm{d}t$ bewegt. Wir können dieses differentielle Ergebnis auch auf eine einzelne Punktladung Q übertragen, die definitionsgemäß eine unendlich kleine Ausdehnung besitzt, sodass wir mit dem Übergang d$Q \rightarrow Q$ und d$\mathbf{F} \rightarrow \mathbf{F}$ das Gesetz für die magnetische Kraft auf eine Punktladung erhalten, die sich mit der Geschwindigkeit $\mathbf{v}$ durch das Magnetfeld $\mathbf{B}$ bewegt:

$$\mathbf{F}_L = Q\,\mathbf{v} \times \mathbf{B} \quad \textit{Lorentzkraft.} \tag{3.12}$$

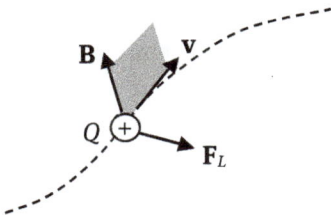

Abb. 3.8: Lorentzkraft auf eine Punktladung, die sich mit der Geschwindigkeit $\mathbf{v}$ durch ein Magnetfeld $\mathbf{B}$ bewegt

Das magnetische Kraftgesetz (3.12) ist nach dem niederländischen Mathematiker und Physiker Hendrik Antoon Lorentz (1853-1928) benannt. Häufig wird das magnetische Kraftgesetz (3.12) zusammen mit der elektrischen Coulombkraft (1.7) als Lorentzkraft bezeichnet und (3.12) als magnetischer Kraftanteil betrachtet.

Das Ampèresche Kraftgesetz (3.9) erweist sich somit, beispielsweise für einen Strom in einem Metalldraht, als makroskopische Beschreibung der Lorentzkräfte (3.12) auf die einzelnen Ladungsträger (Elektronen) im Draht. Dies stimmt insofern mit der historischen Entwicklung überein, als dass die Entdeckung des Elektrons als negatives Elementarteilchen erst gegen Ende des 19. Jahrhunderts erfolgte, also sehr viel später nach der Aufstellung des Kraftgesetzes (3.9) durch A.-M. Ampère.

3.5.1 Bewegung eines geladenen Teilchens im Magnetfeld

Magnetfelder werden auf vielfältige Weise in Teilchenbeschleunigern (Zyklotron, Synchrotron) verwendet, um Teilchen auf definierten Kreisbahnen, bzw. in Kombination mit einem elektrischen Feld, auf Spiralbahnen zu lenken.

Wir betrachten dazu exemplarisch ein Teilchen mit der Ladung Q und der Masse m, das mit der Geschwindigkeit **v** in einen Raumbereich eintaucht, in dem ein homogenes Magnetfeld besteht. Der Einfachheit halber gelte $\mathbf{B} \perp \mathbf{v}$ (Abb. 3.9).

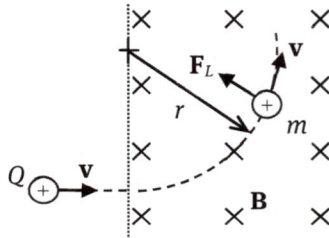

Abb. 3.9: Ablenkung eines geladenen Teilchens im Magnetfeld auf eine Kreisbahn

Bei Eintritt in das Magnetfeld wirkt auf die Ladung Q gemäß (3.12) mit $\mathbf{B} \perp \mathbf{v}$ die Lorentzkraft

$$F_L = Q\,v\,B$$

senkrecht zur Bewegungsrichtung **v**. Sie entspricht einer Zentripetalkraft, der wegen der Masse m des Teilchens, die Zentrifugalkraft mv^2/r auf einer Kreisbahn mit Radius r entgegenwirkt. Aus dem Kräftegleichgewicht

$$m\frac{v^2}{r} = Q\,v\,B$$

resultiert für den Radius r der Kreisbahn

$$r = \frac{m\,v}{Q\,B} \quad (Larmor\text{-}Radius).$$

Diese Formel kann beispielsweise dazu verwendet werden, die sog. spezifische Ladung

$$\frac{Q}{m} = \frac{v}{rB}$$

eines Teilchens, nach Beschleunigung durch ein elektrisches Feld, experimentell bestimmen zu können. Ist die Ladung des Teilchens Q bereits bekannt, so kann mit einer solchen Vorrichtung die Masse des Teilchens gewissermaßen "gewogen" werden (Massenspektrograph nach F.W. Aston, 1919).

Als Zahlenbeispiel wollen wir ein Proton ($m = 1{,}7 \cdot 10^{-27}$ kg, $Q = e = 1{,}6 \cdot 10^{-19}$ C) betrachten, das auf die Geschwindigkeit $v = 100$ km/s beschleunigt, in ein Magnetfeld der Stärke $B = 5$ mT eintritt. Der resultierende Larmor-Radius beträgt in diesem Fall $r \approx 0{,}2$ m.

3.5.2 Der Hall-Effekt

Auf der Ablenkung geladener Teilchen, die sich durch ein Magnetfeld bewegen, beruht ein Funktionsprinzip zur Messung von magnetischen Feldern. Als Messsonde dient ein leitfähiger Körper, in den der Strom I eingeprägt wird. Wir betrachten dazu eine rechteckige Geometrie mit den beiden Querschnittsabmessungen h und w (Abb. 3.10). In dem sich einstellenden stationären Strömungsfeld (Abschn. 2.1) erfahren die Ladungsträger mit der Elementarladung Q während ihrer Drift durch die Sonde mit der Geschwindigkeit **v** unter dem Einflusses der magnetischen Flussdichte **B** die Lorentzkraft (3.12)

$$\mathbf{F}_L = Q\,\mathbf{v} \times \mathbf{B}\,.$$

Wie in Abb. 3.10 schematisch dargestellt, bewirkt die senkrecht zu **v** wirkende Lorentzkraft $\mathbf{F}_L$ eine Konzentration der positiven Ladungsträger auf der in Kraftrichtung liegenden Seite der Sonde, bzw. eine Verringerung auf der gegenüberliegenden Seite. Die so stattfindende Ladungstrennung erzeugt ein elektrisches Feld **E**, das entgegengesetzt zu $\mathbf{F}_L$ gerichtet ist. Nehmen wir, wie in Abb. 3.10 skizziert, ein rechtwinkliges Verhältnis $\mathbf{B} \perp \mathbf{v}$ an, so beträgt die Lorentzkraft auf die einzelne Ladung Q

$$F_L = Q\,v\,B\,.$$

Aus dem Gleichgewichtszustand

$$Q\,v\,B = Q\,E\,,$$

d.h. bei Gleichheit von Lorentzkraft F_L und entgegengesetzter elektrischer Kraft, resultiert die elektrische Feldstärke

$$E = vB \, .$$

Zwischen den beiden quer zum Strom im Abstand h befindlichen Elektroden besteht somit eine messbare Spannung (*Hall-Spannung*)

$$U_H = Eh = vBh \qquad (3.13)$$

benannt nach dem Entdecker, dem US-amerikanischen Physiker Edwin H. Hall (1879).

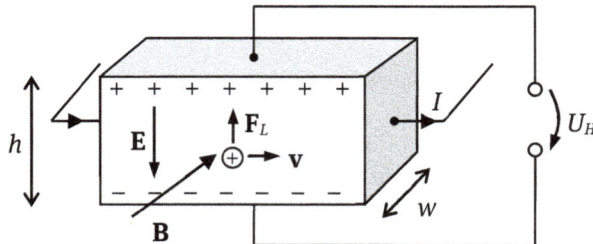

Abb. 3.10: Funktionsprinzip einer Hall-Sonde

Um aus (3.13) eine Beziehung zur einstellbaren Größe des Stromes I zu erhalten, setzen wir, ausgehend vom ungestörten Strömungsfeld, mit (2.4) und (2.2) an

$$I = JA = qvhw \, .$$

Hierbei bezeichnet q die effektive Dichte der beweglichen Ladungsträger des Sondenmaterials. Die Auflösung dieser Gleichung nach der Geschwindigkeit der Ladungsträger

$$v = \frac{I}{qhw}$$

und Einsetzten in (3.13) ergibt

$$U_H = \frac{IB}{qw} \, . \qquad (3.14)$$

Die Sondenspannung U_H ist somit neben dem Strom I direkt proportional zur Messgröße B. Um eine möglichst hohe Empfindlichkeit der Sonde zu erzielen, muss die Dicke w der Sonde möglichst klein sein und das Sondenmaterial eine möglichst niedrige freie Ladungsträgerdichte q aufweisen. Hierfür eignen sich insbesondere Halbleitermaterialien wie z.B. Indiumarsenid mit $q \approx 10^{-5} \dots 10^{-3}$ As/cm^3. Verglichen mit einem guten Leiter wie Kupfer ($q \approx 14{\cdot}10^3$ As/cm^3) ist damit eine um mehrere Größenordnungen höhere Hall-Spannung erzielbar. Typische Empfindlichkeiten von Hall-Sonden, die in Form von sehr dünnen Halbleiterplättchen ($w < 0{,}1$ mm) hergestellt werden, liegen im Bereich

$$\left. \frac{U_H}{B} \right|_{I=1A} \approx 1 \, \frac{\text{V}}{\text{T}} .$$

3.5.3 Die relativistische Natur des Magnetismus

In diesem kurzen Einschub wollen wir an einem einfachen Beispiel zeigen, dass es sich bei der magnetischen Kraft um einen relativistischen Effekt handelt. Dazu benötigen wir im Rahmen der *speziellen Relativitätstheorie* einige wenige Grundtatsachen der *Lorentztransformation*. Diese gibt an, wie physikalische Größen in zwei zueinander gleichförmig bewegten Bezugssystemen (*Inertialsysteme*) zueinander in Beziehung stehen.

Wie in Abb. 3.11 dargestellt, betrachten wir ein Bezugssystem S', das sich gegenüber einem zweiten System S mit der Geschwindigkeit v_x bewegt. Zwischen einer Länge l'_x , die im System S' parallel zur Bewegungsrichtung gemessen wird und der korrespondierenden Länge l_x im Ruhesystem S, besteht der Zusammenhang

$$l'_x = l_x / \gamma . \tag{3.15}$$

Hierbei ist

$$\gamma = \frac{1}{\sqrt{1 - (v_x / c)^2}} , \tag{3.16}$$

der *Lorentzfaktor* ($\gamma \geq 1$), der vom Verhältnis der Relativgeschwindigkeit v_x zur Lichtgeschwindigkeit c bestimmt ist. Die Lichtgeschwindigkeit c kann als Grenzgeschwindigkeit der Physik nicht überschritten werden.

Eine Kraft $F'_\perp$, die im System S' senkrecht zur Bewegungsrichtung wirkt, entspricht im System S dem Wert

$$F_\perp = F'_\perp / \gamma . \tag{3.17}$$

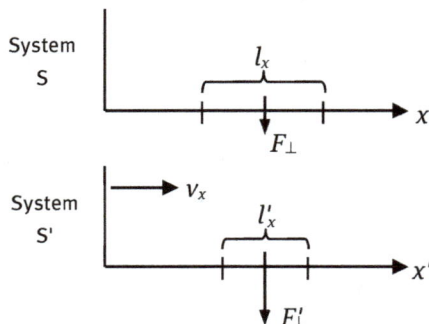

Abb. 3.11: Transformation von Länge und Kraft zwischen zwei gleichförmig bewegten Bezugssystemen mit Relativgeschwindigkeit v_x

Wir wollen die beiden Transformationsregeln (3.15) und (3.17) an einem einfachen Beispiel mit einer Punktladung Q anwenden, die sich parallel zu einem stromführenden Draht mit der Geschwindigkeit v_x bewegt (Abb. 3.12a). In diesem Bezugssystem S sei der Strom I im Draht durch die Ladungsdichte q^- repräsentiert, die sich der Einfachheit halber ebenfalls mit der Geschwindigkeit v_x durch den Draht bewegt. Durch die fehlende Atombindung der frei beweglichen Elektronen (Abschn. 2.1) besteht eine entsprechende Anzahl an festen Gitteratomen, die positiv geladen sind. Sie werden durch die ruhende Ladungsdichte q^+ repräsentiert.

Wir setzen voraus, dass der Draht in seinem Ruhesystem S elektrisch neutral, also ungeladen ist. Daraus folgt

$$q^+ = -q^- \;\Rightarrow\; E = 0 \,.$$

Im System S existiert also kein elektrisches Feld, sondern nur das Magnetfeld (3.6)

$$B = \frac{\mu I}{2\pi\rho} \,,$$

das wegen der Zylindersymmetrie von einem äquivalenten Linienstrom I auf der Drahtachse im Abstand ρ erzeugt wird. Unter Berücksichtigung der Richtungen von v_x und B erhalten wir aus (3.12)

$$F_L = Q \left| \mathbf{v} \times \mathbf{B} \right| = \frac{Q v_x \mu I}{2\pi\rho} \tag{3.18}$$

die radial gerichtete Lorentzkraft auf die Punktladung Q (Abb. 3.12a).

Wir wechseln nun in das Ruhesystem S' der Punktladung. Aufgrund der getroffenen Wahl für die Geschwindigkeit der Elektronen v_x in S, ruhen auch sie im Bezugssystem S'. In diesem Bezugssystem ist somit einzig eine Strömung der positiven Ladung mit der Relativgeschwindigkeit $-v_x$ in umgekehrter Richtung zu verzeichnen (Abb. 3.12b).

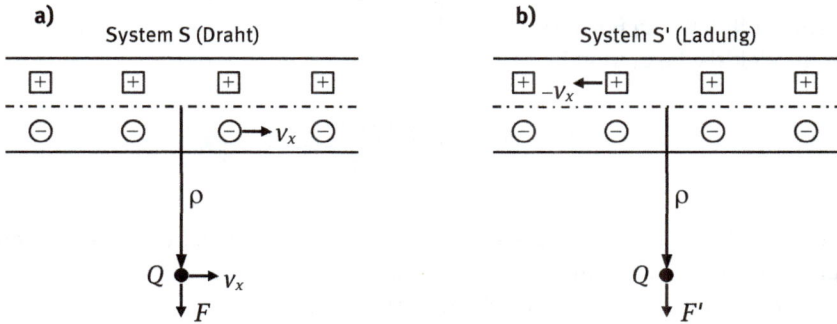

Abb. 3.12: Eine Punktladung Q, die sich parallel zu einem stromführenden Draht bewegt (a) im Ruhesystem S des Drahtes (b) vom Bezugssystem S' der Ladung aus betrachtet

Durch die Änderung der Relativgeschwindigkeit der positiven und negativen Ladung im Draht beim Übergang vom Bezugssystem S zu S' ändern sich auch die entsprechenden Ladungsdichten. Dies ist eine Folge der Transformation der Raumdimension parallel zum Draht gemäß (3.15). Die in l_x und l'_x enthaltene Ladungsmenge bleibt jedoch unverändert, da Ladung relativistisch invariant ist. Deshalb ändern sich die beiden Ladungsdichten im Draht beim Übergang von S nach S' wie folgt:

$$(q^+)' = \gamma q^+$$
$$(q^-)' = q^- / \gamma = -q^+ / \gamma.$$

Da beide entgegengesetzten Ladungsdichten nicht wie im System S gleich groß sind, ist der Draht im System S' positiv geladen. D.h., die Ladungsdichte im System S' beträgt insgesamt

$$q' = (q^+)' + (q^-)' = q^+(\gamma - 1/\gamma).$$

Mit dem Querschnitt A des Drahtes multipliziert, entspricht $q'A$ einer Linienladungsdichte (1.26), die entsprechend (1.27) das radial gerichtete elektrische Feld

$$E' = \frac{q'A}{2\pi\varepsilon\rho} = \frac{q^+(\gamma - 1/\gamma)A}{2\pi\varepsilon\rho}$$

im Abstand ρ von der Drahtachse erzeugt (Abb. 3.12b).

Im System S' gibt es zwar weiterhin ein Magnetfeld aufgrund der Strömung der positiven Ladung mit der Relativgeschwindigkeit $-v_x$. Allerdings resultiert keine Lorentzkraft (3.12) auf die Punktladung Q, da ihre Geschwindigkeit im eigenen Ruhesystem Null ist. Im Bezugssystem S' liegt also eine elektrostatische Situation vor, in der die elektrische Coulombkraft (1.7)

$$F' = QE' = Q\frac{q^+(\gamma-1/\gamma)A}{2\pi\varepsilon\rho}$$

auf die Punktladung Q wirkt. Diese Kraft F' muss der Lorentzkraft F_L im System S entsprechen. Durch Rücktransformation in das System S nach Gl. (3.17) erhalten mit $(\gamma-1/\gamma)/\gamma = (v_x/c)^2$ gemäß (3.16) für die Lorentzkraft in S

$$F_L = F'/\gamma = Q\frac{q^+v_x^2A}{2\pi\rho\varepsilon c^2}.$$

Dadurch, dass im System S der Draht elektrisch neutral ist, d.h. $q^+ = -q^-$, entspricht das Produkt

$$q^+v_xA = -q^-v_xA = J_xA = I$$

nach der Definition (2.2) für die Stromdichte J_x dem Strom I im Draht. Mit $1/c^2 = \mu\varepsilon$ (siehe Abschn. 4.5.4, Gl. (4.40)) erhalten wir schließlich den zu (3.18) identischen Ausdruck für die Lorentzkraft F_L auf die Punktladung Q im System S.

Wir sehen somit an diesem einfachen Beispiel, dass die wahre Natur des Magnetismus eine relativistische Korrektur des elektrischen Feldes von Ladungen ist. Diese tritt entsprechend dem Lorentzfaktor γ (3.16) immer dann auf, wenn Ladung in Bewegung ist, d.h. wenn ein elektrischer Strom vorhanden ist. Das Beispiel soll aber auch verdeutlichen, welche Vereinfachung die Einführung des magnetischen Feldes **B** darstellt, in Kombination mit der Lorentzkraft (3.12).

3.6 Das Gesetz von Biot – Savart

Nachdem die Kraftwirkungen des Magnetfeldes auf elektrische Ströme und einzelnen bewegten Ladungen bekannt sind, widmen wir uns nun umgekehrt der Berechnung des Magnetfeldes, das eine gegebene Stromverteilung erzeugt.

Analog zur Elektrostatik, in der das Feld einer Ladungsverteilung durch Superposition infinitesimaler Beiträge bestimmt wird, lässt sich das Magnetfeld einer beliebigen Stromverteilung aus den Beiträgen infinitesimaler Stromabschnitte zusammensetzen. Dazu kehren wir zum Grundversuch aus Abschn. 3.1 und dem Feld des unbegrenzten Linienstroms (3.6) zurück und betrachten, wie in Abb. 3.13 skizziert, den Feldbeitrag dB_ϕ, der vom Strom I auf der z-Achse im Längenelement dz erzeugt wird und diesen im Rechtsschraubensinn gerichtet umschließt. In Analogie zur Integration des elektrischen Feldes einer Linienladung (Beispiel 1.2) setzen wir dafür folgenden Ausdruck an:

$$dB_\phi = \frac{\mu}{4\pi} \frac{I\,dz}{r^2} \cos\alpha. \qquad (3.19)$$

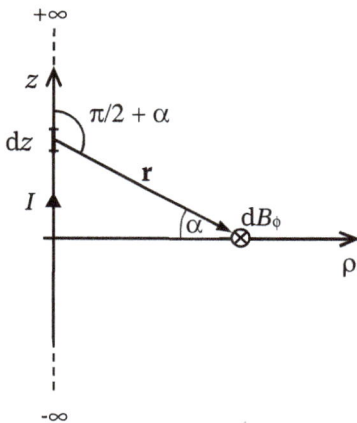

Abb. 3.13: Berechnungsansatz nach Biot-Savart am Beispiel des Feldes des unbegrenzten Linienstroms

Die Integration über die gesamte Länge des Linienstroms $z = -\infty \ldots +\infty$ ergibt

$$B_\phi = \int dB_\phi = \frac{\mu}{4\pi} I \int_{-\infty}^{+\infty} \frac{dz}{r^2} \cos\alpha = \frac{\mu I}{2\pi\rho},$$

und somit genau das bekannte Ergebnis (3.6) des unbegrenzten Linienstroms.

Wir wollen nun den differentiellen Ansatz (3.19) für ein beliebig im Raum angeordnetes Stromelement verallgemeinern. Dazu drücken wir zunächst

$$\cos\alpha = \sin(\pi/2 + \alpha) = \sin(\sphericalangle \mathbf{e}_z, \mathbf{r}) = \left| \mathbf{e}_z \times \mathbf{e}_r \right|$$

mit dem Vektor $\mathbf{r}$ bzw. seinem Einheitsvektor $\mathbf{e}_r$ aus, der vom Stromelement zum Feldaufpunkt zeigt (Abb. 3.13). Für einen Stromkreis beliebiger Form greifen wir das Linienelement $d\mathbf{s} = ds\,\mathbf{e}_s$ in Richtung des Stroms I heraus (Abb. 3.14). Entsprechend (3.19) steht der Feldbeitrag $d\mathbf{B}$ dieses Stromelementes senkrecht auf der von $\mathbf{e}_s$ und $\mathbf{e}_r$ aufgespannten Ebene und ist im Rechtsschraubensinn zum Strom I gerichtet. Beides resultiert aus dem Kreuzprodukt $\mathbf{e}_s \times \mathbf{e}_r$. Wir erhalten damit den zu (3.19) verallgemeinerten differentiellen Feldausdruck

$$d\mathbf{B} = \frac{\mu}{4\pi} \frac{I\,ds}{r^2} \mathbf{e}_s \times \mathbf{e}_r = \frac{\mu I}{4\pi r^3} d\mathbf{s} \times \mathbf{r} \,. \tag{3.20}$$

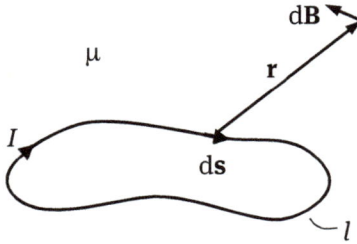

Abb. 3.14: Berechnung des Magnetfeldes eines beliebig geformten Stromkreises nach dem Gesetz von Biot-Savart

Durch Integration von (3.20) erhalten wir schließlich für das Magnetfeld eines Strompfades beliebiger Form und Länge l die allgemeine Formel

$$\mathbf{B} = \frac{\mu I}{4\pi} \int_l \frac{d\mathbf{s} \times \mathbf{r}}{r^3} \quad \textit{Gesetz von Biot-Savart.} \tag{3.21}$$

Die Formel von Biot-Savart (3.21) wurde 1820 von den beiden französischen Mathematikern Jean-Baptiste Biot und Félix Savart aufgestellt.

Das Gesetz von Biot-Savart ist nicht auf Linienströme, bzw. dünne Leiter beschränkt, sondern kann auch auf massive Leiter erweitert werden, in denen die Volumenstromdichte $\mathbf{J}$ fließt. Mit der Umformung

$$I\,d\mathbf{s} = \mathbf{J}\,dA\,ds = \mathbf{J}\,dV \,,$$

wobei dA und dV den infinitesimalen Querschnitt bzw. das Volumen des Stromelements bezeichnen, erhalten wir durch Einsetzen in (3.21)

$$\mathbf{B} = \frac{\mu}{4\pi} \iiint_V \frac{\mathbf{J} \times \mathbf{r}}{r^3} dV \,.$$

Beispiel 3.2: Magnetfeld eines unbegrenzten Flächenstroms

Analog zur ladungsbelegten Ebene (Beispiel 1.3) wollen wir das elementare Magnetfeld einer strombelegten Ebene bestimmen. In dieser Idealisierung denken wir uns den Strom innerhalb einer unendlich dünnen Schicht auf der x-y-Ebene in y-Richtung fließend.

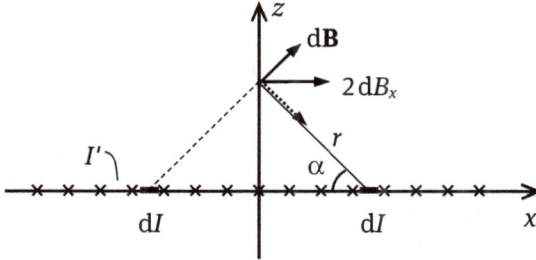

Aufgrund der unbegrenzten Ausdehnung eines solchen *Flächenstroms*, ist nur die Vorgabe eines *Strombelags* (Strom pro Breitenelement)

$$I' = \frac{\mathrm{d}I}{\mathrm{d}x} = const. \quad \left(\frac{\mathrm{A}}{\mathrm{m}} \right)$$

sinnvoll, der in diesem Beispiel einen konstanten Wert haben soll. Greifen wir einen Stromfaden $\mathrm{d}I = I'\,\mathrm{d}x$ heraus, so erzeugt dieser entsprechend eines unbegrenzten Linienstroms (3.6) den Feldbeitrag

$$\left| \mathrm{d}\mathbf{B} \right| = \frac{\mu\,\mathrm{d}I}{2\pi r} = \frac{\mu I'\,\mathrm{d}x}{2\pi r}$$

im Abstand r vom gewählten Aufpunkt auf der z-Achse. Die willkürliche Lage des Koordinatenursprungs ist hierbei in der unendlichen Ausdehnung des Flächenstroms mit konstantem Wert I' begründet. Demzufolge ist das gesuchte Magnetfeld unabhängig von der horizontalen Position des Aufpunktes.

Der Vektor $\mathrm{d}\mathbf{B}$ besitzt eine x- und z-Komponente. Letztere hebt sich für jedes Elementepaar $\mathrm{d}I$ im gleichen Abstand vom Koordinatenursprung auf, sodass das gesuchte Feld einzig x-gerichtet ist. Mit

$$\mathrm{d}B_x = \left| \mathrm{d}\mathbf{B} \right| \sin\alpha = \frac{\mu I'\,\mathrm{d}x}{2\pi r}\frac{z}{r} = \frac{\mu z I'}{2\pi}\frac{\mathrm{d}x}{x^2 + z^2}$$

erhalten wir durch Integration über die Breite der Ebene

$$B_x = \frac{z\,\mu I'}{2\pi} \int\limits_{-\infty}^{\infty} \frac{\mathrm{d}x}{x^2 + z^2} = \frac{z\,\mu I'}{2\pi}\left(\pm\frac{\pi}{z}\right) \; ; \text{ für } z \gtrless 0$$

$$\text{mit } \int \frac{\mathrm{d}x}{x^2 + z^2} = \frac{1}{z}\arctan(x\,/\,z)\,.$$

Das Ergebnis für das magnetische Feld

$$B_x = \pm\frac{\mu I'}{2}; \; \text{ für } z \gtrless 0 \qquad\qquad (3.22)$$

ist unabhängig vom Abstand zur strombelegten Ebene. Es handelt sich somit um ein homogenes Magnetfeld. Der Richtungsunterschied zwischen oberem und unterem Halbraum steht im Einklang mit der Rechtsschraubenregel, nach der die Feldlinien den Strom umschließen. In diesem Fall einer unendlichen Ausdehnung des Stromes denken wir uns die Feldlinien im Unendlichen sich schließend.

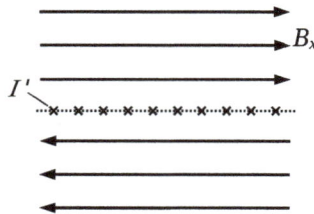

Beispiel 3.3: Magnetfeld auf der Achse eines Ringstroms

Das Magnetfeld auf der Achse eines kreisförmigen Ringstroms I mit Radius R soll mit dem Biot-Savart-Gesetz bestimmt werden. Für den differentiellen Feldbeitrag (3.20)

$$\mathrm{d}\mathbf{B} = \frac{\mu I}{4\pi r^3}\mathrm{d}\mathbf{s}\times\mathbf{r}$$

setzen wir für das Kreuzprodukt aus Stromelement $I\,\mathrm{d}\mathbf{s}$ und Aufpunktsvektor $\mathbf{r}$ gemäß Zylinderkoordinaten (A.20), (A.21) an

$$\mathrm{d}\mathbf{s}\times\mathbf{r} = \left(R\mathrm{d}\phi\,\mathbf{e}_\phi\right)\times\left(-R\mathbf{e}_\rho + z\,\mathbf{e}_z\right)$$
$$= -R^2\mathrm{d}\phi\underbrace{(\mathbf{e}_\phi\times\mathbf{e}_\rho)}_{-\mathbf{e}_z} + Rz\mathrm{d}\phi\underbrace{(\mathbf{e}_\phi\times\mathbf{e}_z)}_{\mathbf{e}_\rho}\,.$$

Der Feldbeitrag d**B** eines Stromelements besitzt somit eine z- und eine ρ-Komponente. Letztere hebt sich jedoch für zwei sich gegenüberstehende Stromelemente jeweils auf (siehe Skizze), während die z-Komponente sich verdoppelt. Rein rechnerisch resultiert das Verschwinden der ρ-Komponente durch Zerlegung $\mathbf{e}_\rho = \cos\phi\,\mathbf{e}_x + \sin\phi\,\mathbf{e}_y$ (A.19) und anschließender Integration von $\phi = 0$ bis 2π.

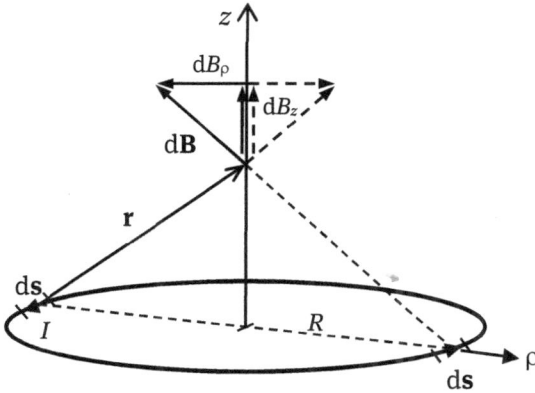

Die Integration der z-Komponente des Feldes

$$B_z = \frac{\mu I R^2}{4\pi r^3} \int\limits_0^{2\pi} \mathrm{d}\phi = \frac{\mu I R^2}{2r^3}$$

ergibt mit $r = \sqrt{R^2 + z^2}$

$$B_z = \frac{\mu I}{2}\frac{R^2}{\left(R^2 + z^2\right)^{3/2}} = \frac{\mu I}{2R}\frac{1}{\left[1 + (z/R)^2\right]^{3/2}}.$$

Das Feldprofil besitzt somit ein Maximum in Schleifenmitte ($z = 0$) und ist erwartungsgemäß symmetrisch dazu.

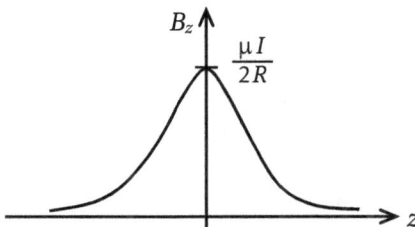

3.7 Ampèresches Durchflutungsgesetz - Magnetische Erregung

Analog zum Gaußschen Gesetz (1.31) des elektrischen Feldes gibt es auch für das statische Magnetfeld einen fundamentalen Zusammenhang mit seiner Ursache, dem elektrischen Strom. Hierbei spielt der Begriff der *magnetischen Erregung* (*Feldstärke*) eine zentrale Rolle.

3.7.1 Die Zirkulation des magnetostatischen Feldes

Wir betrachten zunächst, wie in Abb. 3.15 skizziert, einen beliebigen geschlossenen Pfad s um einen unendlich langen Linienstrom I im Vakuum ($\mu = \mu_0$).

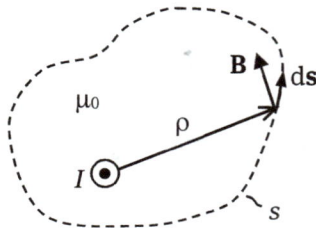

Abb. 3.15: Integration des Magnetfeldes eines Linienstroms entlang eines beliebig geschlossenen Pfades s

Mit dem in Zylinderkoordinaten ausgedrückten differentiellen Wegelement (A.21)

$$\mathbf{ds} = d\rho\,\mathbf{e}_\rho + \rho\,d\phi\,\mathbf{e}_\phi + dz\,\mathbf{e}_z\,,$$

und dem Magnetfeld des Linienstroms (3.6)

$$\mathbf{B} = \frac{\mu_0 I}{2\pi\rho}\mathbf{e}_\phi\,,$$

resultiert aus der Integration entlang s direkt

$$\oint_s \mathbf{B}\cdot\mathbf{ds} = \frac{\mu_0 I}{2\pi\rho}\rho\int_0^{2\pi} d\phi = \mu_0 I\,. \tag{3.23}$$

Unabhängig von der Form des Integrationspfades s ist das Ergebnis der Zirkulation (A.11) proportional zum eingeschlossenen Linienstrom I. Diese Eigenschaft des magnetostatischen Feldes ist nicht nur auf den Linienstrom beschränkt, sondern gilt ganz allgemein, wie im Folgenden gezeigt wird.

Dazu betrachten wir einen Integrationspfad entlang des Randes ∂A einer Fläche A, die insgesamt von einem elektrischen Strom (2.4)

$$I = \iint\limits_A \mathbf{J} \cdot d\mathbf{A} \,,$$

gegeben durch die Stromdichte $\mathbf{J}$ auf A (Abb. 3.16), durchflossen wird.

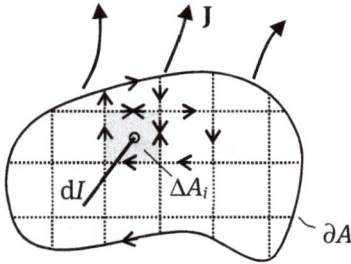

Abb. 3.16: Integration des Magnetfeldes eines Stromes durch eine Fläche A

Denken wir uns nun den Querschnitt A in viele kleine Flächenelemente ΔA_i unterteilt, und betrachten die Summe aller Zirkulationen um den jeweiligen Rand (Abb. 3.16). Hierbei heben sich alle inneren Wegbeiträge auf, und es verbleibt als Resultat das Umlaufintegral um den durch die Flächenelemente approximierten Umfang der Fläche A. Im Grenzfall unendlich feiner Unterteilung, d.h.

$$\sum_{\substack{i \to \infty \\ (\Delta A_i \to 0)}} \oint\limits_{\partial(\Delta A_i)} \mathbf{B} \cdot d\mathbf{s} = \oint\limits_{\partial A} \mathbf{B} \cdot d\mathbf{s} \tag{3.24}$$

erhalten wir somit exakt die Zirkulation von $\mathbf{B}$ entlang des Randes ∂A. In dieser Grenzbetrachtung umschließt jedes Umlaufintegral um die infinitesimalen Flächenelemente ($\Delta A_i \to dA$) gemäß (2.4) einen Linienstrom $dI = \mathbf{J} \cdot d\mathbf{A}$. Entsprechend Gl. (3.23) erhalten wir den Zusammenhang

$$\lim_{\Delta A_i \to 0} \frac{1}{\Delta A_i} \oint\limits_{\partial(\Delta A_i)} \mathbf{B}\, d\mathbf{s} = \mu_0 \frac{dI}{dA} = \mu_0 J_n \,,$$

mit der Normalkomponente der Stromdichte J_n auf dem Flächenelement dA. Mit der Definition des Stromes I (2.4) folgt aus (3.24) schließlich

$$\mu_0 \sum_{\substack{i \to \infty \\ (\Delta A_i \to 0)}} J_n \Delta A_i = \mu_0 \iint\limits_A \mathbf{J} \cdot d\mathbf{A} = \mu_0 I = \oint\limits_{\partial A} \mathbf{B} \cdot d\mathbf{s} \,.$$

Damit ist gezeigt, dass das Ergebnis (3.23) für den Linienstrom allgemeingültig ist für jede beliebige Stromverteilung. Um diesen fundamentalen Zusammenhang unabhängig vom Medium ($\mu = f(\mathbf{r}) \neq \mu_0$) formulieren zu können, wird ein zweites magnetisches Vektorfeld, die *magnetische Erregung* (*Feldstärke*) **H** eingeführt, die über

$$\mathbf{B} = \mu \mathbf{H} \quad [H] = A/m. \tag{3.25}$$

mit der magnetischen Flussdichte **B** verknüpft ist. Wir erhalten damit das vom Medium unabhängige Ampèresche Durchflutungsgesetz des magnetostatischen Feldes:

$$\oint_{\partial A} \mathbf{H} \cdot d\mathbf{s} = \iint_A \mathbf{J} \cdot d\mathbf{A} = I \quad \begin{array}{l} \textit{Ampèresches} \\ \textit{Durchflutungsgesetz}. \end{array} \tag{3.26}$$

Hierbei sind Integrations- und Stromrichtung *im Rechtsschraubensinn* miteinander verknüpft (Abb. 3.17). Der umschlossene Strom kann durch eine beliebige Stromdichteverteilung **J** auf der Fläche A realisiert sein, um die der Integrationsweg entlang des Randes ∂A verläuft.

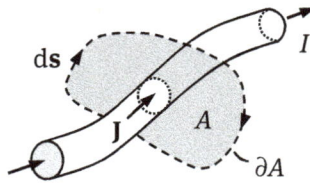

Abb. 3.17: Integrations- und Stromrichtung beim Ampèreschen Durchflutungsgesetz

Im magnetostatischen Feld ergibt die Zirkulation der magnetischen Erregung den vom Integrationspfad eingeschlossenen elektrischen Strom.

Beispiel 3.4: Ampèresches Durchflutungsgesetz

Für das Feld zweier entgegengesetzter Linienströme soll das Ampèresche Durchflutungsgesetz

$$\oint \mathbf{H} \cdot d\mathbf{s} = I$$

für 4 verschiedene Integrationspfade $s_1 - s_4$ bestimmt werden (siehe Skizze).

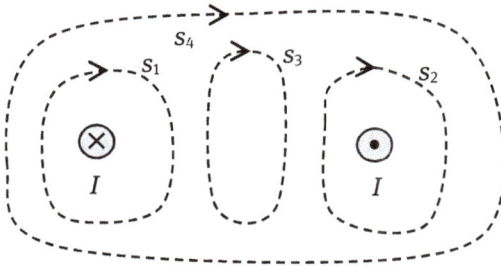

Eine direkte Berechnung des Ringintegrals erweist sich bereits für diese relativ einfache Stromanordnung durch die vektorielle Überlagerung der beiden Einzelfelder nach (3.6) als recht kompliziert (Vgl. Abb. 3.21). Die ist jedoch gemäß Ampèreschem Durchflutungsgesetz nicht notwendig und wir können die Ergebnisse direkt wie folgt angeben:

Pfad	Zirkulation $\oint \mathbf{H} \cdot d\mathbf{s}$
S_1	$+I$
S_2	$-I$
S_3	0
S_4	0

Die Umläufe s_1 und s_2 umschließen den Strom $+I$ bzw. $-I$. Der Umlauf s_3 ergibt Null, weil er keinen Strom einschließt. Offensichtlich ist der integrale Wegbeitrag in Umlaufrichtung gleich dem entgegengesetzten Anteil. Ebenso ergibt der Umlauf s_4 Null, jedoch aus dem Grund, dass die Summe der beiden eingeschlossenen Ströme Null ergibt. Wäre beispielsweise der linke, positive Strom doppelt so groß, wäre in diesem Fall das Ergebnis der Zirkulation gleich $+I$.

3.7.2 Anwendung des Ampèrschen Durchflutungsgesetzes

Magnetische Felder einfacher Stromanordnungen mit *hoher Symmetrie* können direkt mit dem Durchflutungsgesetz (3.26) bestimmt werden. Notwendig dafür ist ein geeigneter Integrationsweg, auf dem in jedem Punkt gilt $\mathbf{H} \cdot d\mathbf{s} = const.$, was auf Teilen des Pfades auch Null sein kann, wenn $\mathbf{H} \perp d\mathbf{s}$ ist. Das setzt eine gewisse Vorkenntnis des gesuchten Feldes voraus, die nur bei einfachen Stromverteilungen gegeben ist. Die eigentliche Berechnung ist dafür gegenüber der direkten Aufstellung und Lösung des Biot-Savartschen Integrals (3.21) sehr einfach.

Beispiel 3.5: Magnetfeld des Flächenstroms

Wir betrachten erneut das Beispiel 3.2 mit einem unbegrenzten Flächenstrom und wollen das Magnetfeld mit Hilfe des Ampèreschen Durchflutungsgesetzes (3.26) bestimmen. Wie in Beispiel 3.2 skizziert, kann das gesuchte Feld aufgrund des unbegrenzten und konstanten Strombelags I' entlang der x-Achse keine y- und z-Komponenten besitzen, und nicht von x und y abhängig sein, d.h.

$$\mathbf{H} = H_x\,\mathbf{e}_x \, .$$

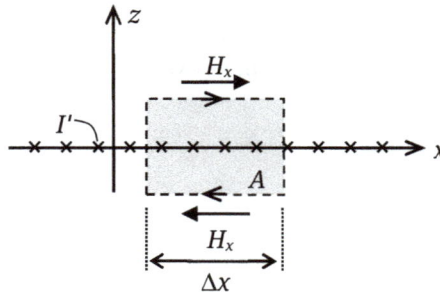

Wir wählen einen rechteckigen Umlauf der Breite Δx und beliebiger Höhe, der einen Teil des Strombelags $I'\,\Delta x$ einschließt. Die Auswertung des Durchflutungsgesetzes ergibt unabhängig von der Höhe des Rechtecks

$$\oint_{\partial A} \mathbf{H}\cdot \mathrm{d}\mathbf{s} = 2H_x\,\Delta x \overset{!}{=} \iint_A \mathbf{J}\cdot \mathrm{d}\mathbf{A} = I'\Delta x \, .$$

Die beiden senkrechten Striche weisen auf das entsprechende Gleichheitszeichen in (3.26) hin. Daraus folgt direkt die Lösung

$$H_x = \frac{I'}{2} \, ,$$

die über (3.25), d.h. $B_x = \mu H_x$ mit dem Ergebnis (3.22) aus Beispiel 3.2 übereinstimmt.

Beispiel 3.6: Stromführender Runddraht

Zu bestimmen ist das magnetische Feld innerhalb und außerhalb eines Drahtes mit Radius a, der vom Strom I gleichmäßig durchflossen wird. Der Draht sei unendlich lang, d.h. wir setzen voraus, dass der restliche Teil eines realen Stromkreises ausreichend weit entfernt vom betrachteten geradlinigen Abschnitt verläuft.

Aufgrund des runden Drahtquerschnitts und der gleichmäßigen Stromverteilung resultiert ein zylindersymmetrisches Feld mit konzentrischen Feldlinien in ϕ-Richtung, das nur einzig von ρ abhängig sein kann, d.h. wir setzen für das gesuchte Feld an

$$\mathbf{H} = H_\phi(\rho)\,\mathbf{e}_\phi\,.$$

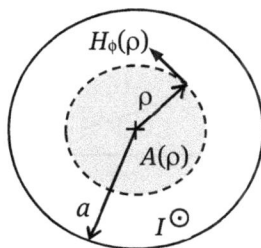

Die Auswertung des Ringintegrals im Durchflutungsgesetz (3.26) entlang eines Kreises mit Radius ρ ergibt

$$\oint \mathbf{H}\cdot d\mathbf{s} = \int_{\phi=0}^{2\pi} \left(H_\phi(\rho)\mathbf{e}_\phi\right)\cdot\left(\rho d\phi\mathbf{e}_\phi\right) = H_\phi(\rho)2\pi\rho\,.$$

Zur Berechnung des eingeschlossenen Stromes gemäß Durchflutungsgesetz (3.26), setzen wir zunächst für die Stromdichte an

$$\mathbf{J} = \begin{cases} \dfrac{I}{\pi a^2}\mathbf{e}_z & \rho \le a \\[2mm] 0 & \rho > a\,. \end{cases}$$

Das Oberflächenintegral über die homogene Stromdichte im Draht resultiert aus dem Verhältnis der innerhalb des kreisförmigen Integrationsweges befindlichen Fläche $A(\rho)=\pi\rho^2$ zum Drahtquerschnitt $A(\rho=a)=\pi a^2$:

$$\iint_{A(\rho)} \mathbf{J}\cdot d\mathbf{A} = \begin{cases} I(\rho/a)^2 & \rho \le a \\[2mm] I & \rho > a\,. \end{cases}$$

Nach Gleichsetzung der linken und rechten Seite des Durchflutungsgesetzes (3.26) erhalten wir als Lösung für das Magnetfeld des stromdurchflossenen Drahtes

$$H_\phi(\rho) = \frac{I}{2\pi a} \begin{cases} \rho/a \; ; & \rho \leq a \\ a/\rho \; ; & \rho > a. \end{cases} \tag{3.27}$$

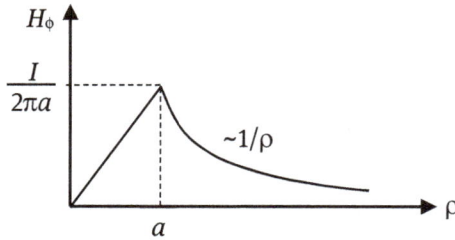

Das Magnetfeld steigt also innerhalb des Drahtes zunächst linear bis zum Rand an und fällt ab dort mit $1/\rho$ ab. Somit entspricht das Feld außerhalb des Drahtes dem Feld (3.6) eines auf der Drahtachse befindlichen Linienstromes der Stärke I.

3.8 Das Magnetfeld einfacher Leiteranordnungen

Im Folgenden werden einige Grundanordnungen der Elektrotechnik untersucht. Die Berechnung des Magnetfeldes beschränkt sich dabei auf die Beschreibung der wesentlichen Merkmale. Eine vollständigere und exaktere Rechnung ist bereits bei diesen einfachen Geometrien recht aufwendig.

3.8.1 Doppelleitung

Eine aus zwei Leitern bestehende, stromführende Anordnung stellt die grundlegende Anordnung einer elektrischen Übertragungsleitung dar, die in vielen unterschiedlichen geometrischen Ausführungen realisiert werden kann.

Wir betrachten dazu exemplarisch zwei parallele Drähte im Abstand $2d$, in denen der Strom I_1 bzw. I_2 fließt (Abb. 3.18).

Das Magnetfeld der beiden Ströme setzt sich überall im Raum aus seinen Einzelbeiträgen zusammen, d.h.

$$\mathbf{H} = \mathbf{H}_1 + \mathbf{H}_2 \, .$$

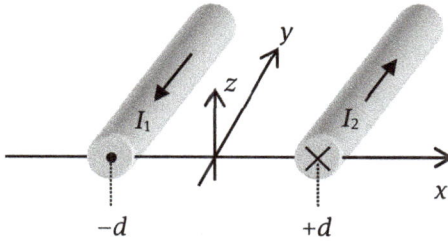

Wie in Beispiel 3.6 gezeigt, entspricht das Einzelfeld außerhalb des Drahtes jeweils dem Feld des Linienstromes (3.6) im Abstand ρ von der Drahtachse, mit dem Betrag

$$\left|\mathbf{H}_{1,2}\right| = \frac{\left|I_{1,2}\right|}{2\pi\rho}. \tag{3.28}$$

Innerhalb der Drähte haben wir - vorausgesetzt, dass der Drahtabstand $2d$ wesentlich größer als der Drahtradius ist - annähernd das ungestörte Feld (3.27) des Einzeldrahtes.

Wir betrachten die typische Betriebsart der Doppelleitung mit betragsgleichem Hin- und Rückstrom, d.h.

$$I_1 = -I_2 = I,$$

und bestimmen das Feld auf der Ebene $z = 0$ und $x = 0$.

Feld auf Ebene $z = 0$

Aufgrund der konzentrischen Feldlinien um die beiden auf der x-Achse angeordneten und in der x-y-Ebene fließenden Ströme, können die beiden senkrecht auf der Ebene $z = 0$ (Abb. 3.19a) stehenden Einzelfelder aufaddiert werden, d.h.:

$$\mathbf{H} = \left(H_{1,z}(x) + H_{2,z}(x)\right)\mathbf{e}_z.$$

Unter Verwendung von (3.6) und Berücksichtigung der Stromrichtung erhalten wir das Feldprofil (Abb. 3.19b)

$$H_z(x) = \frac{I}{2\pi}\left(\frac{1}{x+d} - \frac{1}{x-d}\right) = \frac{I}{\pi d}\frac{1}{1-(x/d)^2}.$$

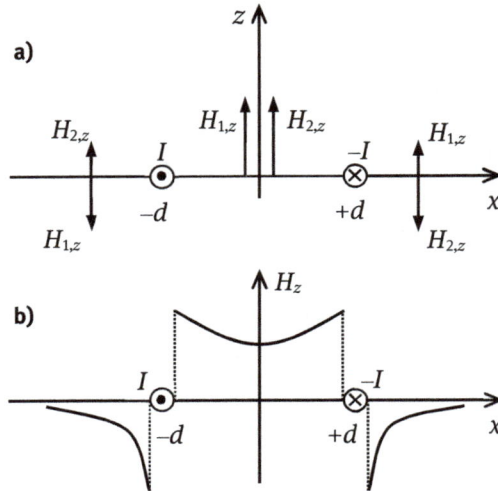

a)

b)

Abb. 3.19: Magnetisches Feld der Doppelleitung in der Leiterebene: (a) Superposition der beiden Einzelfelder (b) Resultierendes Feldprofil

Das Feld auf der Ebene $z = 0$ ist somit symmetrisch um den Koordinatenursprung und besitzt ein Minimum bei $x = 0$. Während sich die Feldkomponenten zwischen den Leitern addieren, sind sie außerhalb der Doppelleitung entgegengesetzt gerichtet (Abb. 3.19a), sodass der Gesamtbetrag mit zunehmendem Abstand sehr schnell abnimmt (Abb. 3.19b).

Feld auf Ebene $x = 0$

Wie in Abb. 3.20a skizziert, ergeben sich auf der y-z-Ebene aufgrund der symmetrischen Anordnung der beiden entgegengesetzten Ströme gleich große Feldbeiträge mit Komponenten in x-und z-Richtung. Jedoch sind die x-Komponenten entgegengesetzt zueinander, während die z-Komponenten gleichgerichtet sind. Das resultierende Feld hat somit nur eine z-Komponente, die von z abhängig ist, d.h.

$$\mathbf{H} = \left(H_{1,z}(z) + H_{2,z}(z) \right) \mathbf{e}_z .$$

Wir erhalten durch Einsetzen der Einzelfelder (3.6), mit $\rho = \sqrt{d^2 + z^2}$ und

$$\frac{H_{1,z}}{\left| \mathbf{H}_1 \right|} = \frac{H_{2,z}}{\left| \mathbf{H}_2 \right|} = \cos\alpha = \frac{d}{\sqrt{d^2 + z^2}}$$

als Ergebnis für das Feldprofil auf der y-z-Ebene

$$H_z(z) = \frac{I}{\pi d}\frac{1}{1+(z/d)^2}\,.$$

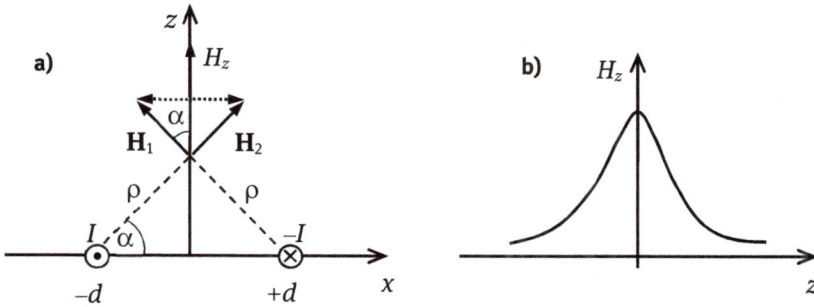

Abb. 3.20: Magnetisches Feld der Doppelleitung auf der Symmetrieebene: (a) Superposition der beiden Einzelfelder (b) Resultierendes Feldprofil

Wie in Abb. 3.20b zu sehen ist, hat das Feld entlang der z-Achse wegen der konstruktiven Überlagerung sein Maximum genau zwischen den Leitungen dort, wo der Abstand ρ zu beiden Strömen am geringsten ist. Beiderseits dieses Punktes haben wir einen symmetrisch rasch abfallenden Feldverlauf.

Abschließend zeigt Abb. 3.21 das charakteristische magnetische Feldbild der Doppelleitung in der x-z-Querschnittsebene in qualitativer Weise ohne Rechnung.

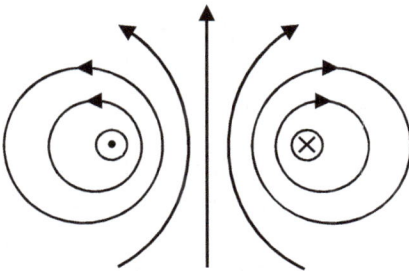

Abb. 3.21: Magnetisches Feld der Doppelleitung in der Querschnittsebene

3.8.2 Kreisförmige Leiterschleife

Die Berechnung des Magnetfeldes einer kreisförmigen Stromschleife ist wie in Beispiel 3.3 gezeigt, entlang der Ringachse relativ einfach. Die Lösung für jeden Punkt im Raum ist ungleich aufwendiger. Rein qualitativ jedoch entspricht das Feldbild in jeder senkrechten Schnittebene dem der Doppelleitung (Abb. 3.21). Wir können uns also das dreidimensionale Feldbild der Leiterschleife durch Drehung um die Ringachse zusammengesetzt denken (Abb. 3.22).

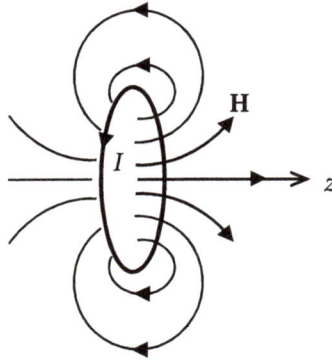

Abb. 3.22: Magnetisches Feld des kreisförmigen Ringstroms

Die Feldlinien schließen sich jeweils auf den gegenüberliegenden Seiten im Rechtsschraubensinn um den Ringstrom. Auf der Ringachse hat das Feld nur eine dazu parallel gerichtete z-Komponente.

3.8.3 Zylinderspule (Solenoid)

Durch Aufwicklung eines Drahtes kann das Magnetfeld der Einzelschleife vervielfacht werden (Abb. 3.23). Oft ist eine solche Zylinderspule auf einem massiven Kern mit hoher Permeabilität μ gewickelt, um eine möglichst hohe magnetische Flussdichte $\mathbf{B} = \mu\,\mathbf{H}$ zu erzielen.

Für eine einfache Näherungsbetrachtung können die einzelnen Drahtwindungen als parallele, in regelmäßigem Abstand angeordnete Ringströme angesehen werden. Wir setzen voraus, dass die Spulenlänge l wesentlich größer als der Spulendurchmesser ist. In diesem Fall können wir aus der Tatsache, dass das Feld nahe der Ebene des Einzelringes im wesentlichen z-gerichtet ist (Abb. 3.22) und sein Betrag ähnlich wie bei der Doppelleitung relativ wenig variiert (Abb. 3.19), ein homogenes Feld in Richtung der Spulenachse ansetzen, d.h. $\mathbf{H} \approx H_z\,\mathbf{e}_z$. Dieser Ansatz ist zudem dadurch gerechtfertigt, dass sich die kleineren, radialen Feldkomponenten zweier aufeinanderfolgenden Ringströme aufheben.

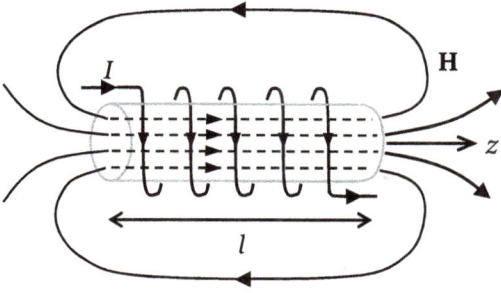

Abb. 3.23: Magnetfeld der Zylinderspule

Die an den beiden Spulenenden ein- bzw. austretenden Feldlinien schließen sich auf relativ langen Pfaden außerhalb der Spule. Die Feldstärke **H** nimmt deshalb sehr schnell mit dem Abstand von den Spulenenden ab, sodass ihr Betrag sehr klein im Vergleich zu dem Wert H_z innerhalb der Spule ist.

Zur Berechnung des Feldes H_z innerhalb der Spule wenden wir wie in Abb. 3.24 skizziert, das Durchflutungsgesetz (3.26) auf einen rechteckigen Pfad mit der Breite Δs in einer Schnittebene längs der Spulenachse an. Dieser umschließt einen Teil ΔN der Spulenwindungen und damit den Gesamtstrom $\Delta N\,I$. Durch Vernachlässigung des Feldbeitrags $H \ll H_z$ außerhalb der Spule erhalten wir den einfachen Zusammenhang

$$\oint \mathbf{H}\cdot d\mathbf{s} \approx H_z\,\Delta s = \Delta N\,I\,,$$

bzw.

$$H_z \approx I\,\frac{\Delta N}{\Delta s}\,.$$

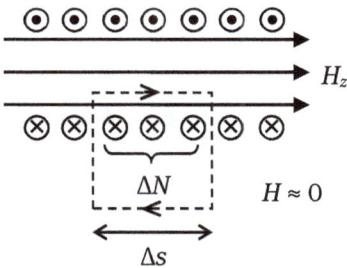

$H \approx 0$

Abb. 3.24: Berechnung des Magnetfeldes der Zylinderspule mit Durchflutungsgesetz

Auf die gesamte Spule mit der Windungszahl N und Länge l bezogen, resultiert schließlich für das Innenfeld der Spule die Näherungslösung

$$H_z \approx I \frac{N}{l} \, . \tag{3.29}$$

Diese Näherungsformel ist umso genauer, desto "schlanker" die Spule ist, d.h. desto länger sie im Verhältnis zum Querschnitt ist. Eine weitere Abweichung dieses Ergebnisses resultiert aus der nicht perfekten parallelen Anordnung der Einzelwindungen und dem Abstand zwischen den Windungen.

3.8.4 Ringspule (Toroid)

Eine andere wichtige Spulenanordnung ist der ringförmig gewickelte Toroid, der als geschlossener Solenoid mit Innen- und Außenradius r_i bzw. r_a betrachtet werden kann. Dementsprechend bilden sich innerhalb der Ringspule kreisförmige Feldlinien konzentrisch aus (Abb. 3.25), d.h

$$\mathbf{H} \approx H_\phi \, \mathbf{e}_\phi \, .$$

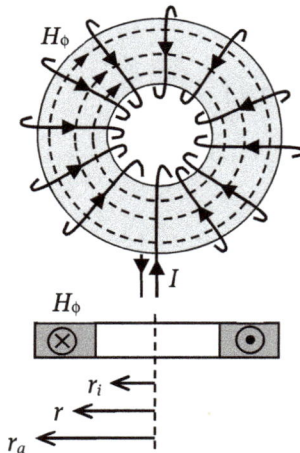

Abb. 3.25: Magnetfeld in der Ringspule

Außerhalb der Spule ist das Feld im Vergleich dazu sehr klein und wird für die folgende Näherungsrechnung vernachlässigt. Dazu werten wir das Durchflutungsgesetz (3.26) entlang einer Feldlinie mit Radius r aus:

$$\oint \mathbf{H} \cdot \mathbf{ds} = \int_0^{2\pi} H_\phi \, r \, \mathrm{d}\phi = 2\pi r H_\phi = NI \, ,$$

und erhalten als Lösung das inhomogene Feld

$$H_\phi(r) \approx I\frac{N}{2\pi r} \; ; \; r_a \geq r \geq r_i \, . \tag{3.30}$$

3.9 Energie im magnetischen Feld

Wie das elektrische Feld, so ist auch das magnetische Feld Sitz gespeicherter Energie. Dazu betrachten wir zwei parallel zueinander angeordnete Metallflächen, die einen gleich großen, entgegengesetzten elektrischen Strom in z-Richtung führen (Abb. 3.26). Wir nehmen an, dass die Abmessungen der beiden Flächen sehr groß sind im Vergleich zum Abstand voneinander, sodass wir zweckmäßigerweise von einem *Strombelag* $I' = dI/dy$ ausgehen. In Beispiel 3.5 erhielten wir für den einzelnen Strombelag das homogene Magnetfeld (3.22). Daraus folgt für die beiden entgegengesetzten Strombeläge, dass die beiden Einzelfelder sich zwischen den Platten zu gleichen Teilen addieren, d.h.

$$\mathbf{B} = \mathbf{B}_1 + \mathbf{B}_2 = 2B_{1,2}(-\mathbf{e}_y) \, .$$

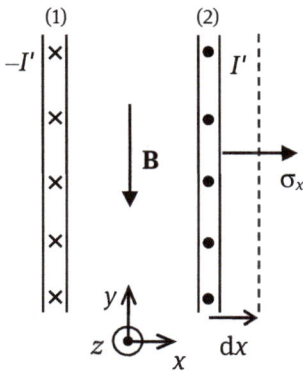

Abb. 3.26: Anwendung des Prinzips der virtuellen Verrückung zur Bestimmung der Feldenergie im magnetischen Feld

Außerhalb des Raums zwischen den Platten ist das Feld Null, da sich dort die beiden gleich großen und entgegengesetzten Beiträge aufheben.

Zur Bestimmung der gespeicherten Feldenergie wollen wir das *Prinzip der virtuellen Verrückung* in analoger Weise zu Abschn. 1.10 anwenden. Wir setzen für die magnetische Kraft (3.8) auf ein Flächenelement $dA = dy\, dz$ (Abb. 3.26) an

$$\mathrm{d}\mathbf{F} = \mathrm{d}I\,\mathrm{d}\mathbf{s} \times \mathbf{B}_1 \;=\; I'\mathrm{d}y\,\mathrm{d}z\,\mathbf{e}_z \times \mathbf{B}_1 \;=\; \frac{1}{2}\mathrm{d}A\,I'B\,\mathbf{e}_x\,.$$

Aufgrund der unbegrenzten Flächen betrachten wir zweckmäßigerweise die auf die Fläche bezogene Kraft, d.h. die *Flächenkraft* bzw. den *Druck* auf Platte 2:

$$\sigma_x = \frac{\mathrm{d}F_x}{\mathrm{d}A} = \frac{1}{2}I'B \qquad \left(\frac{\mathrm{N}}{\mathrm{m}^2}\right)\,.$$

Bei einer infinitesimalen Verschiebung von Platte 2 um $\mathrm{d}x$ beträgt die geleistete, auf die Fläche bezogene mechanische Arbeit

$$\frac{\mathrm{d}W_{mech}}{\mathrm{d}A} = \sigma_x\,\mathrm{d}x = \frac{1}{2}I'B\,\mathrm{d}x\,.$$

Während der Verschiebung führen die in z-Richtung strömenden Ladungen gleichzeitig eine Bewegung in x-Richtung aus. Somit erfährt jede einzelne Ladung Q die *Lorentzkraft* (3.12)

$$\mathbf{F} = Q\,v\,\mathbf{e}_x \times \mathbf{B}_1\,.$$

Aus dieser Bewegung mit konstanter Geschwindigkeit v erhalten wir mit $\mathbf{B}_1 = B/2(-\mathbf{e}_y)$ die zur Stromrichtung ($\mathbf{e}_z$) entgegengesetzte Kraft:

$$F_z = -Q\,v\,\frac{B}{2}\,.$$

Die Bewegung von Platte 2 gegenüber Platte 1 ist als Relativbewegung zu verstehen. D.h., bezogen auf das Feld $\mathbf{B}_2 = B/2(-\mathbf{e}_y)$ von Platte 2 bewegt sich die Platte 1 mit der Geschwindigkeit $-v\mathbf{e}_x$, sodass die Ladungen dort die Lorentzkraft $-F_z$, ebenfalls entgegengesetzt zur Stromrichtung ($-\mathbf{e}_z$), erfahren.
Eine äußere Stromquelle, die den Strombelag $I' = const.$ aufrechterhält, muss dieser Lorentzkraft entgegenwirken. Für jedes Wegelement in z-Richtung auf beiden Platten beträgt die von der Stromquelle während der Verschiebung zu leistende elektrische Arbeit insgesamt

$$\mathrm{d}W_{el} = -2F_z\,\mathrm{d}z = Q\,v\,B\,\mathrm{d}z\,,$$

bzw. auf die Plattenfläche bezogen

$$\frac{\mathrm{d}W_{el}}{\mathrm{d}A} = \frac{\mathrm{d}Q}{\mathrm{d}A}\,v\,B\,\mathrm{d}z = \frac{\mathrm{d}Q}{\mathrm{d}y}\,v\,B = \frac{\mathrm{d}Q}{\mathrm{d}y}\frac{\mathrm{d}x}{\mathrm{d}t}\,B = I'\,B\,\mathrm{d}x\,.$$

Betrachten wir die Anordnung mit den beiden Flächenströmen als geschlossenes System, so ergibt die Bilanz aus der von der Stromquelle zugeführten elektrischen Energie und der geleisteten mechanischen Arbeit

$$\frac{dW_{el}}{dA} - \frac{dW_{mech}}{dA} = \frac{1}{2} I' B \, dx \,.$$

Somit führt die elektrische Stromquelle zusätzlich zur mechanischen Arbeit noch einen weiteren gleich großen Energiebetrag zu, der im System gespeichert sein muss. Es handelt sich um die innerhalb des Volumenzuwachses $dV = dx\,dA$ gespeicherte *magnetische Feldenergie*. Auf das Volumen bezogen beträgt sie

$$w_m = \frac{dW_m}{dV} = \frac{1}{2} I' B = \frac{1}{2} H B \,,$$

und stellt eine räumliche Energiedichte dar, die in allgemeiner Form lautet:

$$w_m = \frac{1}{2} \mathbf{H} \cdot \mathbf{B} \quad \textit{(magn. Energiedichte)}. \tag{3.31}$$

Wir erkennen in (3.31) den zur elektrischen Feldenergiedichte (1.47) völlig analogen Zusammenhang mit den beiden Feldgrößen.

Die insgesamt innerhalb eines felderfüllten Volumens V gespeicherte magnetische Energie ist demzufolge das Integral über w_m:

$$W_m = \frac{1}{2} \iiint\limits_V \mathbf{H} \cdot \mathbf{B} \, dV \quad \textit{(magn. Feldenergie)}. \tag{3.32}$$

Beim umgekehrten Vorgang, also bei einer virtuellen Verschiebung der Platte 2 um $-dx$ kehren sich die Vorzeichen der mechanischen Arbeit und der elektrischen Energie um:

$$\frac{dW_{mech}}{dA} = -\frac{1}{2} I' B \, dx \,,$$

$$\frac{dW_{el}}{dA} = -I' B \, dx \,.$$

Die Energiebilanz für die umgekehrte Verrückung ergibt insgesamt

$$\frac{dW_{el}}{dA} - \frac{dW_{mech}}{dA} = \frac{dW_m}{dA} = -\frac{1}{2} I' B \, dx = -\frac{1}{2} H B \, dx \,.$$

Das umgekehrte Vorzeichen bedeutet in diesem Fall, dass elektrische Energie erzeugt wird. Sie wird zu gleichen Teilen aus der von außen aufgewendeten mechanischen Arbeit dW_m und der gespeicherten magnetischen Feldenergie dW_m gedeckt.

Allgemein gilt also in einer stromdurchflossenen Anordnung für die Änderung der gespeicherten magnetischen Feldenergie:

$$dW_m = dW_{el} - dW_{mech}$$

Bei einer feststehenden Anordnung ($dW_{mech} = 0$) reduziert sich diese Bilanz zu:

$$dW_m = dW_{el} \, .$$

Wir folgern daraus:

> Eine stromdurchflossene Anordnung ist in der Lage, über eine Stromänderung elektrische Energie in Form magnetischer Feldenergie zu speichern.

3.9.1 Der magnetische Fluss

Wir untersuchen nun die in der parallelen Flächenstromanordnung aus Abb. 3.26 innerhalb eines Teilvolumens $\Delta V = \Delta x \, \Delta y \, \Delta z$ gespeicherte magnetische Energie:

$$\Delta W_m = \frac{1}{2} \iiint_{\Delta V} \mathbf{H} \cdot \mathbf{B} \, dV = \frac{1}{2} H \, B \, \Delta x \, \Delta y \, \Delta z \, .$$

Mit Bezug zu (3.22) ergibt das Produkt

$$H\Delta y = 2H_{1,2}\Delta y = I'\Delta y = \Delta I \, ,$$

also den Teilstrom ΔI, der auf den beiden Außenflächen des Volumens ΔV hin- und zurückfließt. Das Produkt

$$B \, \Delta x \, \Delta z = \Phi$$

interpretieren wir im Sinne eines Vektorflusses (A.12) analog zum elektrischen Fluss als *magnetischen Fluss* Φ durch die Fläche $A = \Delta x \, \Delta y$. Die allgemeine Definition lautet somit

$$\Phi = \iint_A \mathbf{B} \cdot d\mathbf{A} \quad (\textit{magnetischer Fluss}). \tag{3.33}$$

Der magnetische Fluss Φ hat dementsprechend die Einheit (Vs). Als Folge der Nichtexistenz magnetischer Ladungen (Abschn. 3.2) ist er bei gegebener *Randkurve* ∂A unabhängig von der Form der zugehörigen Integrationsfläche A (Abb. 3.27).

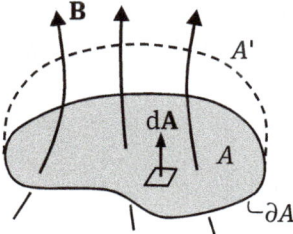

Abb. 3.27: Zwei mögliche Flächen A und A' mit gleicher Randkurve ∂A, durch die der magnetische Fluss Φ hindurchtritt

Für die parallele Flächenstromanordnung (Abb. 3.26) erhalten wir somit für die innerhalb des Teilvolumens ΔV gespeicherte magnetische Energie den Ausdruck

$$\Delta W_m = \frac{1}{2}\left(H\,\Delta y\right)\left(B\,\Delta x\,\Delta z\right) = \frac{1}{2}\Delta I\,\Phi\,.$$

Für eine reale Anordnung, wie beispielsweise eine Zylinderspule mit N-Windungen, in der der Strom I fließt (Abb. 3.28), erhalten wir mit

$$\Delta I = N\,I$$

eine alternative Definition der magnetischen Energie, die auf den magnetischen Fluss bezogen ist:

$$W_m = \frac{1}{2}\,I\,N\,\Phi\,. \tag{3.34}$$

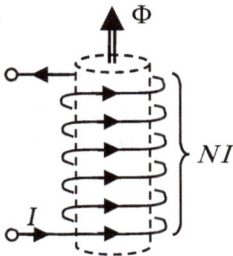

Abb. 3.28: Fluss der Zylinderspule mit N - Windungen

Häufig wird das Produkt aus Windungszahl N und Fluss Φ als sog. *verketteter magnetischer Fluss* $\psi = N\,\Phi$ zusammengefasst.

3.9.2 Die Induktivität

Nach Gl.(3.34) wird das magnetische Energiespeichervermögen einer stromführenden Anordnung wie z.B. der Zylinderspule (Abb. 3.28), bezogen auf den Strom I, von der Windungszahl N und dem magnetischen Fluss Φ bestimmt. Letzterer ist nach Gl.(3.33) einzig von der Geometrie der Anordnung und gemäß $\mathbf{B} = \mu\,\mathbf{H}$ von der Permeabilität μ des Materials im felderfüllten Volumen abhängig. Diese geometrie- und materialabhängige Eigenschaft wird durch die *Induktivität L* quantifiziert, d.h.

$$L = \frac{N\Phi}{I} \quad (\text{Vs/A} = \text{H, Henry}). \tag{3.35}$$

Die abgeleitete Einheit der Induktivität Henry (H) ist nach dem US-amerikanischen Physiker J. Henry (1797 - 1878) benannt.

Aus (3.34) und (3.35) resultiert eine weitere Definition der magnetischen Energie innerhalb einer stromführenden Anordnung, die die Induktivität L besitzt:

$$W_m = \frac{1}{2} I^2 L \; . \tag{3.36}$$

Die Induktivität L ist ein Maß für das Vermögen einer stromführenden Anordnung, magnetische Energie zu speichern. Sie hängt allein von der Geometrie der Anordnung und den magnetischen Eigenschaften des Materials ab.

Umgekehrt resultiert aus (3.36) eine zu (3.35) alternative Berechnungsvorschrift der Induktivität über die magnetische Energie:

$$L = \frac{2W_m}{I^2} \; . \tag{3.37}$$

Gemäß der beiden Definitionen (3.35),(3.36) ist zur Bestimmung der Induktivität L zunächst immer das magnetische Feld $\mathbf{H}$ bzw. $\mathbf{B}$ bei gegebenem Strom I zu berechnen. Aus dem Feld erfolgt anschließend die Berechnung des magnetischen Flusses Φ (3.33) bzw. der Feldenergie W_m (3.32). Die Vorgehensweise soll an den beiden folgenden Rechenbeispielen gezeigt werden.

Beispiel 3.7: Induktivität der Bandleitung

Die in Abb. 3.26 untersuchte Anordnung mit zwei parallelen Flächenströmen entspricht näherungsweise einer sog. Bandleitung mit endlicher Plattenbreite w.

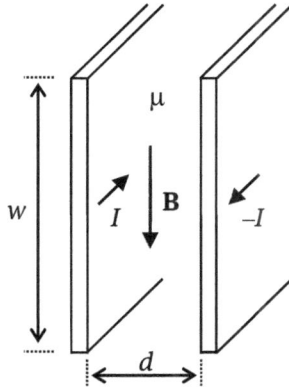

Unter der Annahme eines relativ kleinen Plattenabstandes $d \ll w$, kann in guter Näherung von einem homogenen Magnetfeld zwischen den Platten ausgegangen werden. Die an den Plattenrändern aus- und wieder eintretenden Feldlinien schließen sich dabei über lange Pfade, sodass die Feldstärke außerhalb der Platten zwar nicht Null, jedoch relativ klein ist. Das Medium zwischen den Platten habe die Permeabilität μ. Die Plattendicke sei vernachlässigbar.

Bezogen auf den Hin- und Rückstrom I in den Platten beträgt der Strombelag jeweils

$$I' = \frac{I}{w}.$$

Wie in Abschn. 3.9 ausgeführt, erzeugen beide Flächenströme I' jeweils die Hälfte des homogenen Feldes **B** zwischen den Platten. Mit (3.22) erhalten wir somit für das Magnetfeld zwischen den Platten als Näherung

$$B \approx \mu \frac{I}{w}. \qquad (3.38)$$

Daraus resultiert mit (3.33) für den magnetischen Fluss zwischen den Platten, durch eine Fläche der Breite d und einer beliebigen Länge l in Stromrichtung,

$$\Phi = \iint_A \mathbf{B} \cdot d\mathbf{A} \approx B d l.$$

Nach der Definition (3.35) erhalten wir somit für die Induktivität der Bandleitung

$$L = \frac{\Phi}{I} \approx \mu \frac{d}{w} l.$$

Aufgrund der Proportionalität zur Leitungslänge l genügt die Angabe der längenbezogenen Induktivität

$$L' \approx \mu \frac{d}{w} \,. \tag{3.39}$$

Die alternative Berechnung der Induktivität über die magnetische Feldenergie (3.32) liefert mit dem Volumen $V = w \cdot d \cdot l$

$$W_m = \frac{1}{2} \iiint\limits_V \mathbf{H} \cdot \mathbf{B} \, dV \approx \frac{1}{2\mu} B^2 V = \frac{1}{2\mu} \left(\mu \frac{I}{w} \right)^2 w \, dl \,,$$

und damit über die Definition (3.37) das gleiche Ergebnis (3.39) für L'.

Dies erscheint zunächst gegenüber der Lösung (3.39) inkonsistent, weil durch die Vernachlässigung des Feldes außerhalb der Bandleitung der entsprechende Anteil in der Feldenergie W_m fehlt. Allerdings beruht der Feldansatz (3.38) wie in Abschn. 3.9 ausgeführt, auf der Annahme einer unbegrenzten Plattenbreite ($w \to \infty$), bei der das Feld außerhalb der Platten Null ist.

Beispiel 3.8: Induktivität der Zylinderspule

Wir betrachten die in Abb. 3.23 skizzierte Zylinderspule mit der Länge l und N Drahtwindungen, die auf einem Spulenkern mit dem Querschnitt A und der Permeabilität μ aufgebracht sind. Für die magnetische Flussdichte innerhalb der Spule setzen wir mit der Näherungslösung (3.29) an

$$B_z \approx \mu I \frac{N}{l} \,.$$

Der magnetische Fluss (3.33) in der Spule ergibt sich mit diesem homogenen Feldansatz zu

$$\Phi = \iint\limits_A B_z \mathbf{e}_z \cdot d\mathbf{A}_z \approx \mu I \frac{N}{l} A \,.$$

Damit erhalten wir nach der Definition (3.35) als Näherungslösung für die Induktivität

$$L = \frac{\Phi}{I} \approx \mu \frac{N^2}{l} A \,. \tag{3.40}$$

Charakteristisch für diese Lösung ist die Abhängigkeit von N^2, die allgemein für jede Spulenform gilt. Hohe Induktivitäten erhält man somit durch eine große Windungszahl N und einem Kernmaterial mit hoher Permeabilität μ und großer Querschnittsfläche A.

Die alternative Berechnung der Induktivität über die magnetische Feldenergie (3.32) liefert mit dem Kernvolumen $V = A\,l$

$$W_m = \frac{1}{2} \iiint_V \mathbf{H} \cdot \mathbf{B} \, \mathrm{d}V \approx \frac{1}{2\mu} B_z^2 V = \frac{1}{2\mu} \left(\mu I \frac{N}{l} \right)^2 lA \,,$$

und damit über die Definition (3.37) das gleiche Ergebnis (3.40) für L. Wie bei der Bandleitung ist auch diese Übereinstimmung trotz der fehlenden Feldenerige außerhalb der Spule dadurch zu erklären, dass der Feldansatz (3.29) auf der Annahme beruht, dass das Feld außerhalb der Spule Null ist. D.h., dass die Spulenlänge l unbegrenzt ist (Abschn. 3.8.3). Insofern ist die Näherungsformel (3.40) für die Induktivität im Rahmen des einfachen Ringstrom-Modells umso genauer, je länger die Spule im Vergleich zum Querschnitt ist.

Beispiel 3.9: Induktivität der Ringkernspule

Für die in Abschn. 3.8.4 untersuchte Ringspule (Abb. 3.25) mit Innen- und Außenradius r_i bzw. r_a und Windungszahl N wollen wir über die Näherungslösung (3.30) für das Feld innerhalb der Spule

$$H_\phi(r) \approx I \frac{N}{2\pi r}$$

die Induktivität L ausrechnen. Der Ringkern, auf dem die Spule angeordnet ist, habe die Permeabilität μ. Für seine Querschnittsfläche $A = h(r_a - r_i)$ nehmen wir der Einfachheit halber ein rechteckiges Profil mit der Kerndicke h an.

Über die Definition (3.35) erhalten wir mit dem magnetischen Fluss (3.33)

$$\Phi = \mu \iint_A \mathbf{H} \cdot \mathrm{d}\mathbf{A}_\phi = \frac{\mu I N}{2\pi} \int_0^h \int_{r_i}^{r_a} \frac{1}{r} \, \mathrm{d}r\,\mathrm{d}z = \frac{\mu I N h}{2\pi} \ln\left(\frac{r_a}{r_i} \right)$$

als Lösung für die Induktivität

$$L = N^2 \frac{\mu h}{2\pi} \ln\left(\frac{r_a}{r_i} \right). \tag{3.41}$$

Die alternative Berechnung von L über die Energie innerhalb des Kernvolumens V gemäß der Definition (3.37) und der Feldenergie (3.32)

$$L = \frac{2W_m}{I^2} = \frac{\mu}{I^2} \iiint_V H_\phi^2 \, \mathrm{d}V$$

liefert mit $\mathrm{d}V = r \, \mathrm{d}r \, \mathrm{d}\phi \, \mathrm{d}z$ (A.23)

$$L = \frac{\mu}{I^2} \int_0^h \int_0^{2\pi} \int_{r_i}^{r_a} \left(I \frac{N}{2\pi r} \right)^2 r \, \mathrm{d}r \, \mathrm{d}\phi \, \mathrm{d}z = N^2 \frac{\mu h}{2\pi} \int_{r_i}^{r_a} \frac{1}{r} \mathrm{d}r$$

und somit das Ergebnis (3.41).

3.10 Materie im magnetischen Feld

Bereits zu Anfang dieses Kapitels (Abschn. 3.1) wurde die Permeabilität μ eingeführt, um den magnetischen Eigenschaften des Mediums Rechnung zu tragen. Zur Erklärung des prinzipiellen Verhaltens von Materie gegenüber dem magnetischen Feld, kann man, in Anlehnung an das einfache Bohrsche Atommodell, die Bewegung der Elektronen um den Atomkern als Kreisstrom betrachten (Abb. 3.29a). Damit besitzen die Atome gemäß (3.10) ein magnetisches Dipolmoment $\mathbf{m}$, das im Magnetfeld aufgrund des auf sie wirkenden Drehmoments ausgerichtet werden kann (Abschn. 3.4). Mit diesem recht primitiven Kreisstrommodell lässt sich das grundsätzliche Verhalten von Materie im Magnetfeld bereits makroskopisch recht gut beschreiben. Eine genauere Untersuchung ist nur im Rahmen einer quantenmechanischen Beschreibung möglich.

Zur Untersuchung des magnetischen Verhaltens ersetzen wir die Materie durch die entsprechenden magnetischen Dipolmomente, die sich nun *im Vakuum* befinden. Bei Abwesenheit eines äußeren magnetischen Feldes sind alle elementaren Dipolmomente regellos orientiert (Abb. 3.29a). Die Felder der einzelnen Ringstöme (Abb. 3.22) heben sich dabei in Summe auf, sodass das Material nach außen hin insgesamt magnetisch neutral ist.

Bei Anlegen eines Magnetfeldes werden die Dipolmomente $\mathbf{m}$ je nach Stärke des Feldes aufgrund des auf sie wirkenden Drehmoments $\mathbf{T} = \mathbf{m} \times \mathbf{B}$ (3.11) zum Feld $\mathbf{B}$ ausgerichtet (Abb. 3.29b). Somit entsteht durch die Überlagerung aller elementaren Kreisströme insgesamt eine zur äußeren magnetischen Erregung $\mathbf{H}$ zusätzliche Erregung $\mathbf{M}$ (*Magnetisierung*).

a)

b)

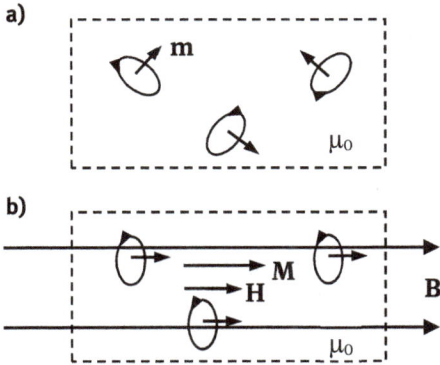

Abb. 3.29: Einfaches Modell der Magnetisierung von Materie mit elementaren Ringströmen: (a) Unmagnetisierte Materie, (b) Ausrichtung der Elementardipole bei äußerer magn. Erregung **H**

Innerhalb des magnetisierten Mediums beträgt die magnetische Flussdichte somit

$$\mathbf{B} = \mu_0 \, (\mathbf{H} + \mathbf{M}) \, , \qquad (3.42)$$

bzw. die magnetische Erregung (Feldstärke)

$$\mathbf{H} = \frac{\mathbf{B}}{\mu_0} - \mathbf{M} \, .$$

Zwischen der Magnetisierung **M** und der Feldstärke **H** setzen wir eine Proportionalität an, d.h.

$$\mathbf{M} = \chi_m \, \mathbf{H} \, , \qquad (3.43)$$

mit der sog. *magnetischen Suszeptibilität* χ_m, die als dimensionslose Proportionalitätskonstante die magnetische Empfindlichkeit (Magnetisierbarkeit) des Material quantifizert. Durch Einsetzen in (3.42) ergibt sich

$$\mathbf{B} = \mu_0 \, (1 + \chi_m) \, \mathbf{H} \, .$$

Über die Definition der *relativen Permeabilitätskonstante*

$$\mu_r = 1 + \chi_m \qquad (3.44)$$

gelangen wir zu der zuvor eingeführte Beziehung (3.25) zwischen **B** und **H**:

$$\mathbf{B} = \mu_0 \mu_r \, \mathbf{H} = \mu \mathbf{H} \, .$$

Prinzipiell unterscheidet man 3 Gruppen von magnetischen Stoffen, die auf unterschiedlichen atomphysikalischen Phänomenen beruhen:

Paramagnetische Stoffe

Die atomaren Dipolmomente werden in Richtung des äußeren Feldes ausgerichtet ($\mathbf{M} \parallel \mathbf{H}$). Man spricht hierbei von einer Orientierungspolarisation. Allerdings wird die Ausrichtung bereits bei Raumtemperatur durch Wärmebewegung stark gestört, so dass die Magnetisierung relativ klein ausfällt. Mit $|\mathbf{M}| \ll |\mathbf{H}|$ resultiert eine sehr kleine magnetische Suszeptibilität $\chi_m \ll 1$ und somit nach (3.44) eine relative Permeabilität $\mu_r \gtrsim 1$, die nur geringfügig größer ist als Eins. Beispielsweise zählen Luft, Aluminium und Palladium zu solchen Stoffen. Selbst bei letzterem, bei dem der paramagnetische Effekt besonders stark ausgeprägt ist, liegt μ_r noch um weniger als einem Promille über Eins (siehe Tab. 3.1)

Tab. 3.1: Relative Permeabilität einiger Materialien

Material	μ_r	
Luft	$1 + 0{,}4 \cdot 10^{-6}$	
Aluminium	$1 + 20 \cdot 10^{-6}$	Paramagnetisch
Palladium	$1 + 780 \cdot 10^{-6}$	
Wasser	$1 - 9 \cdot 10^{-6}$	
Kupfer	$1 - 9{,}6 \cdot 10^{-6}$	Diamagnetisch
Wismut	$1 - 160 \cdot 10^{-6}$	
Eisen	$250 \dots 680$	
Kobalt	$80 \dots 200$	Ferromagnetisch
Nickel	$280 \dots 2500$	

Diamagnetische Stoffe

Bei diesen Stoffen resultiert die Magnetisierung $\mathbf{M}$ aus einer Kreiselbewegung der Elektronenbahnen um ihre ursprüngliche Drehachse. Sie ist entgegengesetzt zur äußeren Erregung gerichtet ($\mathbf{M} \parallel -\mathbf{H}$). Auch dieser Effekt ist relativ klein ausgeprägt, d.h. $|\mathbf{M}| \ll |\mathbf{H}|$, sodass die rel. Permeabilität $\mu_r \lesssim 1$ nur um weniger als einem Promille unterhalb Eins liegt. Wasser, Kupfer und Wismut gehören zu dieser Stoffgruppe (siehe Tab. 3.1).

Ferromagnetische Stoffe

Diese Stoffe haben die größte technische Bedeutung aufgrund der hohen Permeabilität $\mu_r \gg 1\,(...10^5)$. Der ferromagnetische Effekt tritt nur bei Metallen auf wie z.B. Eisen, Kobalt, Nickel und deren vielfältige Legierungen. Die atomaren magnetischen Dipolmomente beruhen auf dem quantenmechanischen Elektronenspin, quasi auf der "Eigendrehung" der Elektronen. Dabei haben ganze Bereiche im Atomverband eine einheitliche Magnetisierungsrichtung. Sie werden Weißsche Bezirke genannt, die in der Größenordnung von 0,01...1 mm liegen können.

Unter dem Einfluss eines äußeren Magnetfeldes werden die Dipolmomente der einzelnen Bezirke ausgerichtet. Die Besonderheit solcher ferromagnetischen Stoffe ist eine nichtlineare und eine nicht eindeutige Beziehung zwischen **B** und **H**. Die Mehrdeutigkeit beruht auf der Abhängigkeit von der Vorgeschichte (*Hysterese*) und kann somit nicht durch den einfachen proportionalen Zusammenhang (3.25) beschrieben werden.

Aus diesem Grund werden Ferromagnetika durch die *Magnetisierungskurve* B(H) beschrieben. Sie wird für jedes Material messtechnisch ermittelt. Wie in Abb. 3.30 dargestellt, folgt die Magnetisierungskurve im Falle eines unmagnetisierten Zustandes der sog. Neukurve (1). Der Anstieg von B(H), d.h. die rel. Permeabilität μ_r ist dabei zunächst sehr groß (siehe Tab. 3.1). Mit zunehmender Erregung H jedoch flacht die B(H)-Kennlinie immer mehr ab, bis zum Erreichen der Sättigung. In diesem Zustand sind alle Weißschen Bezirke magnetisch vollends ausgerichtet, sodass eine weitere Steigerung der Erregung H keine zusätzlichen Magnetisierung M bewirkt. Die Steigung der B(H)-Kurve nähert sich deshalb im Sättigungsbereich dem Wert $\mu_r \to 1$ des Vakuums an.

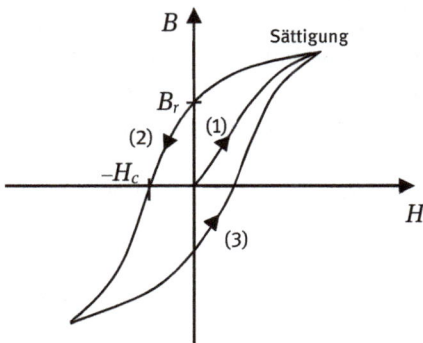

Abb. 3.30: Hystereseschleife von Ferromagnetika mit Neukurve (1) und unterschiedlichen Entmagnetisierungs- und Magnetisierungsverläufen (2) bzw. (3) aufgrund Remanenzflussdichte B_r

Das Hystereseverhalten von Ferromagnetika äußert sich darin, dass, ausgehend von einem magnetisierten Zustand, bei Reduzierung der äußeren Erregung H die B(H)-Kennlinie nicht der Neukurve (1), sondern einem anderen Verlauf (2) folgt. Der Grund dafür ist, dass die magnetische Ausrichtung in den Weißschen Bezirken nicht vollständig reversibel ist. Die aufgeprägte Magnetisierungsrichtung bleibt zum Teil erhalten. Bei $H = 0$ bleibt deshalb eine Restmagnetisierung (*Remanenzflussdichte B_r*) bestehen, die erst durch eine entgegengesetzte Erregung H_c (*Koerzitivfeldstärke*) neutralisiert wird. Erhöht man von diesem Zustand ausgehend die äußere Erregung in negativer Richtung, wird die negative Sättigung erreicht. Reduziert man $H \to 0$, verbleibt die Remanenzflussdichte $-B_r$.

Die gespeicherte Magnetisierung eines ferromagnetischen Stoffes lässt sich außer durch Anlegen einer entgegengesetzten Koerzitivfeldstärke H_c auch durch Wärmebehandlung neutralisieren. Hierbei verschwindet B_r bei der materialspezifischen Temperatur T_c (*Curie-Temperatur*). Für Eisen beispielsweise beträgt diese Temperatur T_c = 1033 K.

Abhängig von der Breite der in der B(H)-Ebene umschriebenen *Hystereseschleife* werden ferromagnetische Stoffe in *weich-* und *hartmagnetische Stoffe* unterteilt.

Weichmagnetische Stoffe weisen eine relativ schmale Hystereseschleife auf, d.h. H_c ist klein. Daher eignen sich solche Stoffe besonders als Kernmaterial in Anwendungen, bei denen das Magnetfeld bei Wechselstrombetrieb periodisch seine Richtung wechselt, wie z.B. in elektrischen Maschinen und Transformatoren. Wie in Kap. 4.4.3 dargestellt, resultiert aus der periodischen Ummagnetisierung eine Verlustleistung, die durch Wahl eines Materials mit möglichst schmaler Hystereseschleife minimiert werden kann.

3.10.1 Permanentmagnete

Hartmagnetische Werkstoffe weisen eine relativ breite Hystereseschleife auf. Dementsprechend ist die für eine Entmagnetisierung notwendige Koerzitivfeldstärke H_c relativ hoch. Daher eignen sich solche Materialien insbesondere für Permanentmagnete, bei denen eine möglichst dauerhafte Magnetisierung erwünscht ist. Die Magnetisierung kann z.B. elektrisch durch eine Spule oder durch einen Permanentmagneten erfolgen. In der Natur vorkommende Magnetisierung beruht auf der Wirkung des Erdmagnetfeldes.

Das Magnetfeld eines homogen magnetisierten Permanentmagneten kann durch eine *äquivalente Strombelegung* auf der Außenfläche modelliert werden. Wie in Abb. 3.31 skizziert, heben sich dabei alle elementaren Kreisströme innerhalb des Magneten auf, sodass insgesamt nur der äquivalente Strom auf der Außenfläche verbleibt.

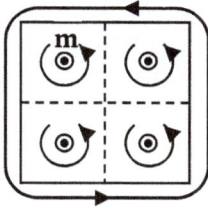

Abb. 3.31: Äquivalentes Kreisstrom-Modell eines Permanentmagneten mit resultierendem äquivalenten Strom auf der Außenfläche

Das von einem stabförmigen Magneten erzeugte magnetische Feld im Raum ähnelt somit dem einer stromdurchflossenen Zylinderspule (Abb. 3.32).

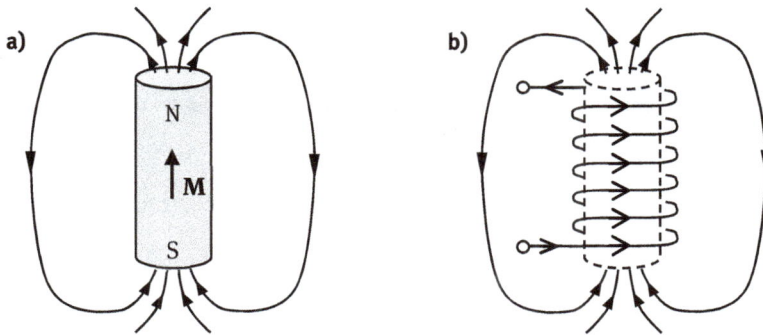

Abb. 3.32: (a) Feld eines Stabmagneten mit homogener Magnetisierung **M** (b) Äquivalente Zylinderspule

3.10.2 Verhalten von H und B an Grenzflächen

Bei der Bestimmung des magnetischen Feldes in einem Raumgebiet, das von Bereichen mit anderen magnetischen Eigenschaften begrenzt wird, ist die Kenntnis der Änderung der beiden Vektoren **H** und **B** an den Materialübergängen erforderlich. Wie für das elektrische Feld (Abschn. 1.7.3), leiten wir die Übergangsbedingungen jeweils getrennt für die Tangential- und Normalkomponenten an der Grenzfläche zwischen den beiden Räumen mit der Permeabilität μ_1 und μ_2 ab (Abb. 3.33).

Tangentiale Feldkomponenten

Dazu werten wir das Ampèresche Durchflutungsgesetz (3.26)

$$\oint \mathbf{H} \cdot d\mathbf{s} = 0$$

aus, das für den betrachteten Fall fehlender Ströme auf der Grenzfläche Null sein muss. Als Integrationspfad wählen wir den in Abb. 3.33a gestrichelten rechteckigen Umlauf mit den Seitenlängen h und Δs innerhalb der beiden Medien. Für die beiden Tangentialkomponenten $H_{t,1}$ und $H_{t,2}$ ergibt sich im Grenzfall $h \to 0$ und für ein ausreichend kleines Δs

$$\oint \mathbf{H} \cdot d\mathbf{s} = \Delta s\, H_{t,1} - \Delta s\, H_{t,2} = 0 \,.$$

Daraus folgt die Stetigkeitsbedingung für die Tangentialkomponente der magnetischen Feldstärke

$$H_{t,1} = H_{t,2} \,. \tag{3.45}$$

> Die Tangentialkomponente der magnetischen Feldstärke verhält sich an der Grenzfläche zwischen Medien unterschiedlicher Permeabilität stetig.

Aus diesem Ergebnis können wir mit $\mathbf{B} = \mu\,\mathbf{H}$ unmittelbar folgern:

$$\frac{B_{t,2}}{B_{t,1}} = \frac{\mu_2}{\mu_1} \,. \tag{3.46}$$

Im Gegensatz zu $\mathbf{H}$ ändert sich die Tangentialkomponente von $\mathbf{B}$ mit dem Verhältnis der beiden Permeabilitäten.

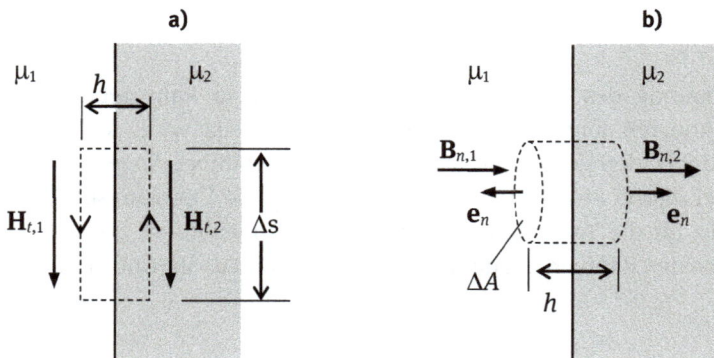

Abb. 3.33: Zur Bestimmung der Übergangsbedingung des magnetischen Feldes an der Grenzfläche zwischen zwei unterschiedlichen Medien: (a) parallele Feldkomponente, (b) senkrechte Komponente

Senkrechte Feldkomponenten

Hierfür werten wir das Gesetz der Quellenfreiheit des magnetischen Feldes (3.7)

$$\oiint \mathbf{B} \cdot d\mathbf{A} = 0$$

auf einer zylindrischen Hülle mit Grundfläche ΔA und Höhe h aus, die sich in beiden Teilräumen erstreckt (Abb. 3.33b). Mit den beiden Normalkomponenten $B_{n,1}$ und $B_{n,2}$ ergibt sich im Grenzfall $h \to 0$ für ein ausreichend kleines ΔA

$$-B_{n,1} \Delta A + B_{n,2} \Delta A = 0 \, .$$

Daraus folgt die Stetigkeit der Normalkomponenten von **B**, d.h.

$$B_{n,1} = B_{n,2} \, . \tag{3.47}$$

Die Normalkomponente der magnetischen Flussdichte verhält sich an der Grenzfläche zwischen Medien unterschiedlicher Permeabilität stetig.

Hieraus folgt für die Normalkomponenten von $\mathbf{H} = \mathbf{B}/\mu$ ein Sprung mit dem umgekehrten Verhältnis von μ:

$$\frac{H_{n,2}}{H_{n,1}} = \frac{\mu_1}{\mu_2} \, . \tag{3.48}$$

Mit den Übergangsbedingungen (3.45)-(3.48) für die Tangential- und Normalkomponenten von **H** und **B** lässt sich das allgemeine "Brechungsgesetz" der Feldlinien an einer permeablen Grenzfläche aufstellen. Wie in Abb. 3.34 getrennt für **H** und **B** dargestellt, zerlegen wir einen beliebig gerichteten Vektor $\mathbf{H}_1$ bzw. $\mathbf{B}_1$ im linken Raumteil 1 jeweils in seine Tangential- und Orthogonalkomponente und übertragen diese gemäß der zugehörigen Übergangsregel (3.45)-(3.48) auf den rechten Raumteil 2. Wie wir für die Beispielkonstellation $\mu_1 < \mu_2$ erkennen, werden **H** und **B** in gleichem Maße vom senkrechten Lot weg gebrochen.

Für die beiden Winkel α_1, α_2 gegen das Lot auf der Grenzfläche erhalten wir mit (3.45)-(3.48) jeweils das gleiche Verhältnis

$$\frac{\tan\alpha_2}{\tan\alpha_1} = \frac{H_{t,2} / H_{n,2}}{H_{t,1} / H_{n,1}} = \frac{H_{n,1}}{H_{n,2}} = \frac{\mu_2}{\mu_1} \quad \text{bzw.} \quad \frac{\tan\alpha_2}{\tan\alpha_1} = \frac{B_{t,2} / B_{n,2}}{B_{t,1} / B_{n,1}} = \frac{B_{t,2}}{B_{t,1}} = \frac{\mu_2}{\mu_1} \, .$$

An Grenzflächen zwischen unterschiedlichen permeablen Medien gilt somit für das magnetische Feld das "*Brechungsgesetz*"

$$\frac{\tan\alpha_2}{\tan\alpha_1} = \frac{\mu_2}{\mu_1} \; .$$

Für den trivialen Fall gleicher Medien resultiert hieraus $\alpha_1 = \alpha_2$, ansonsten folgt daraus die Merkregel:

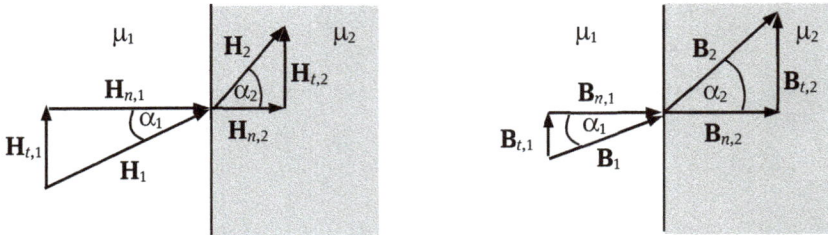

Abb. 3.34: Brechung der **H**- und **B**-Feldlinien an einer permeablen Grenzfläche am Beispiel $\mu_1 < \mu_2$

Magnetische Feldlinien werden im Medium mit der höheren/niedrigeren Permeabilität vom Lot weg/zum Lot hin gebrochen.

Im Extremfall, z.B. $\mu_2 \gg \mu_1$ ist nach (3.48) $H_{n,1} \gg H_{n,2}$ bzw. nach (3.46) $B_{t,2} \gg B_{t,1}$. D.h. aus Stoffen mit hoher Permeabilität treten die Feldlinien nahezu senkrecht aus. Innerhalb eines hochpermeablen Materials ($\mu_r \to \infty$) wird somit gemäß (3.48) die äußere Erregung **H** vollständig kompensiert. Dies gilt jedoch nicht für die magnetische Flussdichte **B**, die sich aufgrund der Stetigkeit der Normalkomponente (3.47) erhöht.

3.10.3 Kraft auf Grenzflächen

Wie im elektrischen Feld so treten auch im magnetischen Feld auf Grenzflächen zwischen Medien unterschiedlicher Permeabilität μ Kräfte auf. Wir wollen die Untersuchung dazu der Einfachheit halber erneut getrennt für die Tangential- und Normalkomponente durchführen. Dazu wenden wir das *Prinzip der virtuellen Verrückung* auf die Grenzfläche zwischen zwei angrenzenden Medien mit den Permeabilitäten μ_1 und μ_2 an. Die allgemeine, flächenbezogene Energiebilanz aus Abschn. 3.9

$$\frac{dW_{el}}{dA} - \frac{dW_{mech}}{dA} = \frac{dW_m}{dA} \tag{3.49}$$

enthält die Änderung der zugeführten elektrischen Energie dW_{el}, der geleisteten mechanischen Arbeit dW_{mech} und der gespeicherten Feldenergie dW_m.

Feldlinien parallel zur Grenzfläche

Als Tangentialkomponente des magnetischen Feldes setzen wir die Feldstärke $H_{t,1} = H_{t,2} = H_t$ an, die gemäß (3.45) an Mediengrenzen stetig übergeht und bei der Verschiebung um dx unverändert bleibt (Abb. 3.35). Mit $dW_{mech} = dF_x\,dx$ resultiert aus (3.49) für die gesuchte Flächenkraft σ_x

$$\sigma_x = \frac{dF_x}{dA} = \frac{dW_{el} - dW_m}{dA\,dx} = \frac{dW_{el} - dW_m}{dV}, \tag{3.50}$$

mit dem infinitesimalen Volumenzuwachs $dV = dA\,dx$ (Abb. 3.35).

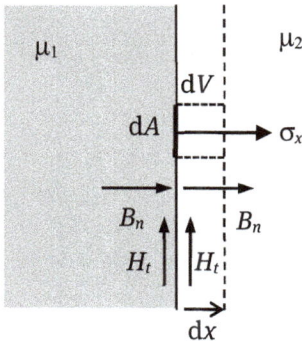

Abb. 3.35: Anwendung des Prinzips der virtuellen Verrückung zur Bestimmung der Grenzflächenkraft zwischen zwei unterschiedlich permeablen Medien

Mit Bezug zu Abb. 3.26 entnehmen wir aus Abschn. 3.9 für die zugeführte elektrische Energie

$$\frac{dW_{el}}{dA} = = I'\,B\,dx$$

bzw. mit $I' = H_t$

$$\frac{dW_{el}}{dV} = = \mu H_t^2\,.$$

Angewendet auf die gleichzeitige Vergrößerung von Medium 1 um +dx und die Verkleinerung von Medium 2 um −dx beträgt die zugeführte elektrische Energie insgesamt

$$\frac{dW_{el}}{dV} = = H_t^2(\mu_1 - \mu_2) \,.$$

Für die Änderung der magnetischen Feldenergie dW_m innerhalb des Volumenelementes dV ist gemäß der Feldenergiedichte w_m (3.31) der Wert nach der Verschiebung um dx um den Wert vor der Verschiebung zu subtrahieren, d.h.

$$dW_m = \frac{1}{2}H_t^2(\mu_1 - \mu_2)dV \,.$$

Einsetzen von dW_{el} und dW_m in die Bilanz (3.50) ergibt schließlich als Lösung für die Flächenkraft

$$\sigma_x = \frac{H_t^2}{2}(\mu_1 - \mu_2) \,. \tag{3.51}$$

Bezogen auf die gewählte Richtung von σ_x von Medium 1 nach Medium 2 (Abb. 3.35) und mit $\mu_1 > \mu_2$ folgt $\sigma_x > 0$. Es handelt sich somit um einen *Querdruck in Richtung kleinerer Permeabilität* μ.

Feldlinien senkrecht zur Grenzfläche

Als Normalkomponente des magnetischen Feldes setzen wir die Flussdichte $B_{n,1} = B_{n,2} = B_n$ an, die gemäß (3.47) an Mediengrenzen stetig übergeht und bei der Verschiebung um dx unverändert bleibt (Abb. 3.35). Die Verschiebung längs des Feldes entspricht in Abschn. 3.9 einer Änderung um dy, sodass keine elektrische Energiezufuhr stattfindet, d.h.

$$\frac{dW_{el}}{dV} = 0 \,.$$

Die Änderung der magnetischen Feldenergie dW_m innerhalb des Volumenelementes dV ist gemäß der Feldenergiedichte w_m (3.32)

$$dW_m = \frac{B_n^2}{2}\left(\frac{1}{\mu_1} - \frac{1}{\mu_2}\right)dV \,.$$

Nach Einsetzen in die Bilanz (3.50) erhalten wird als Lösung für die Flächenkraft in diesem Fall

$$\sigma_x = \frac{B_n^2}{2}\left(\frac{1}{\mu_2} - \frac{1}{\mu_1}\right). \tag{3.52}$$

Bezogen auf die gewählte Richtung von σ_x von Medium 1 nach Medium 2 und mit $\mu_1 > \mu_2$ folgt $\sigma_x > 0$. Es handelt sich somit um einen *Längsdruck in Richtung kleinerer Permeabilität* μ.

Charakteristisch für beide Feldkräfte (3.51) und (3.52) ist die quadratische Abhängigkeit von der Feldgröße H_t bzw. B_n. Wir halten somit den allgemeinen Merksatz fest:

> Unabhängig von der Richtung des Magnetfeldes ist die Kraft auf eine permeable Grenzfläche stets so gerichtet, dass sich das Medium mit der höheren Permeabilität auszudehnen versucht.

Beispiel 3.10: Der Elektromagnet

Gegeben ist ein Zylinderkern mit hoher Permeabilität ($\mu_r \gg 1$) mit der Querschnittsfläche A, der mit der magnetischen Flussdichte **B** homogen durchflutet ist. Der Kern sei durch einen Luftspalt der Länge Δy unterbrochen, der gegenüber den Querschnittsabmessungen kurz ist. Gesucht ist die magnetische Kraft **F** auf den beiden sich gegenüberstehenden Grenzflächen (Polflächen).

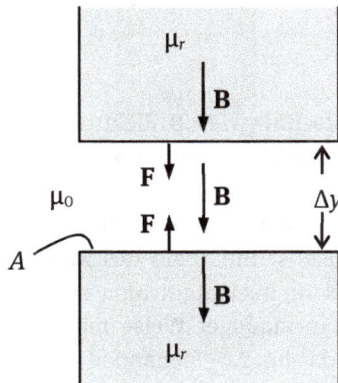

Aufgrund der Stetigkeitsbedingung (3.47) der normal zur Grenzfläche gerichteten Flussdichte **B** und des relativ kurzen Luftspaltes, besteht zwischen den beiden Polflächen annähernd das gleiche homogene Feld wie im Kern. D.h. nahezu der gesamte magnetische Fluss tritt über den Luftspalt von der einen Polfläche in die andere.

Für die zu berechnende Kraft **F** auf den beiden Polflächen ist die Formel (3.52) für den Fall einer senkrechten Feldkomponente $B_n = B$ zu verwenden.

Setzen wir für den oberen Übergang vom Kern zur Luft $\mu_1 = \mu_r\mu_0$ und $\mu_2 = \mu_0$ ein, so erhalten wir für die Zugspannung mit $\mu_r \gg 1$

$$\sigma_y = \frac{B^2}{2}\left(\frac{1}{\mu_2} - \frac{1}{\mu_1}\right) = \frac{B^2}{2\mu_0}\left(1 - \frac{1}{\mu_r}\right) \approx \frac{B^2}{2\mu_0}.$$

Für den unteren, umgekehrten Materialübergang von der Luft zum Kern ergibt sich durch Vertauschen von μ_1 und μ_2 ein umgekehrtes Vorzeichen für σ_y. Dies steht also im Einklang mit der Regel, dass die Kraft stets zum Medium mit der niedrigeren Permeabilität gerichtet ist.

Über die gesamte Polfläche A ergibt sich jeweils die Zugkraft

$$F_y = \pm\sigma_y\,A = \pm\frac{B^2 A}{2\mu_0},$$

unabhängig von der Richtung des Magnetfeldes bzw. des Stromes, beispielsweise in einer auf dem Kern aufgebrachten Drahtspule.

Auf diese Weise lassen sich relativ starke Elektromagnete realisieren, die schwere ferromagnetische Gegenstände anziehen und halten können. Beispielsweise resultiert aus einer Flussdichte $B = 1\text{T}$ eine Zugspannung $\sigma = 40\ \text{N/cm}^2$.

3.11 Der magnetische Kreis

Viele Bauelemente der Elektrotechnik wie z.B. Elektromagnete, Drosseln, Übertrager, etc. enthalten einen hochpermeablen Kern ($\mu_r \gg 1$), auf dem eine oder mehrere Spulen aufgewickelt sind (Abb. 3.36a). Nach Gl. (3.46) gilt dann für die Tangentialkomponenten der magnetischen Flussdichte $B_{t,Luft} \ll B_{t,Kern}$. D.h., nahezu der gesamte magnetische Fluss ist innerhalb des Kerns konzentriert. Ein solcher magnetischer Kreis lässt sich dann in ein äquivalentes *magnetisches Ersatzschaltbild* überführen (Abb. 3.36b), das in analoger Weise mit den Mitteln der elektrischen Netzwerkberechnung aus Abschn. 2.6 behandelt werden kann. Als weitere Vereinfachung werden Feldverzerrungen in Ecken und Kanten vernachlässigt, d.h. es wird überall im Kern ein homogenes Feld angenommen. Dabei wird jedem Kernabschnitt eine *mittlere Länge l_i* zugeordnet (Abb. 3.36a).

In Analogie zu den beiden Kirchhoffschen Sätzen (2.20) und (2.21) lässt sich ein magnetischer Maschen- und Knotensatz aufstellen.

a)

b)

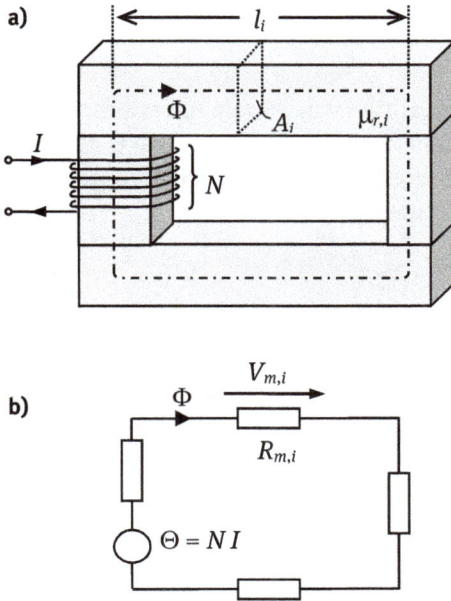

Abb. 3.36: (a) Magnetischer Kreis mit Einzelabschnitten der Länge l_i, (b) Äquivalentes magnetisches Ersatzschaltbild

Magnetischer Maschensatz

Entsprechend dem Ampèreschen Durchflutungsgesetz (3.26) gilt für einen geschlossenen Umlauf in einer magnetischen "Masche" (Abb. 3.36a)

$$\oint \mathbf{H} \cdot d\mathbf{s} = \sum_i \int_{l_i} \mathbf{H}_i \cdot d\mathbf{s} = IN .$$

Das Produkt IN berücksichtigt die Anwesenheit einer felderzeugenden Spule mit N Windungen, durch die der elektrische Strom I fließt. Durch Einführung der *magnetischen Spannung* entlang des Abschnittes l_i, d.h.

$$V_{m,i} = \int_{l_i} \mathbf{H}_i \cdot d\mathbf{s} , \tag{3.53}$$

bzw. der *magnetischen Quellenspannung (Durchflutung)*

$$\Theta = IN , \tag{3.54}$$

erhalten wir die *Maschengleichung des magnetischen Kreises*:

$$\sum_i V_{m,i} = \Theta \ . \qquad (3.55)$$

Im Falle der Abwesenheit einer stromdurchflossenen Spule in der Masche ist hierbei Θ Null zu setzen. Bei mehr als einer stromdurchflossenen Spule ist Θ die Summe der Einzeldurchflutungen, wobei Wicklungssinn und Stromrichtung durch das entsprechende Vorzeichen zu berücksichtigen sind.

Magnetischer Knotensatz

Bei einer Verzweigung des magnetischen Flusses (Abb. 3.37), wobei die angrenzenden Kernquerschnitte A_i in einem gewissen Bereich unterschiedlich sein können, erhalten wir mit (3.7)

$$\oiint \mathbf{B} \cdot d\mathbf{A} \ = \ \sum_i \iint_{A_i} \mathbf{B}_i \cdot d\mathbf{A} \ = \ 0 \ .$$

Aus den Einzelflüssen in den Kernabschnitten

$$\Phi_i \ = \ \iint_{A_i} \mathbf{B}_i \cdot d\mathbf{A}$$

ergibt sich die zum elektrischen Netzwerk analoge *Knotengleichung des magnetischen Kreises*

$$\sum_i \Phi_i = 0 \ .$$

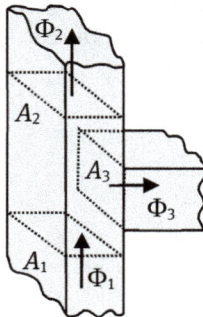

Abb. 3.37: Flussverzweigung (Knoten) im magnetischen Kreis

"Ohmsches Gesetz" des magnetischen Kreises

In Analogie zum elektrischen Kreis erhalten wir für die in Abb. 3.36 dargestellte Masche als Quotienten aus Gesamtdurchflutung Θ (3.55) und Fluss Φ

$$\frac{\Theta}{\Phi} = \sum_i \frac{V_{m,i}}{\Phi} = \sum_i R_{m,i} \,.$$

Hierbei definieren wir allgemein für einen Kernabschnitt der Länge l und dem Querschnitt A den *"magnetischen Widerstand"*

$$R_m = \frac{V_m}{\Phi} = \frac{\int_l \mathbf{H} \cdot d\mathbf{s}}{\iint_A \mathbf{B} \cdot d\mathbf{A}} \,. \tag{3.56}$$

Wir erhalten somit die zum Ohmschen Gesetz (2.8) analoge Beziehung für den magnetischen Kreis. Zur Veranschaulichung der Analogie zwischen dem elektrischen und magnetischen Kreis sind in Tab. 3.2 alle Netzwerkgrößen gegenübergestellt.

Tab. 3.2: Netzwerkgrößen des elektrischen und magnetischen Kreises

	elektrischer Kreis	magnetischer Kreis
Spez. Leitfähigkeit	κ	μ
Widerstand	R	R_m
Spannung	U	V_m
Strom / Fluss	I	Φ
Ohmsches Gesetz	$U = R\,I$	$V_m = R_m\,\Phi$

Induktivität

Mit Hilfe des magnetischen Widerstandes R_m des Kernmaterials, auf dem eine Spule mit N-Windungen aufgebracht ist, können wir eine weitere, zu Gl. (3.35) und (3.37) alternative Definition der Spuleninduktivität aufstellen. Aus (3.35)

$$L = \frac{N\Phi}{I}$$

und mit (3.54),(3.55) und (3.56)

$$\Phi = \frac{\Theta}{R_m} = \frac{N I}{R_m}$$

ergibt sich für die Induktivität die allgemeine Formel

$$L = \frac{N^2}{R_m} \, . \tag{3.57}$$

Beispiel 3.11: Magnetischer Widerstand des gleichförmigen, homogenen Zylinders

Betrachtet wird ein gleichförmiger Zylinder mit beliebiger Querschnittsform und Länge l. Das Zylindermaterial sei homogen ($\mu_r = const.$). Damit ist die magnetische Feldstärke $\mathbf{H}$ bzw. $\mathbf{B}$ konstant über die Zylinderlänge l und über die Querschnittsfläche A.

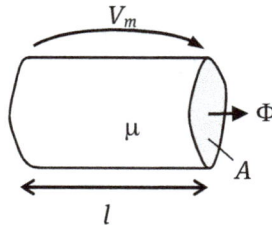

Für den magnetischen Widerstand erhalten wir mit (3.56)

$$R_m = \frac{V_m}{\Phi} = \frac{\int_l \mathbf{H} \cdot d\mathbf{s}}{\iint_A \mathbf{B} \cdot d\mathbf{A}} = \frac{H l}{\mu H A}$$

einen zum elektrischen Widerstand (2.9) analogen Ausdruck

$$R_m = \frac{l}{\mu A} \, , \tag{3.58}$$

bzw. den magnetischen Leitwert

$$\Lambda = \frac{1}{R_m} = \frac{\mu A}{l} \, .$$

Für die Induktivität einer auf dem Zylinder aufgewickelten Drahtspule mit N-Windungen ergibt sich durch Einsetzen von (3.58) in (3.57)

$$L = \frac{N^2 \mu A}{l},$$

in Übereinstimmung mit der Formel (3.40) für die Zylinderspule. Diese Übereinstimmung beruht auf der in beiden Rechnungen zugrunde gelegten Annahme $H \to 0$ außerhalb des Kerns. Im Sinne einer geschlossenen magnetischen Masche (Abb. 3.36) mit der Anregung $\theta = I \cdot N$ entspricht dies einer *Reihenschaltung* des Kernwiderstandes R_m und des Widerstandes des Außenraumes gemäß (3.56)

$$R_{m,L} = \frac{1}{\Phi} \int \mathbf{H} \cdot d\mathbf{s} \to 0.$$

indem sich der Fluss Φ schließt.

Beispiel 3.12: Induktivität einer Ringkernspule mit Luftspalt

Die in Beispiel 3.9 untersuchte Ringspule (Toroid) soll als magnetischer Kreis behandelt werden. Auf einem hochpermeablen Kern mit Innen- und Außenradius r_i und r_a ist eine Drahtspule mit N-Windungen aufgebracht.

Zusätzlich sei der Kern durch einen relativ kurzen Luftspalt der Länge d unterbrochen. Ein solcher Luftspalt wird in praktischen Bauelementen oftmals zum Zweck der Feinjustierung oder zur Vermeidung der Kernsättigung (Abb. 3.30) eingesetzt. Letzteres beruht darauf, dass in der Reihenschaltung aus magnetischem Kernwiderstand $R_{m,K}$ und Luftspaltwiderstand $R_{m,L}$ die magnetische Spannung V_m sich auf die beiden Abschnitte aufteilt. Mit $\mu_r \gg 1$ folgt aus (3.58) $R_{m,L} \gg R_{m,K}$, sodass der überwiegende Teil der Erregung Θ über dem Luftspalt besteht. Durch die Reduzierung der Feldstärke H im Kern erzielt man eine weitaus geringere Aussteuerung des Kernes in der $B(H)$-Kennlinie (Abb. 3.30).

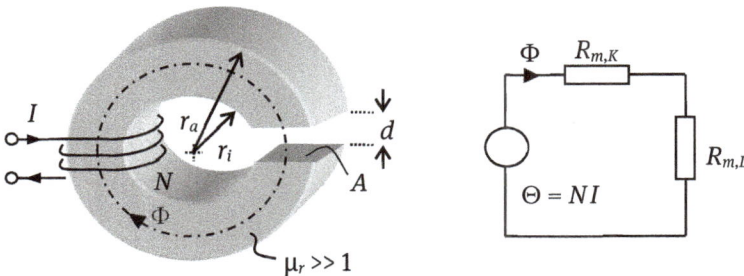

Mit dem mittleren Umfang des Kerns abzüglich des Luftspaltes d, d.h.

$$l_K \approx 2\pi\left(\frac{r_a + r_i}{2}\right) - d$$

resultiert aus der Formel (3.58) für den magnetischen Kernwiderstand

$$R_{m,K} = \frac{l_K}{\mu_r \mu_0 A}$$

und für den magnetischen Widerstand des Luftspaltes

$$R_{m,L} = \frac{d}{\mu_0 A}.$$

Aus der Reihenschaltung von $R_{m,K}$ und $R_{m,L}$ erhalten wir mit (3.57) für die Induktivität

$$L = \frac{N^2}{R_m} = \frac{N^2}{R_{m,K} + R_{m,L}},$$

bzw. durch Einsetzen der beiden obigen Ausdrücke für $R_{m,K}$ und $R_{m,L}$ schließlich die Lösung

$$L = \frac{N^2 \mu_0 \mu_r A}{l_K + d\mu_r}.$$

Wie man dem Lösungsausdruck entnehmen kann, bietet die Luftspaltlänge d die Möglichkeit, den genauen Wert von L in der praktischen Fertigung feinjustieren zu können.

Abschließend wollen wir untersuchen, inwieweit der vorliegende Ausdruck für L im Falle $d = 0$ der Lösung (3.41)

$$L = N^2 \frac{\mu h}{2\pi} \ln\left(\frac{r_a}{r_i}\right)$$

für die Ringspule ohne Luftspalt aus Beispiel 3.9 entspricht.

Mit der Kerndicke $\Delta r = r_a - r_i$ und der Näherung

$$\ln\left(\frac{r_a}{r_i}\right) = \ln\left(1 + \frac{\Delta r}{r_i}\right) \approx \frac{\Delta r}{r_i} \qquad \text{für } \Delta r \ll r_i$$

stimmen beide Ergebnisse für L somit erst bei relativ kleiner Kerndicke überein. Der Grund dafür ist die im magnetischen Kreis verwendete Näherung mit der mittleren Kernlänge l_k, d.h. die implizite Annahme eines homogenen magnetischen Feldes innerhalb des Ringkerns. Die genauere Lösung des inhomogenen Magnetfeldes (3.30), auf der (3.41) aufbaut, besitzt eine $1/r$-Abhängigkeit, dessen Mittelwert im Falle eines dünnen Kerns mit der mittleren Kernlänge l_k näherungsweise korrespondiert.

3.12 Anwendungen der magnetischen Kraftwirkung

Im Folgenden wenden wir uns dem Funktionsprinzip von zwei wichtigen technischen Anwendungen der Ampèreschen Kraft auf Ströme zu. Es gibt noch eine Vielzahl weiterer Anwendungen, die auf der magnetischen Kraftwirkung beruhen. Aufgrund der verwendeten hochpermeablen Kernmaterialien ist oft eine einfache Beschreibung mit Hilfe des magnetischen Kreises möglich.

3.12.1 Gleichstrommotor

Der prinzipielle Aufbau eines Gleichstrommotors besteht aus einer drehbar gelagerten Trommel (*Rotor*), auf der eine Spule aufgewickelt ist und einem *Stator*, der als Teil eines magnetischen Kreises mit der Flussdichte **B** beaufschlagt ist (Abb. 3.38). Diese kann über einen Permanentmagneten oder durch eine zweite Spulenwicklung erzeugt werden. Der Spulenstrom I im Rotor wird über Schleifkontakte (*Kommutator*) zugeführt, die nach jeder halben Umdrehung die Stromrichtung umkehren.

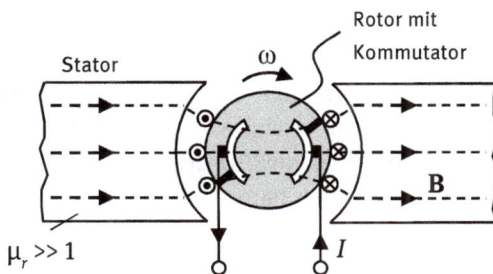

Abb. 3.38: Schematischer Aufbau eines Gleichstrommotors mit Stator und Rotor

Die Polflächen des hochpermeablen Stators sind so geformt, dass die gemäß 3.10.2 darauf senkrecht ein -und austretende Flussdichte radial auf die Spulen-wicklungen trifft (Abb. 3.38). Dadurch ist das Kreuzprodukt der Ampèreschen Kraft (3.9) jeweils auf beiden Seiten einer Windung mit der Länge h des Rotors

$$\mathbf{F} = \mp I h \mathbf{e}_z \times (\mp B \mathbf{e}_\rho) = I h B \mathbf{e}_\phi$$

maximal in Drehrichtung gerichtet.

Berücksichtigt man die vom Drehwinkel ϕ abhängige Anzahl der Windungen $N(\phi)$, die dem Feld **B** im Luftspalt ausgesetzt sind, beträgt das winkelabhängige Drehmoment (3.11) auf den Rotor

$$\mathbf{T}(\phi) = N(\phi)\, \mathbf{m} \times \mathbf{B} = N(\phi) I A\, (\mathbf{e}_n \times \mathbf{B}).$$

Das Dipolmoment **m** ist gemäß (3.10) das Produkt aus dem Spulenstrom I und der Fläche $A = hd$ der einzelnen Spulenwindung. Hierbei ist d der Durchmesser des Rotors.

Mit dem rotierenden Normalenvektor $\mathbf{e}_n$, der senkrecht auf A steht, resultiert mit $\mathbf{e}_n \perp \mathbf{B}$

$$T(\alpha) = N(\phi) I A B.$$

Das Drehmoment $T(\phi)$ schwankt somit durch die periodisch in den Luftspalt ein- und austretenden Spulenwindungen um den Mittelwert $\overline{T}$. Bei einer Winkelgeschwindigkeit ω beträgt die mechanische Leistung

$$P_{mech} = \omega \overline{T}.$$

Somit kann über den Rotorstrom I das Drehmoment $\overline{T}$ und demzufolge die mechanische Leistung P_{mech} des Gleichstrommotors gesteuert werden.

Gleichstrommotoren gibt es in einer Vielzahl von Bauformen und Größen für verschiedene Anwendungen. Beispielsweise lässt sich durch mehrere auf dem Rotor versetzt angeordnete Spulen ein gleichmäßigeres Drehmoment erzielen. Ferner kann die Stromumkehr statt mit einem mechanischen Kommutator elektronisch erfolgen (EC-Motor).

3.12.2 Elektrodynamischer Lautsprecher

Das Funktionsprinzip des elektrodynamischen Lautsprechers beruht auf der magnetischen Kraft auf eine stromdurchflossenen Spule, die in einem ringförmigen

Luftspalt eines topfförmigen magnetischen Kreises eingetaucht ist (Abb. 3.39). Die magnetische Flussdichte **B**, die radial über den Luftspalt durchtritt, wird durch einen starken Permanentmagneten ② erzeugt. Fließt durch die Tauchspule ① mit Windungszahl N und Durchmesser d ein dem Tonsignal entsprechender zeitveränderlicher Strom $I(t)$, so wirkt nach dem Ampèreschen Kraftgesetz (3.9) darauf die vertikale zeitveränderliche Kraft

$$\mathbf{F}(t) = N\pi d\,I(t)(\mathbf{e}_\phi \times B\mathbf{e}_r)\,,$$

d.h.

$$F_z(t) = N\pi d\,I(t)B\,.$$

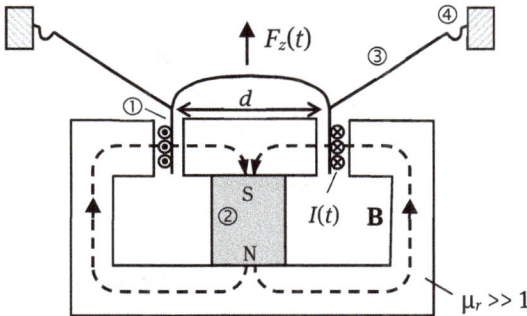

Abb. 3.39: Schnittbild (schematisch) eines elektrodynamischen Lautsprechers mit Tauchspule ①, Permanentmagnet ② und Membran ③ mit federnder Aufhängung ④

Die Tauchspule ist Teil einer trichterförmigen Membran ③, die entlang ihres Randes federnd aufgehängt ist (Abb. 3.39). Die Membranfederung ④ sei durch die Federkonstante k_M charakterisiert. Aus dem Gleichgewicht von magnetischer Kraft und gegengerichteter Federkraft $k_M\Delta z$ der Membran d.h.

$$F_z(t) = k_M\Delta z(t)\,,$$

resultiert ein zum Spulenstrom proportionaler Hub $\Delta z(t) \sim I(t)$ der Lautsprechermembran. Durch die vom zeitabhängigen Hub der Membran erzeugten Luftdruckschwankungen erfolgt die Umwandlung des elektrischen Tonsignals $I(t)$ in Schallwellen.

3.13 Übungsaufgaben

3.1 Ampèresches Kraftgesetz

Ein Drahtleiter und eine Sammelschiene mit der Breite b und der Dicke h verlaufen über die Länge l parallel zueinander im Abstand a ($h \ll a,b$). Durch den Drahtleiter fließt der Strom I_1 und die Sammelschiene trage den Strom I_2. Die Stromdichte in der Sammelschiene sei homogen über den Querschnitt verteilt. Der Durchmesser des Drahtleiters sei vernachlässigbar und kann als Linienstrom angesetzt werden. Die Permeabilität des Raumes ist μ.

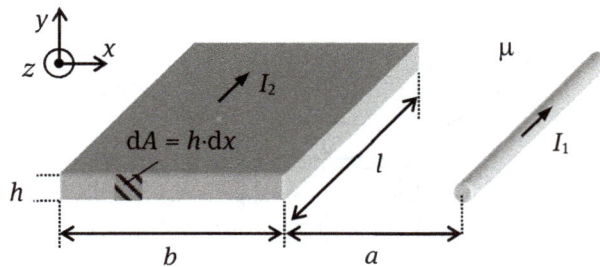

a) Berechnen Sie zunächst das Magnetfeld $\mathbf{B}_2$ an der Stelle $x = a + b$, welches vom Strom durch die Sammelschiene an der Position des Linienleiters erzeugt wird.
b) Bestimmen Sie aus dem Ergebnis von a) die Kraft $\mathbf{F}_1$ auf den Linienleiter (Betrag und Richtung).
c) Bestätigen Sie rechnerisch die Gültigkeit des Prinzips "*actio et reactio*" anhand der Kraft $\mathbf{F}_2$ auf die Sammelschiene durch das Feld $\mathbf{B}_1$ des Linienstroms I_1.

3.2 Kraft und Drehmoment auf Leiter im Magnetfeld

Gegeben sei ein Strom I_1 in einem Draht entlang der z-Achse, dessen Rückleiter ausreichend weit von der zu betrachtenden Anordnung entfernt sei, so dass er vernachlässigt werden kann. Der zweite Stromkreis (I_2) bestehe aus einer parallel dazu angeordneten Leiterschleife mit Leiterabstand b, dessen Mittelpunkt sich im Abstand d vom Koordinatenursprung befinde. Die Dicke der Drähte sei zu vernachlässigen und die Permeabilität des Raumes ist μ.

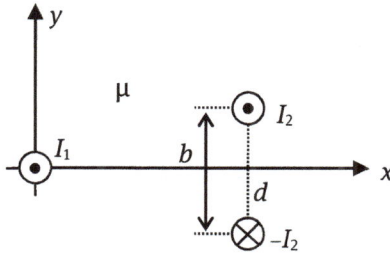

a) Zeigen Sie anhand einer Skizze, welche Kräfte auf die Leiterschleife wirken.
b) Berechnen Sie die insgesamt auf die Länge bezogene translatorische Kraft $\mathbf{F}'$ auf die Leiterschleife. Wie groß ist umgekehrt die Kraft auf den Einzelleiter (I_1)?
c) Berechnen Sie das resultierende längenbezogene Drehmoment T' (Betrag und Richtung) auf die Leiterschleife. Welche Näherung erhalten Sie für $b \ll d$?

3.3 Helmholtz- und Maxwell-Spule

Zwei kreisförmige Leiterschleifen mit Radius R sind mit ihren Mittelpunkten auf der z-Achse jeweils im Abstand R zum Koordinatenursprung parallel angeordnet. Berechnen Sie das magnetische Feld entlang der z-Achse für die beiden Fälle
a) $I_1 = I_2 = I$ (*Helmholtz-Spule*)
b) $I_1 = -I_2 = I$ (*Maxwell-Spule*).
Bestimmen Sie jeweils den Feldwert und die Ableitung nach z an der Stelle $z = 0$.

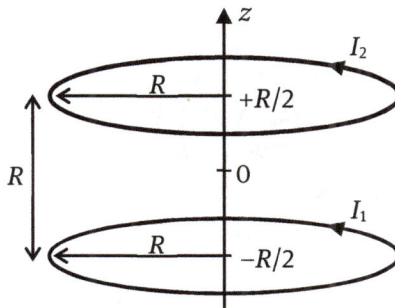

3.4 Feld einer quadratischen Leiterschleife

Gegeben ist eine quadratische Leiterschleife mit der Kantenlänge $2a$. Berechnen Sie mit Hilfe des Gesetzes von Biot-Savart die magnetische Feldstärke $\mathbf{H}$ im Mittelpunkt der Leiterschleife. *Tipp:* Berechnen Sie zunächst das Feld eines einzelnen Linienstroms der Länge $2a$ und bestimmen Sie die Gesamtlösung durch Überlagerung.

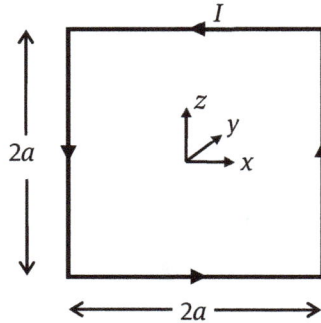

3.5 Koaxialkabel

Betrachtet werde ein Koaxialkabel mit den Radien a, b und c, in dem der Strom I im Innen- und Außenleiter gleichmäßig hin- und zurückfließt. Alle 4 Teilräume haben die einheitliche Permeabilität μ.

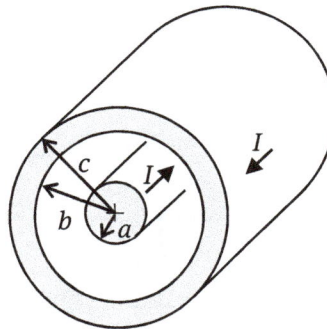

a) Berechnen Sie mit Hilfe des *Durchflutungsgesetzes* die magnetische Feldstärke **H** innerhalb der 4 Räume

$r \leq a$

$a \leq r \leq b$

$b \leq r \leq c$

$r \geq c$

und skizzieren Sie den gesamten Betragsverlauf.

b) Berechnen Sie für den Fall eines relativ dünnen Rückleiters ($b \approx c$) den Näherungswert für die gespeicherte magnetische Feldenergie/Länge W'_m in der gesamten Anordnung.

c) Bestimmen Sie aus b) die längenbezogene Induktivität L' der Anordnung. Welche Näherung erhalten Sie für $a \ll b$? Verifizieren Sie die Näherung über den magnetischen Fluss zwischen Hin- und Rückleiter.

3.6 Induktivität der Paralleldrahtleitung

Eine kreiszylindrische Paralleldrahtanordnung mit Leiterradius r_0 und Leiterabstand d befinde sich in Luft. Beide Leiter werden von einem gleich großen, gegensinnigen Strom I durchflossen.

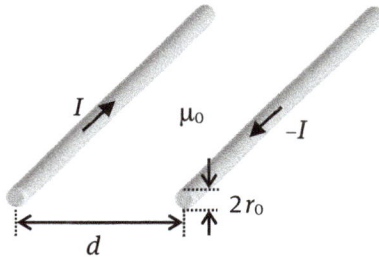

a) Bestimmen Sie unter Vernachlässigung des Feldes innerhalb der Leiter die längenbezogene Induktivität L' der Paralleldrahtleitung aus dem magnetischen Fluss zwischen den Leitern. Welche Näherung gilt für $d \gg r_0$?

b) Berechnen Sie die auf die Länge bezogene magnetische Energie W_m' innerhalb der Leiter unter Vernachlässigung des Magnetfeldes des jeweils anderen Leiterstroms. Die Stromdichte sei homogen über den Querschnitt der Leiter mit der Permeabilität μ verteilt.

c) Wie groß ist die sog. innere Induktivität L_i' (längenbezogen), die mit der Feldenergie W_m' innerhalb der Leiter verknüpft ist, im Vergleich zur äußeren Induktivität L'?

3.7 Magnetischer Kreis

Ein magnetischer Kreis trägt eine Spule mit N Windungen, die vom Strom I durchflossen wird. Der Kreis besteht aus zwei Bereichen mit verschiedenen Breiten d und x und der rel. Permeabilität $\mu_r \gg 1$. Die Streuung des Magnetfeldes sei vernachlässigbar und das Feld ist in beiden Bereichen als homogen anzusetzen.

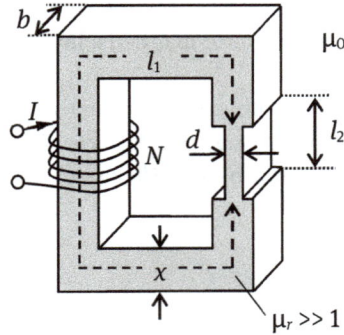

a) Zeichnen Sie das magnetische Ersatzschaltbild der Anordnung. Geben Sie die Formeln aller Ersatzschaltbildelemente in Abhängigkeit von den gegebenen Parametern an.

b) Berechnen Sie allgemein den Fluss Φ und die magnetische Flussdichte B in beiden Bereichen des Kreises.

c) Wie lautet die Lösung für die Induktivität $L(x)$ der Anordnung? Welche Näherung erhält man für $l_2 \ll l_1 \; (x \approx d)$?

3.8 Elektromagnet

Eine halbkreisförmige Ringkernspule mit Durchmesser D, ist an beiden Enden durch einen Luftspalt der Weite δ von einem rechteckigen Joch getrennt. Die Spule habe N Windungen und werde vom Strom I durchflossen. Beide Teile haben den gleichen Querschnitt A und bestehen aus einem hochpermeablen Material ($\mu_r \gg 1$). Zur Bestimmung der mittleren Weglängen in den beiden Teilen ist die Dicke des Materials gegenüber D zu vernachlässigen.

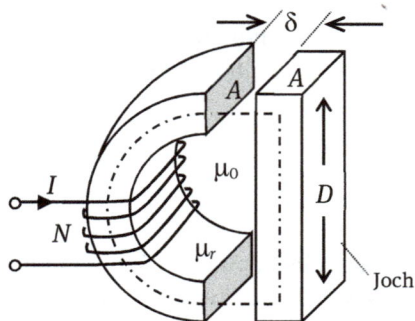

a) Stellen Sie das magnetische Ersatzschaltbild der Anordnung auf und geben Sie für jedes Ersatzschaltbildelement die entsprechende Berechnungsformel an. Hierbei sollen sämtliche Streueffekte wie auch Feldinhomogenitäten vernachlässigt werden.

b) Berechnen Sie die Induktivität L der Anordnung und die Näherungslösung für $\mu_r \to \infty$.

c) Berechnen Sie die Gesamtkraft, die auf das Joch einwirkt, ebenfalls als Näherung für $\mu_r \to \infty$. Wie wirkt die Kraft (anziehend oder abstoßend)?

4 Zeitveränderliche elektromagnetische Felder

Das elektrische Feld ruhender Ladungen treibt im leitfähigen Medium einen stationären Stromfluss an, der Ursache des statischen Magnetfeldes ist. Ändert sich dieser Zustand und damit auch das Magnetfeld mit der Zeit, so ruft das ein induziertes elektrisches Wirbelfeld hervor. Aber auch umgekehrt, induziert ein zeitveränderliches elektrisches Feld ein Magnetfeld, sodass elektrisches und magnetisches Feld im allgemeinen, zeitabhängigen Fall als *elektromagnetisches Feld* untrennbar miteinander verbunden sind. Mit der Erweiterung der elektro- und magnetostatischen Grundgesetze um diese beiden zeitabhängigen Vorgänge ist die Theorie der elektromagnetischen Felder in Form der vier Grundgleichungen (Maxwellgleichungen) vollständig. Aus ihnen gehen sämtliche elektromagnetische Phänomene hervor, insbesondere auch die Erzeugung und Ausbreitung von elektromagnetischen Wellen.

4.1 Elektromagnetische Induktion

Im Folgenden wird das elektromagnetische Induktionsgesetz schrittweise aufgestellt und verallgemeinert. Hierbei unterscheiden wir durch Wahl des Bezugssystems zwischen Bewegungs- und Ruheinduktion.

a) Bewegung eines Leiters im magnetischen Feld

Wir betrachten im ersten Schritt einen geraden, dünnen Metalldraht, der sich mit der Geschwindigkeit **v** der Einfachheit halber senkrecht durch ein statisches, homogenes Magnetfeld **B** bewegt (Abb. 4.1). Die im Leiter befindlichen beweglichen Ladungsträger Q erfahren hierbei jeweils die Lorentzkraft (3.12)

$$\mathbf{F} = Q\,\mathbf{v}\times\mathbf{B}\,. \tag{4.1}$$

Diese Lorentzkraft bewirkt insgesamt eine Ladungstrennung im Leiter. Es stellt sich ein Gleichgewicht ein, zwischen der Lorentzkraft (4.1) und der entgegengesetzt dazu wirkenden elektrischen Coulombkraft (Abschn. 1.2) zwischen den getrennten Ladungen.

https://doi.org/10.1515/9783110768176-004

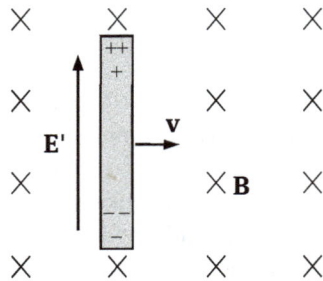

Abb. 4.1 Ladungstrennung
ein einem Leiter, der sich im
Magnetfeld bewegt

Wechseln wir nun den Standpunkt und stellen uns vor, dass wir uns mit der gleichen Geschwindigkeit **v** parallel zum Leiter durch das Magnetfeld mitbewegen. In diesem Bezugssystem ruht der Leiter. Eine gute Analogie hierfür ist ein vorbeifahrender Zug, indem wir unseren Standpunkt vom Bahndamm in den Zugwagen verlegen.

Im Bezugssystem des Leiters ruhen somit die Ladungen. Da alle gleichförmig bewegten Systeme (Inertialsysteme) physikalisch gleichwertig sind und es ein absolut ruhendes System nicht gibt, kommt für die Ladungstrennung im bewegten System des Leiters einzig ein elektrisches Feld gemäß der Definition (1.7) in Frage. Aus der Lorentzkraft (4.1) folgt deshalb direkt die elektrische Feldstärke

$$\mathbf{E'} = \mathbf{v} \times \mathbf{B} \, , \tag{4.2}$$

die als gestrichene Größe dem Bezugssystem des Leiters zugeordnet ist. Während es also im Bezugssystem (auch Laborsystem genannt), in dem der Leiter sich bewegt, nur ein Magnetfeld **B** gibt, existiert im Bezugssystem des Leiters zusätzlich auch ein elektrisches Feld **E'**. Dies ist eine fundamentale Eigenschaft elektrischer und magnetischer Felder. *Ihre Größe ist nicht absolut, sondern vom gewählten Bezugssystem abhängig.*

b) Bewegung einer Leiterschleife im magnetischen Feld

Denken wir uns in Abb. 4.1 einen zweiten Drahtleiter gleicher Länge l, der im Abstand d parallel zum Ersten angeordnet ist und zusammen mit zwei weiteren Drähten eine rechteckige Leiterschleife ergibt (Abb. 4.2). Einer dieser beiden Drähte sei aufgetrennt, sodass daran die entlang des Schleifenumfangs resultierende Spannung

$$U_i = \oint \mathbf{E'} \cdot d\mathbf{s} \tag{4.3}$$

gemessen werden kann. Wir wollen nun den Induktionsvorgang nacheinander in einem homogenen und in einem inhomogenen Magnetfeld näher untersuchen:

1) Homogenes Feld:

Entlang des linken und rechten Leiters 1 und 2 (Abb. 4.2) resultiert aus (4.2) jeweils die gleich große und gleichgerichtete elektrische Feldstärke

$$E_1' = E_2' = vB \,.$$

Entlang der anderen beiden Drahtleiter ist die induzierte elektrische Feldstärke quer zum Integrationsweg gerichtet, sodass diese nicht zur Induktionsspannung (4.3) beiträgt. An den Anschlüssen der Leiterschleife resultiert über den Schleifenumfang somit keine induzierte Spannung (4.3):

$$U_i = \oint \mathbf{E}' \cdot d\mathbf{s} = 0 \,.$$

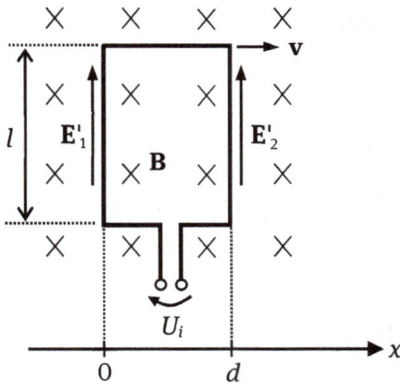

Abb. 4.2 Induzierte Spannung in einer Leiterschleife, die sich im Magnetfeld bewegt

2) Inhomogenes Feld, z.B. $B = f(x)$:

Aufgrund der Ortsabhängigkeit des Magnetfeldes in Bewegungsrichtung ist die Feldstärke $\mathbf{E}'$ entlang der Schleifenabschnitte 1 und 2 nicht mehr gleich. Für einen beliebigen Zeitpunkt, in dem sich Leiter 1 z.B. bei $x = 0$ und Leiter 2 bei $x = d$ befindet, betragen sie gemäß (4.2)

$$E_1' = vB(x = 0)$$
$$E_2' = vB(x = d) \,,$$

sodass in diesem Fall die Induktionsspannung (4.3)

$$U_i = \oint \mathbf{E}' \cdot d\mathbf{s} = vl\big[B(x = 0) - B(x = d) \big] = -vl\Delta B$$

resultiert. Die Induktionsspannung U_i hängt somit von der Geschwindigkeit v und von den Abmessungen der Leiterschleife l und d ab. Letztere bestimmt die orts- bzw. zeitabhängige Differenz des Magnetfeldes ΔB zwischen Leiter 2 und 1. Ein solcher Induktionsvorgang wird als *Bewegungsinduktion* bezeichnet.

Wir zerlegen nun gedanklich die Fläche A der Leiterschleife in Streifen der Breite Δx mit der Fläche $\Delta A = l\,\Delta x$ über die jeweils die Differenz des Magnetfeldes ΔB_i besteht und formen wie folgt um:

$$U_i = -vl\Delta B = -vl\sum_i \Delta B_i \approx -vl\sum_i \frac{dB_i}{dx}\Delta x_i = -v\sum_i \frac{dB_i}{dx}\Delta A_i \;.$$

Mit

$$v\frac{dB_i}{dx} = \frac{dx}{dt}\frac{dB_i}{dx} = \frac{dB_i}{dt}$$

erhalten wir für die Induktionsspannung im Grenzfall unendlich feiner Unterteilung, d.h. $\Delta x \to 0$ bzw. $\Delta A \to 0$

$$U_i = -\frac{d}{dt}\sum_{i\to\infty} B_i\Delta A_i \;.$$

Die Summe interpretieren wir gemäß (3.33) als den magnetischen Fluss Φ durch die Fläche A der Leiterschleife, sodass wir alternativ als Ergebnis für die Induktionsspannung erhalten:

$$U_i = -\frac{d}{dt}\iint_A \mathbf{B}\cdot d\mathbf{A} = -\frac{d\Phi}{dt}\;.$$

In diesem Ergebnis tritt die Geschwindigkeit v nicht auf. Es zählt einzig die zeitliche Änderung des magnetischen Feldes bzw. des Flusses.

c) Ruhende Leiterschleife im zeitabhängigen Feld

Der zeitabhängige Fluss $\Phi(t)$ aus Fall b2) kann vom Bezugssystem der Leiterschleife aus betrachtet, ebenso durch ein entsprechendes Feldprofil $B(x,t)$ erzeugt sein, das z.B. durch zeitliche Änderung des felderzeugenden Stromes sich in gleicher Weise in seiner Stärke ändert. Wir bezeichnen diesen Vorgang, bei dem die Schleife ruht, als *Ruheinduktion*. Dadurch, dass das Laborsystem und das Bezugssystem der Leiterschleife physikalisch gleichwertig sind, ist es unbedeutend, wie die magnetische Flussänderung hervorgerufen wird. Die physikalische Folge, d.h. die Induktionsspannung U_i muss identisch sein.

Im Ruhesystem der Schleife induziert also ganz allgemein ein zeitveränderlicher magnetischer Fluss $\Phi(t)$ ein elektrisches Feld $\mathbf{E'} \to \mathbf{E}$ bzw. die Induktionsspannung

$$U_i = \oint \mathbf{E} \cdot d\mathbf{s} = -\iint_A \mathbf{B} \cdot d\mathbf{A} = -\frac{d\Phi}{dt}$$

4.1.1 Das Faradaysche Induktionsgesetz

Die beiden vorangehenden Fälle b) und c) lassen sich verallgemeinern, indem die in einer Leiterschleife, oder ganz allgemein in einem Stromkreis induzierte Spannung U_i, einzig von der zeitlichen Änderung des magnetischen Flusses $\Phi(t)$ durch die Fläche bestimmt ist:

$$U_i = -\frac{d\Phi}{dt} \tag{4.4}$$

In einem Stromkreis wird eine Spannung induziert, die der zeitlichen Änderungsgeschwindigkeit des magnetischen Flusses durch die vom Stromkreis begrenzte Fläche proportional ist.

Der berühmte englische Naturforscher *Michael Faraday* folgerte im Jahr 1831 dieses allgemeine Induktionsgesetz aus den Ergebnissen seiner zahlreichen Experimente. Hierbei kann die Flussänderung $d\Phi/dt$ nicht nur durch Bewegung im Magnetfeld (Bewegungsinduktion) oder durch ein zeitabhängiges Magnetfeld (Ruheinduktion), sondern auch durch eine Änderung der Schleifenfläche $A(t)$ in einem statischen Magnetfeld verursacht werden. Das Faradaysche Induktionsgesetz gilt sogar ganz allgemein für jede beliebige Kombination aller drei Möglichkeiten.

Ausgedrückt durch die Feldgrößen im Ruhesystem des Stromkreises lautet das Faradaysche Induktionsgesetz (4.4):

$$\oint_{\partial A} \mathbf{E} \cdot d\mathbf{s} = -\frac{d}{dt} \iint_A \mathbf{B} \cdot d\mathbf{A} \tag{4.5}$$

Abb. 4.3 zeigt die Richtungskonventionen für die beteiligten Größen in (4.3) bzw. (4.4). Hierbei sind $\mathbf{E}$ und $\mathbf{B}$ im Rechtsschraubensinn miteinander verknüpft. Die Richtung der Induktionsspannung U_i entspricht dem Generator-Zählpfeilsystem. Anschaulich ergibt sich die Richtung von U_i durch die Polarität der getrennten Ladungen an den beiden Anschlüssen der Leiterschleife, die von der Richtung von $\mathbf{E}$ vorgegeben ist.

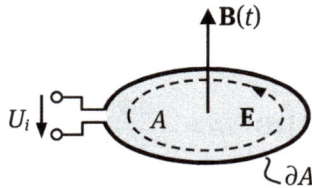

Abb. 4.3
Richtungskonvention aller
Größen des Faradayschen
Induktionsgesetzes

Das bei der Ruheinduktion induzierte elektrische Feld **E** in Abb. 4.3 existiert unabhängig von der Anwesenheit der Leiterschleife überall im Raum. Die Leiterschleife, die sich darin befindet, vollführt sozusagen die Integration des elektrischen Feldes entlang ihres Umfangs und liefert an ihren Anschlüssen die resultierende Induktionsspannung U_i.

Es handelt sich somit um ein induziertes elektrisches *Wirbelfeld*, das nicht durch elektrische Ladungen erzeugt wird. Die Feldlinien sind wie beim magnetischen Feld stets in sich geschlossen, d.h. sie entspringen oder münden nicht aus bzw. in elektrischen Ladungen.

> **!** Ein zeitlich veränderliches Magnetfeld induziert ein elektrisches Wirbelfeld **E**, das keine Quellen und Senken hat.

Die Induktionsspannung U_i lässt sich durch Reihenschaltung mehrerer Leiterschleifen, z.B. in Form einer Drahtspule mit N-Windungen (Abb. 4.4), vervielfachen, d.h.

$$U_i = -\frac{d(N\Phi)}{dt} = -\frac{d\psi}{dt}.$$

Hierbei wird oft der sog. verkettete Fluss $\psi = N\Phi$ verwendet.

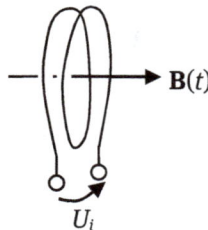

Abb. 4.4 Vervielfachung der
Induktionsspannung durch
eine Spule, am Beispiel von
$N = 2$ Windungen

Beispiel 4.1: Leiterschleife im zeitabhängigen Magnetfeld

Eine Leiterschleife mit der Fläche A werde senkrecht von einer homogenen magnetischen Flussdichte $\mathbf{B}(t)$ durchsetzt. Der zeitabhängige Betrag folgt einem symmetrischen, dreiecksförmigen Verlauf mit der Dauer T, d.h.:

$$B(t) = 2\,\hat{B}\cdot\begin{cases} t/T & ;\ 0 \leq t \leq T/2 \\ (1-t/T) & ;\ T/2 \leq t \leq T. \end{cases}$$

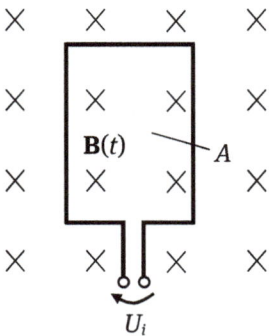

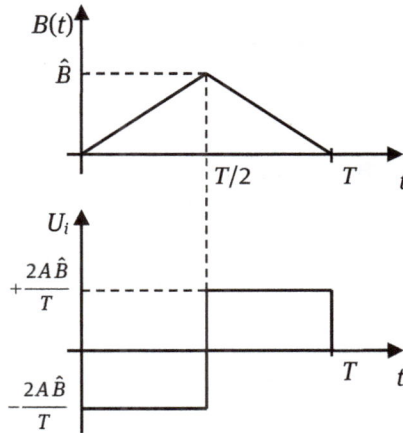

Die induzierte Spannung berechnet sich aus (4.4)

$$U_i(t) = -\frac{\mathrm{d}\Phi}{\mathrm{d}t} = -\frac{\mathrm{d}}{\mathrm{d}t}\iint_A \mathbf{B}\cdot\mathrm{d}\mathbf{A} = -A\frac{\mathrm{d}B(t)}{\mathrm{d}t}$$

und hat als Ergebnis einen symmetrischen, rechteckförmigen Zeitverlauf

$$U_i(t) = \frac{2A\hat{B}}{T}\begin{cases} -1 & ;\ 0 \leq t \leq T/2 \\ +1 & ;\ T/2 \leq t \leq T \end{cases}$$

mit der Amplitude $\hat{U}_i = 2A\,\hat{B}/T$. Die Induktionsspannung ist somit proportional zur Änderungsgeschwindigkeit ($\sim 1/T$) des B-Feldes.

Beispiel 4.2: Rotierende Leiterschleife im Magnetfeld

Eine Leiterschleife rotiere mit der Winkelgeschwindigkeit ω innerhalb eines homogenen, statischen Magnetfeldes **B** um seine Symmetrieachse. Zum Zeitpunkt $t = 0$ sei **B** senkrecht auf der Schleifenfläche A orientiert. Eine solche Anordnung stellt das Funktionsprinzip eines Wechselspannungsgenerators dar.

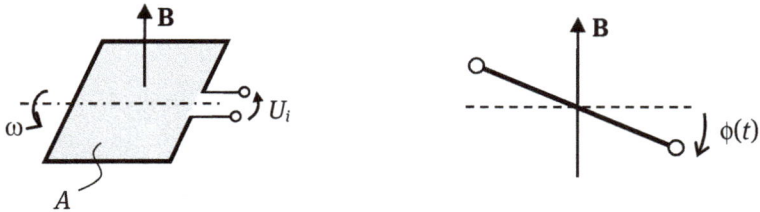

Bei der Berechnung nach (4.4) über den zeitabhängigen magnetischen Fluss durch die Schleifenfläche A, d.h.

$$U_i(t) = -\frac{d\Phi}{dt} = -\frac{d}{dt}\iint_A \mathbf{B} \cdot d\mathbf{A}$$

ist das zeitveränderliche Skalarprodukt auf der Schleifenfläche

$$\mathbf{B} \cdot d\mathbf{A} = B\,dA\cos\phi(t)$$

mit dem zeitabhängigen Drehwinkel $\phi(t) = \omega t$ einzusetzen. Es hat zu jedem Zeitpunkt in jedem Ort auf der Schleifenfläche den gleichen Wert, sodass wir für die Integration des Flusses den Ausdruck

$$\Phi(t) = BA\cos\big(\phi(t)\big) = BA\cos(\omega t)$$

erhalten. Die Zeitableitung liefert schließlich als Ergebnis für die Induktionsspannung

$$U_i(t) = -\frac{d\Phi}{dt} = BA\omega\sin(\omega t). \tag{4.6}$$

Es wird also eine Wechselspannung mit der Kreisfrequenz ω und der Amplitude $\hat{U}_i = BA\omega$ erzeugt, die proportional zur Drehgeschwindigkeit ist.

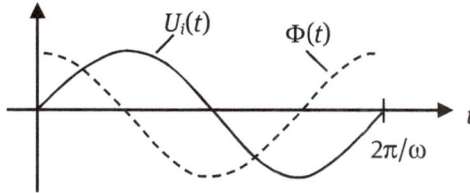

Da es sich in diesem Beispiel um eine Bewegungsinduktion handelt, lässt sich die Induktionsspannung alternativ durch Integration der induzierten elektrischen Feldstärke (4.2)

$$\mathbf{E'} = \mathbf{v} \times \mathbf{B}$$

im Bezugssystem der Leiterschleife entlang ihres Umfangs berechnen (4.3):

$$U_i = \oint \mathbf{E'} \cdot d\mathbf{s} \, .$$

Wir wollen eine rechteckige Schleife betrachten, bei der die Drehachse parallel zu den beiden Schenkeln mit der Länge l symmetrisch im Abstand $d/2$ angeordnet ist. Bei dieser Anordnung zum **B**-Feld liefern wie in Abb. 4.2 nur diese beiden Schenkel, auf die **E'** parallel gerichtet ist, einen Beitrag zur Integration der Induktionsspannung. Mit der Geschwindigkeit $v = \pm\omega\, d/2$ auf der von den Schenkeln beschriebenen Kreisbahn erhalten wir jeweils

$$E' = \pm\omega\frac{d}{2} B \sin(\omega t) \, .$$

Die Integration über die beiden Leiterlängen l ergibt schließlich mit $A = l\, d$ das identische Ergebnis (4.6) für die Induktionsspannung $U_i(t)$.

4.1.2 Ausnahmen von der Flussregel

Es gibt einige wenige Fälle von Bewegungsinduktion, bei denen die Berechnung über das Faradaysche Induktionsgesetz (4.4) nicht möglich ist. Der Grund dafür ist, dass eine vom Stromkreis umschlossene Fläche, die vom magnetischen Fluss Φ durchsetzt wird, ganz oder z.T. nicht eindeutig definiert ist. In solchen Fällen muss zur Berechnung der Induktionsspannung auf die Integration (4.3) der induzierten elektrischen Feldstärke **E'** (4.2) im bewegten Bezugssystem zurückgegriffen werden d.h.

$$U_i = \oint (\mathbf{v} \times \mathbf{B}) \cdot d\mathbf{s} \, . \tag{4.7}$$

Ein Beispiel für einen solchen Fall ist das *Barlowsche Rad*, das das Funktionsprinzip eines Gleichspannungsgenerators darstellt. Es besteht aus einer Metallscheibe mit Radius *R*, die auf einer ebenfalls leitfähigen Achse drehbar gelagert ist und senkrecht von der magnetischen Flussdichte **B** durchsetzt wird (Abb. 4.5).

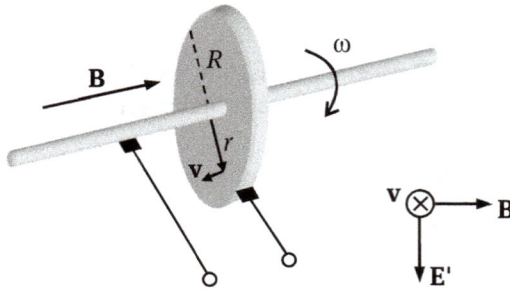

Abb. 4.5 Barlowsches Rad

Durch Drehung der Scheibe mit der Winkelgeschwindigkeit ω im konstanten Magnetfeld **B** entsteht in jedem Punkt auf der Scheibe im Abstand *r* vom Mittelpunkt die radial gerichtete elektrische Feldstärke

$$\mathbf{E}' = \mathbf{v} \times \mathbf{B} = \omega\, r\, B\, \mathbf{e}_r\,.$$

Die Integration entlang der radialen Koordinate

$$U_i = \int_0^R (\mathbf{v} \times \mathbf{B}) \cdot \mathrm{d}\mathbf{r} = \omega B \int_0^R r\, \mathrm{d}r$$

liefert als Ergebnis die induzierte Gleichspannung

$$U_i = \frac{1}{2}\omega B R^2\,.$$

Die induzierte Gleichspannung U_i besteht zwischen dem Mittelpunkt und dem Umfang der Scheibe und kann durch zwei entsprechende Schleifkontakte abgegriffen werden (Abb. 4.5). Sie ist proportional zur Winkelgeschwindigkeit ω.

Wie man in diesem Beispiel erkennen kann, ist der magnetische Fluss Φ überall im Stromkreis zeitlich konstant. Innerhalb der von den Anschlussdrähten eingeschlossenen Fläche ist er sogar Null. Überall gilt $\mathrm{d}\Phi/\mathrm{d}t = 0$, sodass in diesem Fall eine Berechnung der Induktionsspannung U_i über das Faradaysche Induktionsgesetz (4.4) nicht möglich ist.

4.1.3 Die Lenzsche Regel – Energieerhaltung

Bisher haben wir die Erzeugung der Induktionsspannung (4.4)

$$U_i = -\frac{\mathrm{d}\Phi}{\mathrm{d}t}$$

bei offenen Anschlussklemmen untersucht. Durch Schließen des Stromkreises (Abb. 4.6) treibt die Induktionsspannung U_i abhängig vom gesamten Widerstand im Stromkreis einen Strom I. Daraus resultiert eine *elektrische Leistung*, die gemäß *Energieerhaltungssatz* in irgendeiner Form von außen aufgewendet werden muss. Genau dies gewährleistet das Vorzeichen von U_i, in dem es die physikalisch zulässige Richtung des Stromes I vorgibt.

Dazu schauen wir uns die Bewegungsinduktion in der rechteckigen Leiterschleife aus Abb. 4.2 (Fall b2) bei geschlossenem Stromkreis an.

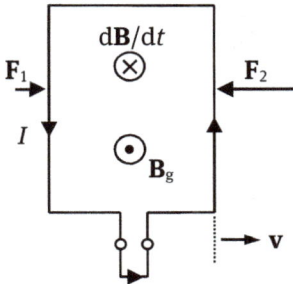

Abb. 4.6 Kräfte auf eine im Magnetfeld bewegte Leiterschleife durch den Induktionsstrom I

Wie in Abb. 4.6 dargestellt, erzeugt die in Bewegungsrichtung zunehmende magnetische Flussdichte $\mathbf{B}(x)$ gemäß dem negativen Vorzeichen von U_i einen Induktionsstrom I entgegen dem Uhrzeigersinn. Dieser Strom erfährt laut Ampèreschem Kraftgesetz (3.9)

$$\mathbf{F}_{1,2} = \pm\, I l\, \mathbf{e}_I \times \mathbf{B}$$

jeweils eine Kraft $\mathbf{F}_1$ und $\mathbf{F}_2$ über die Länge l des linken und rechten Schenkels der Leiterschleife. Während $\mathbf{F}_1$ in Bewegungsrichtung zeigt, wirkt $\mathbf{F}_2$ entgegengesetzt dazu. Dadurch, dass $|\mathbf{B}(x)|$ in Bewegungsrichtung zunimmt, ist $|\mathbf{F}_2| > |\mathbf{F}_1|$, sodass insgesamt auf die Leiterschleife die Kraft

$$\mathbf{F} = \mathbf{F}_1 + \mathbf{F}_2$$

entgegengesetzt zur Bewegungsrichtung wirkt.

Wir sehen an dieser Stelle die fundamentale Bedeutung des Minuszeichens im Induktionsgesetz (4.4). Bei umgekehrtem Vorzeichen würde die entgegengesetzte Richtung des Induktionsstromes I zu einer Amperèschen Kraft **F** in Bewegungsrichtung führen, was eine fortwährende Beschleunigung der Leiterschleife zur Folge hätte. Einmal angestoßen, würde die Geschwindigkeit der Leiterschleife immer weiter zunehmen. Durch den Zugewinn an kinetischer Energie käme das einem *Perpetuum mobile* gleich und ist somit physikalisch unzulässig.

Dies ist der Inhalt der *Lenzschen Regel*, die allgemein besagt, dass bei einem Induktionsvorgang die Folge, d.h. die vom induzierte Strom verursachte Kraft, stets so gerichtet ist, dass sie der Ursache, in diesem Fall der Bewegung, entgegenwirkt.

> In einem stabilen System muss die Rückwirkung stets der Ursache entgegengesetzt sein.

Um bei unserem Beispiel mit der Leiterschleife (Abb. 4.6) den Bewegungsvorgang mit der Geschwindigkeit **v** aufrechtzuerhalten, ist somit eine äußere mechanische Kraft $-$**F** entgegengesetzt zur magnetischen Bremskraft erforderlich. Die dabei geleistete mechanische Leistung P_{mech} ergibt sich allgemein mit der resultierenden Amperèschen Kraft (3.9) über den Schleifenumfang zu

$$P_{mech} = - \mathbf{F} \cdot \mathbf{v} = - I \oint (\mathrm{d}\mathbf{s} \times \mathbf{B}) \cdot \mathbf{v} \,.$$

Durch zyklisches Vertauschen erhalten wir für das gemischte Vektorprodukt mit der induzierten elektrischen Feldstärke **E**' (4.2)

$$(\mathrm{d}\mathbf{s} \times \mathbf{B}) \cdot \mathbf{v} = -(\mathbf{v} \times \mathbf{B}) \cdot \mathrm{d}\mathbf{s} = - \mathbf{E}' \cdot \mathrm{d}\mathbf{s} \,.$$

Mit der Definition (4.3) für die Induktionsspannung U_i ergibt sich schließlich

$$P_{mech} = I \oint \mathbf{E}' \cdot \mathrm{d}\mathbf{s} = I \, U_i \,,$$

d.h. die erforderliche Leistungsbilanz aus aufgewendeter mechanischer Leistung und geleisteter elektrischer Leistung

$$P_{mech} = P_{el} \,.$$

Somit sichert die Lenzsche Regel die Einhaltung des *Energieerhaltungssatzes*.

Die Lenzsche Regel bezieht sich auch auf das durch den Induktionsstrom hervorgerufene Magnetfeld. Wie man sich in Abb. 4.6 leicht durch die Anwendung der Rechtsschraubenregel überzeugen kann, ist das *sekundäre* Magnetfeld $\mathbf{B}_g$ des Induktionsstromes I der Zunahme $\mathrm{d}\mathbf{B}/\mathrm{d}t$ des primären Magnetfeldes entgegengerichtet. Im gegenteiligen Fall würde es zu einer Selbstverstärkung des Magnetfeldes und damit der Induktionsspannung kommen, was aus Gründen der Energieerhaltung unzulässig ist. Dies soll an einem weiteren einfachen Beispiel verdeutlicht werden, das auch in unterschiedlichen Varianten experimentell sehr leicht durchzuführen ist.

Wir denken uns, wie in Abb. 4.7 skizziert, einen Permanentmagneten, der sich mit der konstanten Geschwindigkeit **v** in Richtung eines Metallringes senkrecht zu seiner Fläche bewegt. Hierbei tritt ein Teil der magnetischen Feldlinien, die vom Nordpol (N) des Permanentmagneten ausgehen und sich im Südpol (S) schließen, durch den Metallring (Vgl. Abb. 3.32). Mit fortschreitender Annäherung des Magneten nimmt der magnetische Fluss Φ durch den Metallring zu, sodass nach Gl. (4.4) mit $d\Phi/dt > 0$ ein Strom I in der in Abb. 4.7 dargestellten Richtung im Metallring induziert wird.

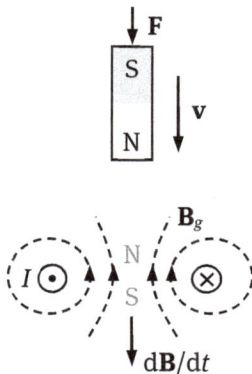

Abb. 4.7 Induktion bei Annäherung eines Permanentmagneten an einen Metallring

Gemäß Rechtsschraubenregel ist das vom Induktionsstrom I hervorgerufene Magnetfeld $\mathbf{B}_g$ dem Primärfeld des Permanentmagneten entgegengerichtet. D.h., dass der resultierende Nordpol dem des Permanentmagneten gegenübersteht. Somit muss die gegenseitige Abstoßung zur Aufrechterhaltung der Geschwindigkeit **v** durch eine entsprechende Kraft **F** auf den Permanentmagneten kompensiert werden. Dabei wird zu jedem Zeitpunkt die Leistungsbilanz aus der mechanischen Leistung $P_{mech} = \mathbf{F} \cdot \mathbf{v}$ und der elektrischen Leistung $P_{el} = U_i \cdot I$ im Metallring erfüllt.

Dies ist auch bei Umkehrung des Bewegungsvorgangs erfüllt. Durch die zeitliche Abnahme des magnetischen Flusses $d\Phi/dt < 0$ kehrt sich auch die Richtung des Induktionsstromes und damit auch die des Sekundärfeldes $\mathbf{B}_g$ um. Die nun wirkende Anziehungskraft muss durch eine entsprechende Zugkraft überwunden werden. Auch in diesem Fall, bei dem die Wirkung (anziehende Kraft) der Ursache (Permanentmagnet entfernt sich) entgegenwirkt, trifft die Lenzsche Regel uneingeschränkt zu.

Wir haben auch in diesem Beispiel eine Umwandlung von mechanischer Energie in elektrische Energie. Diese wird aufgrund der endlichen Leitfähigkeit des Metallringes gemäß der Jouleschen Verlustleistung (2.14) wiederum in thermische Energie überführt, d.h. der Metallring erwärmt sich.

Beispiel 4.3: Energieerzeugung mit Wechselspannungsgenerator

Wir wollen die elektrische Leistung berechnen, die die rotierende Leiterschleife aus Beispiel 4.2 an einem angeschlossenen Verbraucher mit dem Widerstand R erzeugt. Mit der Induktionsspannung

$$U_i(t) = BA\omega\sin(\omega t)$$

beträgt der zeitabhängige Strom durch die Leiterschleife

$$I(t) = \frac{U_i(t)}{R}.$$

Hierbei wird der Einfluss der Induktivität der Leiterschleife als vernachlässigbar angenommen (siehe Ende Abschn. 4.2).

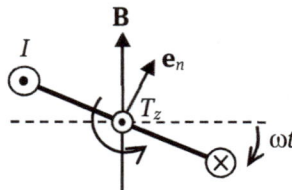

Der Strom in der Leiterschleife besitzt das magnetische Dipolmoment (3.10)

$$\mathbf{m} = I A \mathbf{e}_n = \frac{U_i(t)}{R} A \mathbf{e}_n.$$

Damit resultiert im Magnetfeld $\mathbf{B}$ das zur Drehung entgegengesetzte Drehmoment (3.11)

$$\mathbf{T} = \mathbf{m} \times \mathbf{B},$$

bzw.

$$\mathbf{T}(t) = \frac{U_i(t)}{R} A (\mathbf{e}_n \times \mathbf{B}) = \frac{U_i(t)}{R} A B \sin(\omega t)\mathbf{e}_z.$$

Für die Drehbewegung mit der Winkelgeschwindigkeit ω beträgt somit die mechanische Leistung:

$$P_{mech}(t) = T_z(t) \cdot \omega = \underbrace{\frac{U_i(t)}{R} A B \omega \sin(\omega t)}_{U_i(t)},$$

bzw.

$$P_{mech}(t) = \frac{U_i^2(t)}{R} = P_{el}(t).$$

Somit wird in Übereinstimmung mit der Energieerhaltung die mechanische Leistung P_{mech} in die elektrische Leistung P_{el} im Verbraucher R umgewandelt.

4.1.4 Die Wirbelstrombremse

Eine weitere Anwendung, die auf der Bewegungsinduktion beruht, ist das elektromagnetische Prinzip der Wirbelstrom- oder auch Induktionsbremse. Hierbei ist eine drehbar gelagerte Metallscheibe zwischen den magnetischen Polen eines Luftspaltes montiert (Abb. 4.8a). Das Magnetfeld kann dabei in einem magnetischen Kreis (Abschn. 3.11) elektrisch steuerbar durch eine Spule oder auch durch einen Permanentmagneten erzeugt sein.

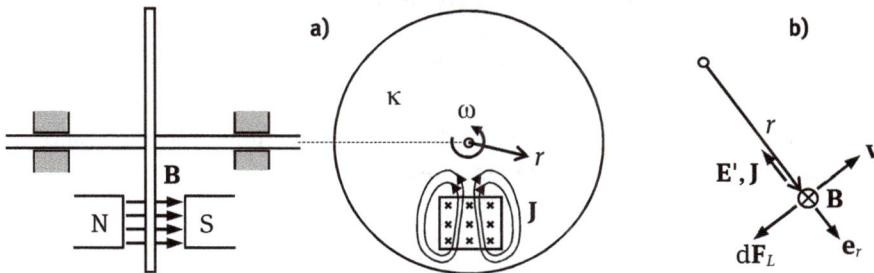

Abb. 4.8 Wirbelstrombremse (schematisch), (a) Seiten- und Frontansicht, (b) Vektoren in einem Punkt in der Drehscheibe im Abstand r vom Mittelpunkt

Durch die Rotation der leitfähigen Scheibe mit der Winkelgeschwindigkeit ω wird im Bereich der Scheibe zwischen den Polflächen ein elektrisches Feld $\mathbf{E}'$ induziert. In einem Punkt im Radialabstand r vom Scheibenmittelpunkt mit der Bahngeschwindigkeit $\mathbf{v} = \omega\, r\, \mathbf{e}_\phi$ (Abb. 4.8b) beträgt die elektrische Feldstärke (4.2)

$$\mathbf{E}' = \mathbf{v} \times \mathbf{B} = -\omega r B \mathbf{e}_r .$$

Mit der spezifischen Leitfähigkeit κ des Scheibenmaterials ergibt sich im Bereich des Luftspaltes innerhalb der Scheibe die ebenfalls radial gerichtete Stromdichte (2.6)

$$\mathbf{J} = \kappa \mathbf{E}' = -\kappa \omega r B \mathbf{e}_r .$$

Wie in Abb. 4.8b skizziert, schließen sich die Stromlinien außerhalb des Bereichs der Polflächen. Die so induzierten geschlossenen Feldlinien der Stromdichte bezeichnet man als Wirbelströme.

Innerhalb des vom Magnetfeld $\mathbf{B} = B_z\,\mathbf{e}_z$ durchsetzten Bereiches der Metallscheibe erfährt jedes von der Stromdichte durchflossene Volumenelement dV der Scheibe die ortsabhängige Ampèresche Kraft

$$d\mathbf{F} = dV\,\mathbf{J} \times \mathbf{B} = -\kappa \omega r B^2 \mathbf{e}_\phi\, dV .$$

Hierbei handelt es sich um die Erweiterung der Ampèreschen Kraft (3.9) auf Volumenströme.

Im Abstand r vom Scheibenmittelpunkt resultiert aus der differentiellen Kraft auf das Volumenelement dV das differentielle *Bremsdrehmoment*

$$dT_{br} = \left| \mathbf{r} \times d\mathbf{F}_L \right| = \kappa \omega r^2 B^2 dV .$$

Daraus folgt wiederum die differentielle *Bremsleistung*

$$dP_{br} = \omega\, dT_{br} = \kappa\, \omega^2 B^2\, r^2 dV = \kappa\, E'^2\, dV .$$

Die Integration über das magnetisch durchflutete Volumen V innerhalb des Luftspaltes ergibt schließlich für die gesamte Bremsleistung

$$P_{br} = \omega \iiint_V dT_{br} = \iiint_V \kappa\, E'^2\, dV = P_V ,$$

die elektrische Verlustleistung P_V in der Drehscheibe. Damit wird die kinetische Rotationsenergie in Wärme umgesetzt, d.h. so wie bei einer Reibungsbremse, erhitzt sich die Scheibe während des Abbremsens, allerdings völlig verschleißfrei.

In dieser Rechnung wurde die zusätzliche Verlustleistung durch die Stromdichte im Bereich außerhalb des Luftspaltes vernachlässigt. In der Leistungsbilanz trägt sie durchaus zur Bremsleistung bei, obwohl auf diese Stromlinien außerhalb des Magnetfeldes keine Kraft wirksam ist.

Das Bremsdrehmoment bzw. die Bremsleistung ist direkt proportional zur spezifischen Leitfähigkeit κ des Scheibenmaterials. Das bedeutet, dass beispielsweise eine Kupferscheibe stärker abgebremst wird als eine Stahlscheibe.

Die möglichen Ausführungen des Prinzips der Wirbelstrombremse sind sehr vielfältig, z.B. als Fahrzeugbremse, Stoßdämpfer, Schwingungsdämpfung, etc. Dabei ist das Prinzip nicht nur auf Rotationsbewegung beschränkt, sondern auch durch Translationsbewegung realisierbar, beispielsweise durch eine Metallplatte, die sich durch ein Magnetfeld bewegt.

4.2 Die Selbstinduktion des elektrischen Kreises

Im vorangehenden Abschnitt haben wir den Induktionsvorgang in einem Stromkreis untersucht, der durch ein äußeres Magnetfeld hervorgerufen wird. Aber ebenso ruft ein zeitveränderlicher Strom $i(t)$ innerhalb des Stromkreises selbst aufgrund seines Magnetfeldes und des zeitabhängigen Flusses $\Phi(t)$ der den Stromkreis durchsetzt, eine Induktionsspannung hervor. Eine solche Selbstinduktion findet in jedem Stromkreis statt, sobald sich der Strom zeitlich ändert.

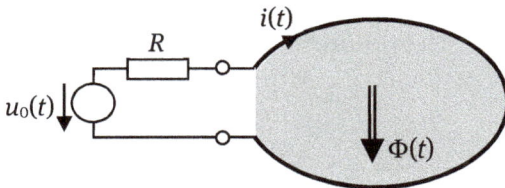

Abb. 4.9 Selbstinduktion in einem elektrischen Stromkreis durch den magnetischen Fluss $\Phi(t)$ des Stromes $i(t)$

Wir betrachten dazu wie in Abb. 4.9 schematisch dargestellt, stellvertretend für einen beliebigen Stromkreis, eine Leiterschleife in Reihe mit einer Spannungsquelle $u_0(t)$ und einem Widerstand R (zeitabhängige Netzwerkgrößen werden im Folgenden durch Kleinbuchstaben gekennzeichnet). Die Auswertung des Kirchhoffschen Maschensatzes (Abschn. 2.6.2) unter Berücksichtigung des Induktionsgesetzes (4.4) ergibt als Summe aller Spannungen im Stromkreis

$$\oint \mathbf{E} \cdot \mathrm{d}\mathbf{s} = R\,i(t) - u_0(t) = -\frac{\mathrm{d}\Phi}{\mathrm{d}t}. \tag{4.8}$$

Wir können den Fluss $\Phi(t)$ gemäß der Definition (3.35) mit Hilfe der Induktivität L der Leiterschleife ($N = 1$)

$$L = \frac{\Phi}{i}$$

ersetzen. Vorausgesetzt, dass die Schleifengeometrie zeitlich unveränderlich ist, und die rel. Permeabilität μ_r des Mediums unabhängig ist von der magnetischen Erregung $H(t)$ bzw. $i(t)$, ist die Induktivität L eine Konstante. Somit erhalten wir zur Bestimmung des Stromes $i(t)$ die folgende gewöhnliche Differentialgleichung 1. Ordnung:

$$u_0(t) = R\,i(t) + L\frac{\mathrm{d}i(t)}{\mathrm{d}t}. \tag{4.9}$$

Elektrisches Ersatzschaltbild

Die beiden Terme in Gl.(4.9) beschreiben die beiden Teilspannungen u_R und u_L, die über dem Widerstand R bzw. über der Induktivität L des Stromkreises abfallen. Das Verhalten des Stromkreises ist somit durch das in Abb. 4.10 dargestellte Ersatzschaltbild vollständig beschrieben. Die Spannung

$$u_L(t) = L\frac{\mathrm{d}i(t)}{\mathrm{d}t}. \tag{4.10}$$

an der Induktivität ist proportional zur zeitlichen Änderung des Stromes durch die Induktivität. Dies spiegelt den Vorgang der Selbstinduktion wieder.

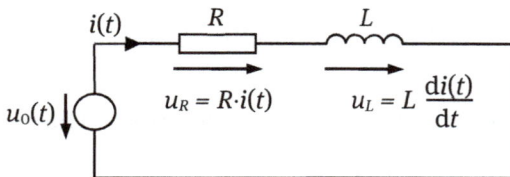

Abb. 4.10 Ersatzschaltbild eines Stromkreises unter Einbeziehung der Selbstinduktion durch die Eigeninduktivität L

Wir wollen dazu einen einfachen Einschaltvorgang betrachten, bei dem die Spannungsquelle

$$u_0(t) = \begin{cases} 0\;;t<0 \\ U\;;t\geq 0 \end{cases}$$

zum Zeitpunkt $t = 0$ von Null auf den konstanten Wert U wechselt. Die Lösung für den Stromverlauf $i(t)$, die der Differentialgleichung (4.9) genügt und den Anfangswert $i(t = 0) = 0$ erfüllt, lautet in diesem Fall

$$i(t) = \frac{U}{R}\left(1 - \mathrm{e}^{-t/\tau}\right). \tag{4.11}$$

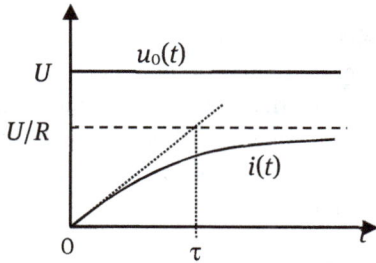

Sprungantwort des Stromes $i(t)$ in einem elektrischen Stromkreis mit Selbstinduktion

Hierbei ist $\tau = L / R$ die *Zeitkonstante*, die die Änderungsgeschwindigkeit des charakteristischen Zeitverlaufs der Stromantwort $i(t)$ auf den Spannungssprung $u_0(t)$ bestimmt (Abb. 4.11). Wie aus Gl.(4.11) hervorgeht, strebt der Einschaltvorgang für $t \rightarrow \infty$ gegen den Wert U/R. D.h., nach ausreichend langer Zeit, wenn der dynamische Ausgleichsvorgang abgeklungen ist, stellen sich wieder die stationären Verhältnisse eines Gleichstromkreises ein, in Übereinstimmung mit dem Ohmschen Gesetz $I = U/R$.

Wir erkennen an diesem Beispiel das charakteristische Verhalten einer Induktivität innerhalb eines Stromkreises:

> Eine Induktivität L mit Serienwiderstand R wirkt stets der Änderung des Stromes mit einer Verzögerung entgegen, die durch die Zeitkonstante $\tau = L/R$ bestimmt ist.

Der Einfluss der Induktivität innerhalb eines Stromkreises wie Abb. 4.9 bemisst sich nach der Größe von τ im Verhältnis zur charakteristischen Zeitdauer der Spannungsänderung. Nur für den Fall, dass dieses Verhältnis ausreichend klein ist, kann die Induktivität L im Stromkreis vernachlässigt werden.

Dies wird in Beispiel 4.3 stillschweigend vorausgesetzt, weil der zeitabhängige Induktionsstrom $I(t)$ einzig durch das Ohmsche Gesetz bestimmt wird. Die Einbeziehung der Schleifeninduktivität führt zur Reduzierung des Stromes und hat eine zeitliche Phasenverschiebung des Stromes gegenüber der Induktionsspannung zur Folge. Zudem ist der periodische Auf- und Abbau des magnetischen Feldes und der damit einhergehenden Speicherung und Abgabe der magnetischen Feldenergie durch einen zusätzlichen Term in der Leistungsbilanz zu berücksichtigen.

4.3 Die Gegeninduktion zwischen elektrischen Kreisen

Sind mehrere Stromkreise nahe beieinander angeordnet, können sie untereinander von Teilen der magnetischen Feldlinien durchsetzt werden. Dies führt zur gegenseitigen Induktion, zusätzlich zur Eigeninduktion in jedem einzelnen Stromkreis.

Wir wollen die netzwerkmäßige Beschreibung der Eigen- und Gegeninduktion am Beispiel von zwei sich gegenüberstehenden Stromkreisen systematisieren (Abb. 4.12). Hierbei induziert der Strom i_1 über den Teilfluss Φ_{21} eine Spannung im Kreis 2, und umgekehrt induziert der Strom i_2 über den Teilfluss Φ_{12} eine Spannung im Kreis 1. Die Eigeninduktion ist jeweils durch die magnetischen Flüsse Φ_{11} bzw. Φ_{22} gegeben. Dementsprechend erweitern wir die Maschengleichung (4.8) für jeden Stromkreis jeweils um den Term der Gegeninduktion:

$$
\begin{aligned}
u_1 &= R_1 i_1 + \frac{d\Phi_{11}}{dt} + \frac{d\Phi_{12}}{dt} \\
u_2 &= R_2 i_2 + \frac{d\Phi_{22}}{dt} + \frac{d\Phi_{21}}{dt} .
\end{aligned}
\tag{4.12}
$$

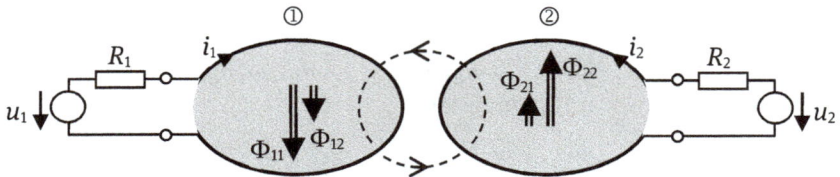

Abb. 4.12 Selbst- und Gegeninduktion am Beispiel von zwei elektrischen Stromkreisen mit den entsprechenden magnetischen Flüssen Φ_{ii} bzw. Φ_{ij} $(i,j = 1,2)$

Die Flüsse Φ_{11} und Φ_{22} in (4.12) ersetzen wir jeweils mit Hilfe der beiden *Eigeninduktivitäten*

$$
L_{11} = \frac{\Phi_{11}}{i_1} \quad \text{bzw.} \quad L_{22} = \frac{\Phi_{22}}{i_2} .
$$

Um in analoger Weise die Flüsse Φ_{12} und Φ_{21} zu ersetzen, definieren wir die *Gegeninduktivitäten*

$$
L_{12} = \frac{\Phi_{12}}{i_2} \quad \text{bzw.} \quad L_{21} = \frac{\Phi_{21}}{i_1} .
\tag{4.13}
$$

Innerhalb eines linearen Mediums $(B \sim H)$ gilt hierbei das sog. *Reziprozitätsprinzip*

$$
L_{12} = L_{21} = M .
\tag{4.14}
$$

Die Gleichheit der Gegeninduktivitäten gilt paarweise für jede beliebige Anzahl von magnetisch gekoppelten Stromkreisen, was hier nicht explizit bewiesen werden soll.

Sie drückt die allgemeine Übertragungssymmetrie eines linearen Mehrtores aus. Wie in Abb. 4.12 durch die beiden Klemmenpaare an beiden Leiterschleifen verdeutlicht, stellen diese ein lineares 2-Tor dar, mit der Reziprozität (4.14).

Somit erhalten wir durch Einsetzen der Eigen- und Gegeninduktivitäten in (4.12) unter Anwendung von (4.14) das gekoppelte Differentialgleichungssystem

$$
\begin{aligned}
u_1 &= R_1 i_1 + L_{11}\frac{\mathrm{d}i_1}{\mathrm{d}t} + M\frac{\mathrm{d}i_2}{\mathrm{d}t} \\
u_2 &= R_2 i_2 + M\frac{\mathrm{d}i_1}{\mathrm{d}t} + L_{22}\frac{\mathrm{d}i_2}{\mathrm{d}t}
\end{aligned}
\tag{4.15}
$$

für die beiden Ströme i_1 und i_2. Die Verkopplung der beiden Stromkreise drückt sich dadurch aus, dass i_1 und i_2 jeweils in beiden Gleichungen enthalten sind.

Häufig wird in solchen magnetisch gekoppelten Stromkreisen statt der Gegeninduktivität M der *Kopplungsfaktor k* angegeben. Für die hier betrachtete Anordnung mit zwei Kreisen definiert man

$$
k_{21} = \frac{\Phi_{21}}{\Phi_{11}} = \frac{M}{L_{11}} \leq 1 \quad \text{bzw.} \quad k_{12} = \frac{\Phi_{12}}{\Phi_{22}} = \frac{M}{L_{22}} \leq 1 ,
$$

und erhält aus dem geometrisches Mittel:

$$
k = \sqrt{k_{12}\,k_{21}} = \frac{M}{\sqrt{L_{11}L_{22}}} \leq 1 .
\tag{4.16}
$$

Ersatzschaltbild-Darstellung für die magnetische Kopplung

Die beiden gekoppelten Maschengleichungen (4.15) lassen sich durch die Erweiterung

$$
\begin{aligned}
i_2 &= (i_1 + i_2) - i_1 \\
i_1 &= (i_1 + i_2) - i_2
\end{aligned}
$$

in die folgende äquivalente Form überführen:

$$
\begin{aligned}
u_1 &= R_1 i_1 + (L_{11} - M)\frac{\mathrm{d}i_1}{\mathrm{d}t} + M\frac{\mathrm{d}(i_1 + i_2)}{\mathrm{d}t} \\
u_2 &= R_2 i_2 + M\frac{\mathrm{d}(i_1 + i_2)}{\mathrm{d}t} + (L_{22} - M)\frac{\mathrm{d}i_2}{\mathrm{d}t} .
\end{aligned}
$$

Wie in Abb. 4.13 dargestellt, lassen sich die beiden Maschengleichungen in dieser Form als symmetrisches Ersatzschaltbild interpretieren.

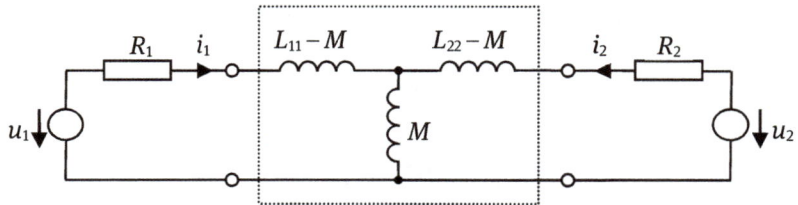

Abb. 4.13 Resultierendes Ersatzschaltbild für zwei magnetisch gekoppelte Stromkreise (Abb. 4.12)

Die beiden magnetisch gekoppelten Leiterschleifen in Abb. 4.12 werden durch das aus L_{11}, L_{22} und M gebildete lineare, symmetrische Zweitor dargestellt. Das Ersatzschaltbild ist hinsichtlich der durch die magnetische Kopplung verursachten Spannungen und Ströme an den beiden Toren äquivalent. Beide Kreise sind jedoch in der realen Anordnung *galvanisch getrennt*, d.h. das Ersatzschaltbild ist für Gleichströme nicht gültig.

Beispiel 4.4: Gegeninduktivität zweier Doppelleitungen

Gesucht ist die Gegeninduktivität zwischen zwei parallel angeordneten Doppelleitungen, deren Schleifenflächen beliebig zueinander orientiert sind.

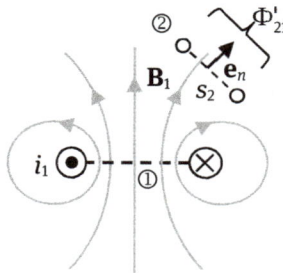

Aufgrund der Reziprozitätseigenschaft (4.14) können wir die Induktionsrichtung frei wählen. Wir setzen den Strom i_1 in Leitung 1 an, der das Magnetfeld $\mathbf{B}_1$ und den Fluss Φ_{21} durch Leitung 2 erzeugt. Dadurch, dass in der betrachteten Anordnung die Feldverteilung von $\mathbf{B}_1$ in jeder Querschnittsebene gleich ist, ist der Fluss Φ_{21} und damit auch die Gegeninduktivität (4.13) bzw. M (4.14) proportional zur Länge der beiden Leitungen. Aus diesem Grund ist eine längenbezogene Berechnung zweckmäßig, d.h.

$$M' = L'_{21} = \frac{\Phi'_{21}}{i_1}.$$

Für eine beliebige Leitungslänge l reduziert sich damit das Flussintegral (3.33) des Magnetfeldes $\mathbf{B}_1$ über die Fläche A_2 von Leitung 2 zu

$$\Phi_{21} = \iint_{A_2} \mathbf{B}_1 \cdot d\mathbf{A} = l \int_{s_2} \mathbf{B}_1 \cdot \mathbf{e}_n \, ds ,$$

sodass für den längenbezogenen Fluss Φ'_{21} lediglich über die Querabmessung s_2 von Leitung 2 zu integrieren ist:

$$\Phi'_{21} = \frac{\Phi_{21}}{l} = \int_{s_2} \mathbf{B}_1 \cdot \mathbf{e}_n \, ds .$$

Das Integral können wir in die beiden Feldanteile zerlegen, die der entgegengesetzte Strom i_1 in den beiden Einzelleitern a und b erzeugt, d.h.:

$$\Phi'_{21} = \Phi'_{21,a} + \Phi'_{21,b} .$$

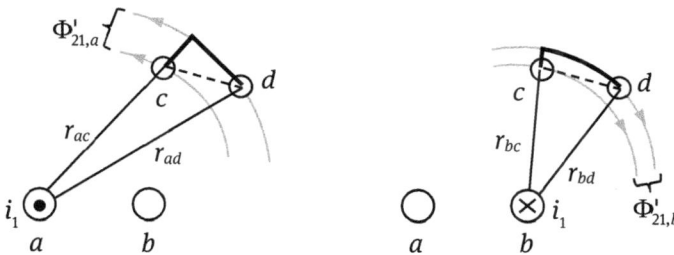

Wie in Abschn. 3.9.1 dargelegt, ist das magnetische Flussintegral (3.33) unabhängig von der Form der Fläche, die mit einer festen Randkurve verknüpft ist. Im vorliegenden Fall können wir deshalb den Pfad s_2 zwischen den Leitern c und d der Leitung 2 so verformen, dass die Integration sich am einfachsten gestaltet. Ausgehend vom zylindersymmetrischen Feld eines Linienstroms (3.6)

$$\mathbf{B}_1 = \frac{\mu i_1}{2\pi r} \mathbf{e}_\phi$$

setzen wir s_2 aus einem radialen Abschnitt der Länge $r_{ad} - r_{ac}$ bzw. $r_{bd} - r_{bc}$ und einem verbleibenden Abschnitt in Umfangsrichtung zusammen (siehe Skizze). Da auf diesem $\mathbf{e}_n = \mathbf{e}_r$ und damit $\mathbf{B}_1 \cdot \mathbf{e}_n = 0$ ist, liefert dieser keinen Beitrag zum Integral. Die Integration ist somit einzig über den radialen Abschnitt durchzuführen, auf dem $\mathbf{e}_n = \mathbf{e}_\phi$ parallel zu $\mathbf{B}_1$ ist, d.h:

$$\Phi'_{21,a} = \frac{\mu i_1}{2\pi} \int_{r_{ac}}^{r_{ad}} \frac{dr}{r} = \frac{\mu i_1}{2\pi} \ln\left(\frac{r_{ad}}{r_{ac}}\right)$$

$$\Phi'_{21,b} = -\frac{\mu i_1}{2\pi} \int_{r_{bc}}^{r_{bd}} \frac{dr}{r} = -\frac{\mu i_1}{2\pi} \ln\left(\frac{r_{bd}}{r_{bc}}\right).$$

Hierbei zählen wir den Flussbeitrag des Stromes i_1 in Leiter a positiv, sodass der Beitrag von Leiter b wegen der entgegengesetzten Richtung von i_1 negativ zu zählen ist. Dies entspricht der gegensätzlichen Richtung der beiden Teilflüsse $\Phi'_{21,a}$ und $\Phi'_{21,b}$ durch die Fläche von Leitung 2.

Für die Summe der beiden längenbezogenen Teilflüsse erhalten wir somit

$$\Phi'_{21} = \Phi'_{21,a} + \Phi'_{21,b} = \frac{\mu i_1}{2\pi} \ln\left(\frac{r_{ad}\, r_{bc}}{r_{ac}\, r_{bd}}\right)$$

und nach obiger Definition als Lösung für die längenbezogene Gegeninduktivität

$$M' = \frac{\mu}{2\pi} \ln\left(\frac{r_{ad}\, r_{bc}}{r_{ac}\, r_{bd}}\right).$$

4.4 Der Übertrager

Die im vorigen Abschnitt 4.3 untersuchte Gegeninduktion zwischen zwei Leiterschleifen lässt sich durch den Aufbau so optimieren, dass sie wechselseitig jeweils nahezu vom gesamten magnetischen Fluss durchsetzt werden. In diesem Fall, bei dem der Kopplungsfaktor (4.16) $k \approx 1$ ist, sprechen wir von einer magnetisch festen Kopplung. Eine solche als *Übertrager* oder *Transformator* bezeichnete Anordnung ist ein grundlegendes Bauelement der Elektrotechnik und findet in vielen Bereichen der Signalübertragung und Energietechnik breite Anwendung.

In der Regel werden für einen Übertrager statt einfacher Leiterschleifen Spulen verwendet. Das Verhältnis der beiden Windungszahlen ist dabei ein grundlegender Parameter. Um die magnetisch feste Kopplung zu erzielen, müssen die beiden Spulen sehr dicht übereinander oder ineinander liegend angeordnet werden. In der Regel verwendet man oft einen hochpermeablen Kern, auf dem die Spulen aufgebracht sind. Der so gebildete magnetische Kreis (Abschn. 3.11) sorgt dafür, dass nahezu der gesamte magnetische Fluss der Spulen darin konzentriert bleibt. Abb. 4.14 zeigt schematisch den Aufbau eines Übertragers, bestehend aus einer sog. Primärwicklung mit N_1 Windungen und einer Sekundärwicklung mit N_2 Windungen.

4.4.1 Der ideale Übertrager

Die prinzipielle Funktionsweise eines Übertragers soll zunächst für den idealen Fall untersucht werden, der auf den beiden folgenden Annahmen beruht:

1) Kopplungsfaktor (4.16) $k = 1$, d.h. beide Spulen werden von der Summe der beiden Einzelflüsse

$$\Phi = \Phi_{11} + \Phi_{22} \qquad (4.17)$$

vollständig durchsetzt, d.h. es wird ein ideales Kernmaterial mit relativer Permeabilität $\mu_r \to \infty$ angenommen.
2) Keine Energieverluste, d.h. sowohl keine ohmschen Verluste im Spulendraht als auch keine Hysterese- und Wirbelstromverluste im Kern (Abschn. 4.4.3 bzw. 4.4.4).

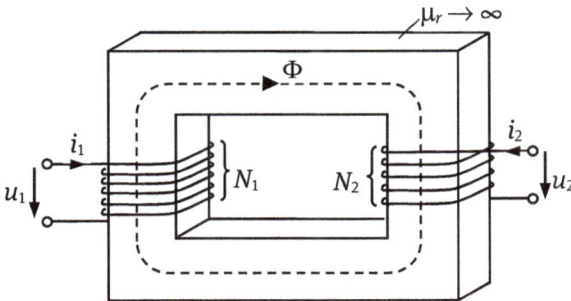

Abb. 4.14 Idealer Übertrager mit Primär- und Sekundärwicklung (schematisch)

Spannungs- und Stromübersetzung

Wir wollen für die beiden Spulen den gleichen Wicklungssinn annehmen, sodass die beiden Teilflüsse Φ_{11} und Φ_{22}, die durch den Primär- und Sekundärstrom i_1 und i_2 im Kern erzeugt werden, gleichgerichtet sind. Mit dem resultierenden Gesamtfluss (4.17) sind die Primär- und Sekundärspannung u_1 und u_2 durch das Induktionsgesetz (4.4) festgelegt, d.h

$$u_1 = N_1 \frac{d\Phi}{dt}$$

$$u_2 = N_2 \frac{d\Phi}{dt}.$$

Daraus folgt für das Verhältnis zwischen Primär- und Sekundärspannung direkt

$$\frac{u_1}{u_2} = \frac{N_1}{N_2} \quad \textit{Spannungsübersetzung.} \tag{4.18}$$

Auf dieser grundlegenden Eigenschaft beruhen viele Anwendungen des Übertragers in der Energietechnik, wo er als Transformator die Kopplung zwischen unterschiedlichen Wechselspannungsebenen ermöglicht.

Die Anwendung des "ohmschen Gesetzes" des magnetischen Kreises (Abschn. 3.11) ergibt mit der Summe der Durchflutung (3.54) beider Spulen

$$\Theta = \Theta_1 + \Theta_2 = N_1 i_1 + N_2 i_2 = \Phi R_m$$

und dem magnetischen Widerstand (3.58)

$$R_m = \frac{l}{\mu_r \mu_0 A} \to 0 \quad \text{für } \mu_r \to \infty,$$

bezogen auf eine wirksame Länge l und einen Querschnitt A des magnetischen Kreises, als Verhältnis zwischen Primär- und Sekundärstrom

$$\frac{i_1}{i_2} = -\frac{N_2}{N_1} \quad \textit{Stromübersetzung.} \tag{4.19}$$

Das Stromübersetzungsverhältnis ist also umgekehrt proportional zum Übersetzungsverhältnis (4.18) der Spannungen.

Leistungsbilanz

Aus dem Spannungs- und Stromübersetzungsverhältnis (4.18) und (4.19) ergibt sich zwischen der elektrischen Leistung auf der Primär- und auf der Sekundärseite zu jedem Zeitpunkt das Verhältnis

$$\frac{p_1}{p_2} = \frac{u_1 \, i_1}{u_2 \, i_2} = -\frac{N_1}{N_2} \frac{N_2}{N_1} = -1 \tag{4.20}$$

bzw. die Summe

$$p_1 + p_2 = 0 \, .$$

D.h., bezogen auf die in Abb. 4.14 gewählte Zählpfeilrichtung für den Primär- und Sekundärstrom, wird die Leistung, die in eine Wicklung eingespeist wird, von der anderen abgegeben. In Übereinstimmung mit der obigen Annahme 2), d.h. dem Ausschluss sämtlicher Verluste, *nimmt der ideale Übertrager selbst keine Leistung auf.*

Widerstandstransformation

Der ideale Übertrager hat somit die Eigenschaft, eine primärseitig eingespeiste Leistung verlustlos an einen sekundärseitigen Verbraucher R_2 abzugeben (Abb. 4.15). Bei beliebigem Windungsverhältnis N_1/N_2 kann jedoch bei Gleichheit der beiden Strom-Spannungsprodukte (4.20) das Strom-Spannungsverhältnis auf beiden Seiten des Übertragers nicht gleich sein.

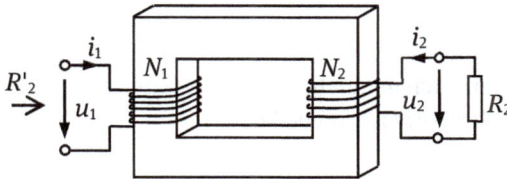

Abb. 4.15
Primärseitige
Transformation des
Widerstandes R_2

Mit (4.18) und (4.19) resultiert aus dem sekundärseitig angeschlossenen Widerstand

$$R_2 = \frac{u_2}{-i_2} = \frac{u_1 \, N_2 / N_1}{-\left(-i_1 \, N_1 / N_2\right)} = \frac{u_1}{i_1}\left(\frac{N_2}{N_1}\right)^2$$

der *primärseitige Eingangswiderstand*

$$R_2' = R_2\left(\frac{N_1}{N_2}\right)^2 \quad \textit{Widerstandstransformation.} \tag{4.21}$$

Damit lässt sich beispielsweise der Wert eines Lastwiderstandes auf den Ausgangswiderstand einer Quelle transformieren, um *Leistungsanpassung* zu erzielen.

Zusammenfassung

Der *ideale* Übertrager ist einzig durch das Windungszahlverhältnis (Übersetzung)

$$\ddot{u} = N_1 / N_2 \qquad (4.22)$$

vollständig definiert. Abb. 4.16 zeigt das für den idealen Übertrager verwendete Schaltsymbol, in dem die feste magnetische Kopplung ($k = 1$) durch den senkrechten Doppelstrich zwischen den Wicklungen gekennzeichnet ist. Zusätzlich zu den Zählpfeilrichtungen für Strom und Spannung und zu dem Übersetzungsverhältnis $\ddot{u}$ geben die beiden Punkte den Wicklungssinn beider Spulen an. Eine gegensinnige Wicklung wird durch Punkte auf unterschiedlichen Seiten gekennzeichnet. Für das Übersetzungsverhältnis (4.22) gilt in diesem Fall $\ddot{u} \rightarrow -\ddot{u}$, was in (4.18) und (4.19) durch entsprechende Umkehrung des Vorzeichens Berücksichtigung findet.

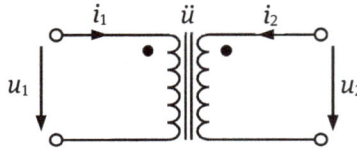

Abb. 4.16 Schaltsymbol des idealen Übertragers

Grundsätzlich ist ein Übertrager nicht auf zwei Wicklungen beschränkt, sondern wird für entsprechende Anwendungen auch mit mehr Spulen versehen, die untereinander unterschiedliche Übersetzungsverhältnisse haben können.

4.4.2 Der reale Übertrager ohne Verluste

Die in realen Übertragern verwendeten Kernmaterialien haben zwar eine sehr hohe aber endliche Permeabilität ($\mu_r \gg 1$). Im Gegensatz zum idealen Übertrager ist somit der magnetische Kreiswiderstand $R_m \neq 0$. Dies hat unter anderem zur Folge, dass ein kleiner Teil der magnetischen Feldlinien sich außerhalb des Kerns schließt (Abb. 4.17). Diese *Streuflüsse* $\Phi_{s,1}, \Phi_{s,2} \neq 0$ tragen somit nicht zur Gegeninduktion zwischen Primär- und Sekundärspule bei. Daraus folgt für den Kopplungsfaktor (4.16) $k < 1$.

Der für die Gegeninduktion verantwortliche Hauptfluss im Kern

$$\Phi_h = \Phi_{h,1} + \Phi_{h,2}$$

setzt sich aus den beiden Anteilen $\Phi_{h,1}, \Phi_{h,2}$ des Primär- und Sekundärkreises zusammen. Mit dieser Zerlegung in Haupt- und Streuflüsse sind gemäß

Induktionsgesetz (4.4) die beiden Spannungen u_1, u_2 an der Primär- und Sekundärspule des Übertragers mit den Windungszahlen N_1, N_2 gegeben durch

$$u_1 = N_1 \frac{\mathrm{d}}{\mathrm{d}t}\left(\Phi_{s,1} + \Phi_h\right)$$

$$u_2 = N_2 \frac{\mathrm{d}}{\mathrm{d}t}\left(\Phi_{s,2} + \Phi_h\right).$$

(4.23)

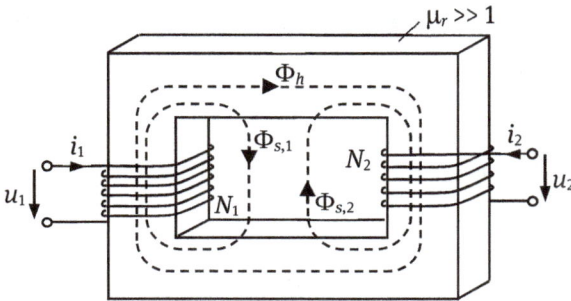

Abb. 4.17 Verlustloser Übertrager mit Streufeldern (schematisch)

Um die magnetischen Flüsse in (4.23) durch entsprechende Induktivitäten ausdrücken zu können, definieren wir die beiden Streuinduktivitäten

$$L_{s,1} = N_1 \frac{\Phi_{s,1}}{i_1} \quad \text{bzw.} \quad L_{s,2} = N_2 \frac{\Phi_{s,2}}{i_2}$$

und Hauptinduktivitäten

$$L_{h,1} = N_1 \frac{\Phi_{h,1}}{i_1} = \frac{N_1^{\,2}}{R_{m,1}} \quad \text{bzw.} \quad L_{h,2} = N_2 \frac{\Phi_{h,2}}{i_2} = \frac{N_2^{\,2}}{R_{m,2}}.$$

Setzen wir eine symmetrische Anordnung der Spulen im magnetische Kreis voraus, d.h. die Gleichheit der für beide Spulen wirksamen magnetischen Widerstände $R_{m,1} \approx R_{m,2}$, ist das Verhältnis der beiden Hauptinduktivitäten

$$\frac{L_{h,2}}{L_{h,1}} \approx \left(\frac{N_2}{N_1}\right)^2 = \frac{1}{\ddot{u}^2}$$

(4.24)

einzig durch das Windungszahlverhältnis (4.22) gegeben. Damit können wir in (4.23) den für die Transformation ursächlichen Hauptfluss wie folgt ausdrücken

$$\Phi_h = \Phi_{h,1} + \Phi_{h,2} = i_1 \frac{L_{h,1}}{N_1} + i_2 \frac{L_{h,2}}{N_2}\,.$$

Hierbei können wir eine der beiden Induktivitäten durch das Verhältnis (4.24) eliminieren, d.h. die jeweils andere Hauptinduktivität ist implizit enthalten, z.B.

$$\Phi_h = L_{h,1}\left[\frac{i_1}{N_1} + \frac{i_2}{N_2}\left(\frac{N_2}{N_1}\right)^2\right].$$

Einsetzen in (4.23) ergibt schließlich für den Primär- und Sekundärkreis des realen Übertragers unter Verwendung des Übersetzungsverhältnisses $\ddot{u}$ (4.22) die folgenden Maschengleichungen:

$$u_1 = L_{s,1}\frac{\mathrm{d}i_1}{\mathrm{d}t} + L_{h,1}\frac{\mathrm{d}}{\mathrm{d}t}\left(i_1 + \frac{1}{\ddot{u}}i_2\right)$$

$$u_2 = L_{s,2}\frac{\mathrm{d}i_2}{\mathrm{d}t} + \frac{1}{\ddot{u}}L_{h,1}\frac{\mathrm{d}}{\mathrm{d}t}\left(i_1 + \frac{1}{\ddot{u}}i_2\right).$$

Hierbei sind die jeweils mit $\ddot{u}$ behafteten Terme in beiden Maschengleichungen als Strom- bzw. Spannungstransformation (4.18) und (4.19) zwischen der Primär- und Sekundärseite eines *idealen Übertragers* zu interpretieren. Abb. 4.18 zeigt das resultierende Ersatzschaltbild.

Damit ist der *reale Übertrager* mit einem Kernmaterial endlicher Permeabilität durch die beidseitig in Serie eingefügten Streuinduktivitäten $L_{s,1}$ und $L_{s,2}$ und einer der beiden Hauptinduktivitäten (hier z.B. $L_{h,1}$) erweitert. Die Streuinduktivitäten sind bei einem optimierten Aufbau sehr viel kleiner als die Hauptinduktivitäten $L_{h,1}$ und $L_{h,2}$. Da letztere gemäß (4.24) durch das Übersetzungsverhältnis $\ddot{u}$ (4.22) des idealen Übertragers miteinander verknüpft sind, findet sich nur eine der beiden Hauptinduktivitäten im Ersatzschaltbild (Abb. 4.18) wieder.

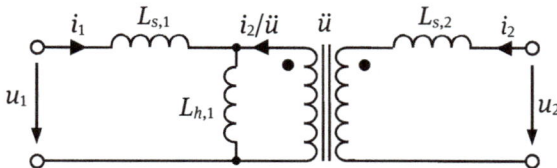

Abb. 4.18 Ersatzschaltbild des verlustlosen Übertragers mit Streufeldern

Beim *idealen Übertrager* (Abb. 4.16) ist die Hauptinduktivität nicht eingetragen, da sie aufgrund der Annahme $\mu_r \to \infty$ unendlich groß ist. In diesem Fall fließt gemäß (4.11) mit $\tau \to \infty$ kein zeitabhängiger Strom durch die Hauptinduktivität, sodass sie im Ersatzschaltbild vernachlässigt werden kann.

Wir wollen zur Beschreibung des realen Übertragers nun auch die Annahme 2) des idealen Übertragers fallen lassen und betrachten in den beiden folgenden Abschnitten die zwei maßgeblichen Verlustmechanismen im Kernmaterial.

4.4.3 Hystereseverluste im magnetischen Kreis

Bei einem zeitveränderlichen Spulenstrom in einem magnetischen Kreis folgt die Magnetisierung im Kernmaterial der zeitabhängigen magnetischen Erregung $H(t)$. Die dem zugrundeliegenden atomaren Magnetisierungsprozesse (Abschn. 3.10) sind mit einem gewissen Energieaufwand verbunden, der von der Stromquelle aufgebracht werden muss.

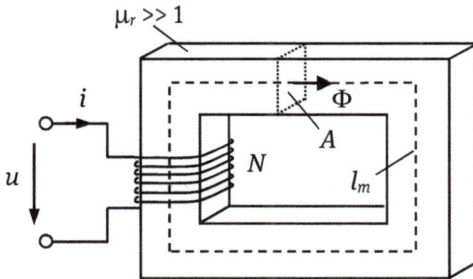

Abb. 4.19
Energieumsatz im magnetischen Kreis

Wir betrachten dazu den in Abb. 4.19 dargestellten einfachen magnetischen Kreis, der durch eine Spule mit N Windungen erregt wird. Für die von der Stromquelle innerhalb des infinitesimalen Zeitintervalls dt geleistete Arbeit

$$dW_e = u\,i\,dt$$

resultiert in Kombination mit dem Induktionsgesetz (4.4)

$$u = N\frac{d\Phi}{dt}$$

der Ausdruck

$$dW_e = = N\,i\,d\Phi\,.$$

Die Energieänderung ist also durch die Änderung des magnetischen Flusses $d\Phi$ im Zeitintervall dt gegeben. Im Rahmen der Näherungen des magnetischen Kreises (Kap. 3.11) können wir die magnetische Durchflutung (3.53)

$$Ni = \oint \mathbf{H} \cdot d\mathbf{s} = H l_m$$

mit Hilfe der mittleren Weglänge l_m ausdrücken. Setzen wir eine Änderung der magnetischen Flussdichte dB durch den wirksamen Kernquerschnitt A für die Flussänderung

$$d\Phi = A\,dB$$

an, so erhalten wir schließlich für die Energieänderung

$$dW_{el} = V H\,dB\,.$$

Wir haben hierbei das Kernvolumen $V = l_m A$ gesetzt. Daraus folgt für die insgesamt von der Stromquelle geleistete Arbeit W_{el}, die im Kern beim Aufbau des Feldes B als magnetische Energie W_m gespeichert wird

$$W_{el} = W_m = V \int_0^B H\,dB\,.$$

Bezogen auf das Volumen erhalten wir damit die folgende allgemeine Formel für die Energiedichte im Kernmaterial

$$w_m = \int_0^B \mathbf{H} \cdot d\mathbf{B}\,. \tag{4.25}$$

Diese Formel steht keineswegs im Gegensatz zu (3.31). Für ein lineares Material mit konstanter Permeabilität, d.h.

$$B = \mu H\,,$$

erhalten wir aus (4.25) die Energiedichte

$$w_m = \frac{1}{\mu} \int_0^B B\,dB = \frac{B^2}{2\mu} = \frac{1}{2} H B\,.$$

Daraus folgt also, dass der Ausdruck (3.31) für die magnetische Energiedichte w_m als Spezialfall der allgemeineren Formel (4.25) nur für lineare Materie gilt.

Zur Bestimmung des Energieumsatzes in einem ferromagnetischen Kernmaterial mit nichtlinearem Verhalten und Hysterese (Abschn. 3.10) ist die allgemeingültige Energiedichteformel (4.25) anzuwenden. Dazu ist in Abb. 4.20 die Integration im B-H-Diagramm entlang der Hysteresekurve grafisch dargestellt. Wir betrachten dabei einen vollständigen Zyklus, der während einer Periode eines Wechselstroms bei Aussteuerung des Kerns zwischen $\pm B_{max}$ durchlaufen wird. Wie man erkennt, ergeben die beiden Flächen unter den beiden Kurvenhälften der Hystereseschleife zusammen exakt die von der Hystereseschleife eingeschlossene Fläche, d.h.

$$\oint_{\pm B_{max}} H\,dB = \int_{-B_{max}}^{+B_{max}} H\,dB + \int_{+B_{max}}^{-B_{max}} H\,dB = w_{h,1} + w_{h,2} = w_h \,.$$

Der resultierende Wert $w_h \neq 0$ ist also genau die während eines Zyklus für die atomaren Vorgänge bei der Ummagnetisierung im Kern verbrauchte Energie (auf das Kernvolumen bezogen). Für technische Anwendungen (Transformator, Übertrager, Drosseln, elektr. Maschinen), die mit zeitabhängigen Strömen betrieben werden, ist dieser Energieverlust meist unerwünscht. Für seine Minimierung müssen deshalb Materialien mit möglichst schmaler Hystereseschleife verwendet werden. Im Gegensatz dazu wäre bei einem Material ohne Hysterese, d.h. mit einer einfachen B-H-Kennlinie, w_h gleich Null. Dies ist damit zu erklären, dass in einem solch verlustlosen Kern die während eines Zyklus gespeicherte Energie wieder vollständig abgegeben wird, sodass sich eine ausgeglichene Energiebilanz ergibt.

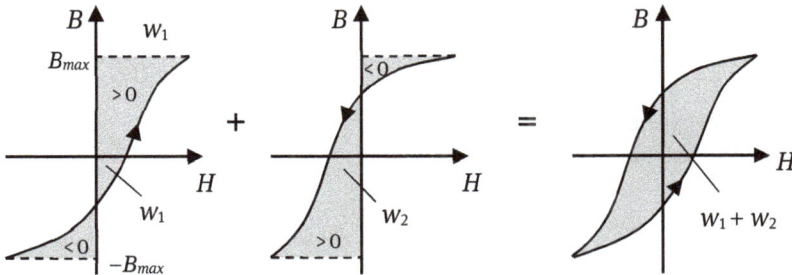

Abb. 4.20 Energieumsatz in einem permeablen Material mit Hysterese (Ferromagnetika) gemäß Energiedichteintegral (4.25) für einen vollständigen Zyklus zwischen $\pm B_{max}$

Abschließend wollen wir die magnetischen Hystereseverluste in einem Kernmaterial anhand eines Zahlenbeispiels bei periodischer Magnetisierung mit der Frequenz f veranschaulichen. Für eine von der Aussteuerung abhängige Verlustenergiedichte w_h beträgt die Verlustleistung innerhalb eines Volumens V

$$P_h = fVw_h,$$

bzw. mit einer Massendichte $\rho_m = m/V$ des Kerns, die auf die Kernmasse m bezogene Verlustleistung

$$P_h / m = f \frac{V}{m} w_h = f w_h / \rho_m.$$

Für einen handelsüblichen magnetischen Kernwerkstoff (Dynamoblech IV) resultieren bei der Frequenz f = 50 Hz beispielsweise für die beiden Aussteuerungen

$$B_{max} = 1\,\text{T}: \quad P_h / m = 1\,\text{W/kg}$$
$$B_{max} = 1{,}5\,\text{T}: \quad P_h / m = 3\,\text{W/kg}.$$

Wie man an diesem Zahlenbeispiel sieht, bewirkt das Hystereseverhalten eines solchen ferromagnetischen Materials einen überproportionalen Anstieg der Verluste bei zunehmender Aussteuerung B_{max}.

4.4.4 Wirbelstromverluste in magnetischen Kreisen

Die üblichen metallischen Kernmaterialien besitzen zusätzlich zu der hohen Permeabilität $\mu_r \gg 1$ auch eine nicht vernachlässigbare spezifische Leitfähigkeit $\kappa \neq 0$. Eine zeitabhängige magnetische Durchflutung des Kerns induziert gemäß (4.5) das elektrische Wirbelfeld **E**, was wiederum eine entsprechende Wirbelstromdichte

$$\mathbf{J} = \kappa \mathbf{E}$$

zur Folge hat (Abb. 4.21). Daraus resultiert in jedem Punkt des Kerns die Verlustleistungsdichte (2.13)

$$\frac{dP_v}{dV} = \mathbf{J} \cdot \mathbf{E} = \kappa E^2.$$

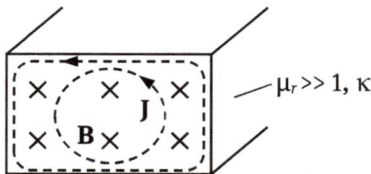

Abb. 4.21 Wirbelströme in einem leitfähigen Kern, der von einem zeitabhängigen Magnetfeld durchflutet wird

D.h., ein Teil der für das Magnetfeld aufgebrachten elektrischen Leistung wird durch Wirbelströme im Kern in Wärme umgesetzt. Es gibt Anwendungen, die auf einer solchen Energieumwandlung beruhen, wie z.B. beim Induktionsofen. In vielen anderen elektrotechnischen Anwendungen wie z.B. beim Transformator, in Drosselspulen, elektrischen Maschinen, etc. ist dieser Energieverlust im Kernmaterial unerwünscht und ist deshalb zu minimieren.

Maßnahmen zur Reduzierung der Wirbelstromverluste

Häufig werden Materialien aus sog. *Ferriten* verwendet, die so optimiert sind, dass sie bei möglichst hoher Permeabilität eine möglichst niedrige spezifische Leitfähigkeit aufweisen ($\mu_r \approx 1500$, $\kappa \approx 10^{-4}$ S/m). Im Gegensatz zu ferromagnetischen Metallen eignen sie sich insbesondere auch für höhere Frequenzen wie z.B. bei Hochfrequenz-Spulen und Übertragern.

Eine zweite wirkungsvolle Maßnahme zur Reduzierung der Wirbelstromverluste in Metallkernen, die oft in der Energietechnik Anwendung findet, ist die Verwendung eines *Blechpaketes* statt des Vollmaterials. Wie in Abb. 4.22 skizziert, werden dabei relativ dünne Bleche verwendet, die mit einer isolierenden Schicht (z.B. Kunststofflack) beschichtet sind. Dadurch, dass die Wirbelströme damit jeweils in den einzelnen Blechen beschränkt bleiben, wird im Vergleich zu einem massiven Kern eine starke Reduzierung der Verlustleistung erzielt. Dies soll im folgenden Beispiel durch eine Näherungsrechnung gezeigt werden.

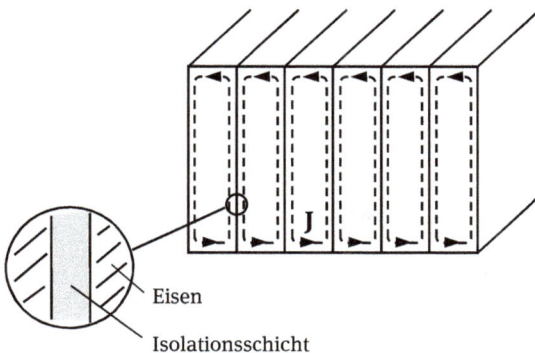

Eisen

Isolationsschicht

Abb. 4.22 Ausführung eines magnetischen Kerns als Blechpaket zur Reduzierung der Wirbelstromverluste

Betrachtet wird ein Blech der Dicke d und Breite b, das mit der harmonisch zeitabhängigen magnetischen Flussdichte

$$B = \hat{B}\cos(\omega t)$$

mit der Amplitude $\hat{B}$ und Kreisfrequenz ω homogen durchflutet wird. Die Festlegung einer gleichmäßigen Verteilung der Flussdichte über den Blechquerschnitt stellt eine Näherung dar, die bei ausreichend niedrigen Frequenzen zulässig ist. In diesem Fall wird das rückwirkende Magnetfeld des induzierten Wirbelstromes vernachlässigt.

Die zweite Vereinfachung setzt ein sehr dünnes Blech voraus ($d \ll b$), sodass die Stromverteilung an beiden Blechenden vernachlässigt werden kann. Die induzierte elektrische Feldstärke hat somit nur eine einzige von x-abhängige Komponente in y-Richtung. Die Auswertung des Induktionsgesetzes (4.5)

$$\oint_{\partial A} \mathbf{E} \cdot \mathrm{d}\mathbf{s} = -\frac{\mathrm{d}}{\mathrm{d}t} \iint_A \mathbf{B} \cdot \mathrm{d}\mathbf{A}$$

ergibt für das Umlaufintegral über $\mathbf{E}$ entlang der beiden Pfade in $\pm y$-Richtung im Abstand x von der Mittellinie den Näherungsausdruck

$$\oint \mathbf{E} \cdot \mathrm{d}\mathbf{s} \approx 2b E_y(x).$$

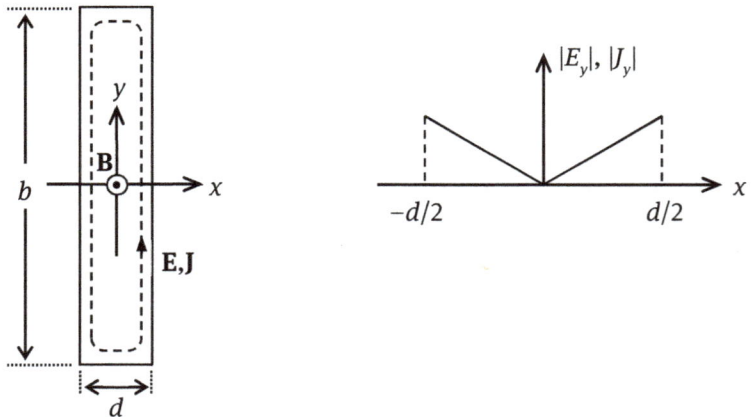

Für das Flussintegral erhalten wir mit der Annahme einer ortsunabhängigen Flussdichte $\mathbf{B}$ mit der Fläche $2xb$ die Näherung

$$\iint \mathbf{B} \cdot d\mathbf{A} \approx 2xbB \ .$$

Einsetzen der beiden Näherungsausdrücke jeweils in beide Seiten des Induktionsgesetztes (4.5) ergibt nach der Zeitdifferentiation als Näherungslösung für die elektrische Feldstärke

$$E_y(x) \approx -x\frac{dB}{dt} = x\hat{B}\omega\sin(\omega t),$$

bzw. für die Stromdichte

$$J_y(x) \approx \kappa E_y(x) = \kappa x\hat{B}\omega\sin(\omega t).$$

Dieses Näherungsergebnis zeigt die charakteristische Verteilung des elektrischen Stromes bei zeitabhängigen Vorgängen in Leitern. Die sich ausbildende Wirbelstromdichte ist dabei stets im Randbereich des Leiters konzentriert, während sie im Inneren des Leiters auf ein Minimum abfällt. Im vorliegenden Beispiel erfährt die Stromdichte auf der Mittellinie in y-Richtung aufgrund des Richtungswechsels sogar einen Nulldurchgang. Man bezeichnent diesen Effekt anschaulich als *Stromverdrängung*.

Mit der Lösung für die Stromdichte bzw. die elektrische Feldstärke ergibt sich im vorliegenden Beispiel für die Verlustleistungsdichte (2.13) im Leiter

$$\frac{dP_v}{dV} \approx \kappa E_y^2(x) \approx \kappa x^2 \hat{B}^2 \omega^2 \sin^2(\omega t).$$

Die Integration dieses Ausdrucks über den Blechquerschnitt ergibt die längenbezogene Verlustleistung

$$P_v'(t) \approx b\kappa \int_{-d/2}^{+d/2} E_y^2(x)dx = \frac{1}{12}\kappa b d^3 \hat{B}^2 \omega^2 \sin^2(\omega t).$$

Häufig ist statt des Momentanwertes der zeitliche Mittelwert der Leistung über die Periode $T = 2\pi/\omega$ von Interesse:

$$\overline{P_v'} = \frac{1}{T}\int_0^T P_v'(t)\,dt \approx \frac{1}{24}\kappa b d^3 \hat{B}^2 \omega^2 \ .$$

Wie man dem Näherungsergebnis entnehmen kann, steigt die Verlustleistung im Blech quadratisch mit der Frequenz ω und mit d^3 sehr stark mit der Blechdicke.

Um die Wirkung eines Blechpaketes mit n Blechen und mit der Gesamtdicke d_{ges} abzuschätzen, führen wir folgende Überschlagsrechnung durch:

$$\overline{P}_v' \sim n d^3 = n \left(\frac{d_{ges}}{n}\right)^3 = \frac{d_{ges}^3}{n^2}.$$

D.h. also, dass die Verlustleistung im Blechpaket quadratisch mit der Anzahl der Bleche sinkt. Dieses im Rahmen der Näherung überschlägige Ergebnis zeigt zumindest das hohe Reduktionspotential bei Verwendung einer möglichst hohen Anzahl von dünnen Blechen.

4.4.5 Der verlustbehaftete Übertrager

Die maßgeblichen Verluste in einem realen Übertrager sind neben den ohmschen Verlusten (2.16) in den Spulendrähten die in den beiden vorangehenden Abschnitten 4.4.3 und 4.4.4 untersuchten Hysterese- und Wirbelstromverluste im Übertragerkern. Zur ihrer Berücksichtigung kann das verlustlose Ersatzschaltbild aus Abb. 4.17 um entsprechende Widerstandselemente ergänzt werden.

Wie in Abb. 4.23 dargestellt, können die ohmschen Verluste in der Primär- und Sekundärspule jeweils durch die Drahtwiderstände R_1, R_2, in Serie zu den Streuinduktivitäten $L_{s,1}$ bzw. $L_{s,2}$ dargestellt werden.

Die Kernverluste sind mit dem Strom durch eine der beiden Hauptinduktivitäten (in diesem Fall $L_{h,1}$) oder der Spannung an ihren Anschlüssen verknüpft. Aus diesem Grund sind die Kernverluste durch einen entsprechenden Widerstand in Serie oder wie im vorliegenden Fall ($R_{k,1}$) parallel zu $L_{h,1}$ zu repräsentieren. Der Wert des Widerstandes muss durch eine Leistungsbetrachtung ermittelt werden und hängt sowohl von der magnetischen Aussteuerung als auch von der Frequenz ab.

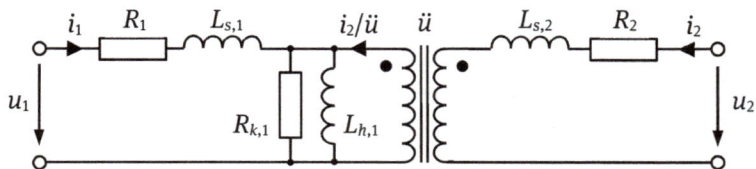

Abb. 4.23 Vollständiges elektrisches Ersatzschaltbild des verlustbehafteten Übertragers

4.5 Die Grundgleichungen des elektromagnetischen Feldes

Das Induktionsgesetz (4.5) in der Form

$$\oint_{\partial A} \mathbf{E} \cdot d\mathbf{s} = -\iint_A \frac{\partial \mathbf{B}}{\partial t} \cdot d\mathbf{A} \qquad (4.26)$$

und das Ampèresche Durchflutungsgesetz (3.26)

$$\oint_{\partial A} \mathbf{H} \cdot d\mathbf{s} = \iint_A \mathbf{J} \cdot d\mathbf{A} \,, \qquad (4.27)$$

stellen beide eine Verknüpfung zwischen elektrischem und magnetischem Feld bei ruhenden Anordnungen her. Aufgrund der gegenseitigen Verkopplung beider Felder stellt sich die Frage, ob das Ampèresche Durchflutungsgesetz (4.27), das sich auf statische Magnetfelder stationärer Ströme bezieht (Kap. 3), auch im zeitabhängigen Fall gültig ist. Auffällig dabei ist die Asymmetrie hinsichtlich der fehlenden Zeitableitung des elektrischen Feldes im Durchflutungsgesetz (4.28). Wie im folgenden Abschnitt gezeigt wird, folgt aus dem Ladungserhaltungssatz tatsächlich zwingend ein solcher Term.

4.5.1 Der Ladungserhaltungssatz

Die *Ladungserhaltung* stellt als unumstößliche Erfahrungstatsache, ähnlich wie die Energie- und Massenerhaltung, ein grundlegendes physikalisches Prinzip dar. Es besagt, dass innerhalb eines abgeschlossenen Systems die elektrische Ladung weder vernichtet noch aus dem Nichts entstehen kann. Dies ist gleichbedeutend mit der Aussage, dass innerhalb eines Raumbereiches V eine zeitliche Änderung der darin befindlichen Ladung $Q(t)$ nur bei gleichzeitigem Zu- bzw. Abfluss der entsprechenden Ladungsmenge durch die Oberfläche ∂V des Volumens V stattfinden kann (Abb. 4.24).

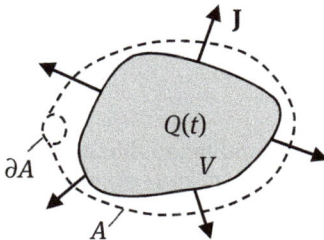

Abb. 4.24 Zum Ladungserhaltungsgesetz

Ausgedrückt durch die Stromdichte **J** auf der Volumenoberfläche ∂V, lautet die mathematische Formulierung der *Ladungserhaltung*

$$\oiint_{\partial V} \mathbf{J} \cdot d\mathbf{A} = -\frac{dQ}{dt}. \tag{4.28}$$

Das Ladungserhaltungsprinzip erklärt das dynamische Verhalten eines Kondensators. In Abschn. 1.8 wird der statische Zustand betrachtet, bei dem die Kondensatorelektroden mit einer zeitlich konstanten Ladung behaftet sind. Wir wollen nun die Zustandsänderung bei zeitveränderlicher Ladung $\pm Q(t)$ untersuchen. Dazu werten wir den Ladungserhaltungssatz für eine Hülle ∂V, die eine der beiden Kondensatorplatten umschließt (Abb. 4.25) aus. Beide Elektroden seien mit Anschlussleitungen versehen, über die der Strom $i(t)$ zu- bzw. abgeführt wird.

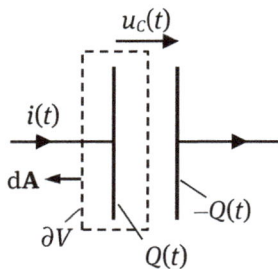

Abb. 4.25 Ladungserhaltung im Kondensator

Beispielsweise ergibt sich für die positiv geladene Elektrode mit dem negativ zu zählenden Strom $i(t)$, der in das Hülleninnere gerichtet ist

$$\oiint_{\partial V} \mathbf{J} \cdot d\mathbf{A} = -i(t) = -\frac{dQ}{dt}.$$

Durch Ersetzen der Ladung $Q = C u_c$ über die Definition (1.38) der Kondensatorkapazität C erhalten wir den Zusammenhang zwischen dem Strom und der Kondensatorspannung u_c:

$$i(t) = C \frac{du_c(t)}{dt}. \tag{4.29}$$

Der Strom $i(t)$, der in den Kondensator hinein- und herausfließt, ist proportional zur zeitlichen Änderung der Kondensatorspannung u_c. Es liegt somit ein *duales Verhalten zur Induktivität L* vor, bei der nach Gl. (4.9) die Rollen von Strom- und Spannung vertauscht sind. Dies soll am gleichen Einschaltvorgang wie in Abschn. 4.2 veranschaulicht werden.

Hierbei ist die zeitabhängige Spannungsquelle

$$u_0(t) = \begin{cases} 0 \ ; \ t < 0 \\ U \ ; \ t \geq 0 \end{cases}$$

die zum Zeitpunkt $t = 0$ von Null auf den konstanten Wert U wechselt, über den Widerstand R mit dem Kondensator mit der Kapazität C verbunden (Abb. 4.26a). Aus dem Maschenumlauf resultiert für die Summe aller Spannungen mit (4.29) die gewöhnliche Differentialgleichung

$$u_0(t) = u_C(t) + RC\frac{\mathrm{d}u_C(t)}{\mathrm{d}t} \qquad (4.30)$$

für den gesuchten Spannungsverlauf $u_C(t)$. Die Lösung die (4.30) genügt und den Anfangswert $u_C(t = 0) = 0$ erfüllt, lautet in diesem Fall

$$u_C(t) = U\left(1 - e^{-t/\tau}\right). \qquad (4.31)$$

Durch die *Zeitkonstante* $\tau = RC$ wird die Änderungsgeschwindigkeit des charakteristischen Zeitverlaufs der Spannungsantwort $u_C(t)$ auf den Spannungssprung $u_0(t)$ bestimmt (Abb. 4.26b).

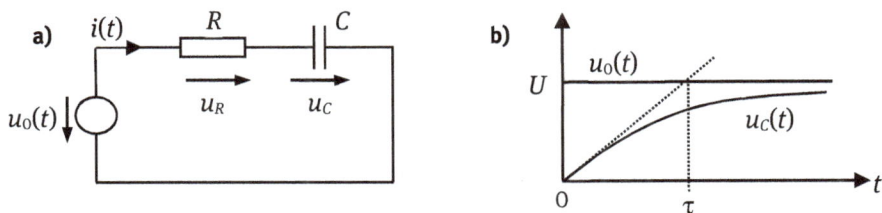

Abb. 4.26 (a) Aufladung eines Kondensators über einen Widerstand R (b) Spannungsverlauf am Kondensator bei Spannungssprung U

Wie aus Gl. (4.31) hervorgeht, strebt der Einschaltvorgang für $t \to \infty$ gegen den Wert U. D.h., nach ausreichend langer Zeit, wenn der dynamische Ausgleichsvorgang abgeklungen ist, stellen sich wieder die statischen Verhältnisse mit der insgesamt zugeführten Ladungsmenge $Q = C\,U$ ein.

Wir erkennen an diesem Beispiel das charakteristische Verhalten einer Kapazität innerhalb eines Stromkreises:

> Eine Kapazität C mit Serienwiderstand R folgt einer Spannungsänderung stets mit einer Verzögerung, die durch die Zeitkonstante $\tau = RC$ bestimmt ist.

Der Einfluss der Kapazität innerhalb eines Stromkreises wie Abb. 4.26a hängt ab von der Größe von τ im Verhältnis zur charakteristischen Zeitdauer der Spannungsänderung. Ist dieses Verhältnis ausreichend klein, kann die Kapazität C entsprechend einer Unterbrechung des Stromkreises vernachlässigt werden.

4.5.2 Der elektrische Verschiebungsstrom

Kehren wir nun zum Ampèreschen Durchflutungsgesetz (4.27) zurück und stellen die folgende Betrachtung unter dem Gesichtspunkt der Ladungserhaltung an. Wie in Abb. 4.24 skizziert, legen wir gedanklich eine Hülle A, die eine kleine Öffnung mit der Randkurve ∂A besitzt, um den Raumbereich V. Die Auswertung des Ampèreschen Durchflutungsgesetzes (4.27) hierfür ergibt im Grenzfall $\partial A \to 0$

$$\lim_{\partial A \to 0} \oint_{\partial A} \mathbf{H} \cdot d\mathbf{s} = \iint_{A} \mathbf{J} \cdot d\mathbf{A} = 0 \,.$$

Dieses Ergebnis steht somit im Widerspruch zum Ladungserhaltungssatz (4.28). Der fehlende Term in der Gleichung lässt sich über das Gaußsche Gesetz (1.31)

$$Q = \lim_{\partial A \to 0} \iint_{A} \mathbf{D} \cdot d\mathbf{A} \,. \tag{4.32}$$

finden. Es verknüpft die Ladung Q innerhalb V mit der elektrischen Flussdichte $\mathbf{D}$. Fügen wir im Ampèreschen Durchflutungsgesetz (4.27) die Zeitableitung $\partial \mathbf{D}/dt$ hinzu, so resultiert bei der Grenzbetrachtung

$$\lim_{\partial A \to 0} \oint_{\partial A} \mathbf{H} \cdot d\mathbf{s} = \iint_{A} \left(\mathbf{J} + \frac{\partial \mathbf{D}}{\partial t} \right) \cdot d\mathbf{A} = 0 \,,$$

und wir erhalten in Kombination mit dem Gaußschen Gesetz (4.32) die gesuchte Übereinstimmung mit dem Ladungserhaltungssatz (4.28):

$$\iint_{A} \mathbf{J} \cdot d\mathbf{A} = -\iint_{A} \frac{\partial \mathbf{D}}{\partial t} \cdot d\mathbf{A} = -\frac{\partial}{\partial t} \iint_{A} \mathbf{D} \cdot d\mathbf{A} = -\frac{dQ}{dt} \,.$$

Die Erweiterung des Ampèreschen Durchflutungsgesetzes bezeichnen wir als *Verallgemeinertes Durchflutungsgesetz*

$$\oint_{\partial A} \mathbf{H} \cdot d\mathbf{s} = \iint_A \left(\mathbf{J} + \frac{\partial \mathbf{D}}{\partial t} \right) \cdot d\mathbf{A} \ . \qquad (4.33)$$

Entsprechend der gleichen Dimension (As/m²) wie die Stromdichte **J** wird der zusätzliche Term $\partial \mathbf{D}/\partial t$ als *Verschiebungsstromdichte* bezeichnet. Er wurde von dem berühmten schottischen Physiker J.C. Maxwell (1831-1879) eingeführt, der damit die bis dahin bekannten Grundgleichungen des elektromagnetischen Feldes vervollständigte (Abschn. 4.5.3).

Wie aus (4.33) direkt ersichtlich ist, erzeugt die Verschiebungsstromdichte wie die Leitungstromdichte **J** ein magnetisches Feld.

> Ursache des magnetischen Feldes sind in gleicher Weise die elektrische Strömung und das zeitabhängige elektrische Feld.

Der zusätzliche Term der Verschiebungsstromdichte in (4.33) stellt somit die Symmetrie zum Induktionsgesetz her, in dem umgekehrt zur Induktion eines elektrischen Feldes durch ein zeitabhängiges Magnetfeld, auch ein zeitabhängiges elektrisches Feld ein Magnetfeld induziert.

In einem Plattenkondensator bedeutet dies, dass im nichtleitenden Medium zwischen den Platten, das den Stromkreis unterbricht, der Leitungsstrom $i(t)$ sich als Verschiebungsstrom fortsetzt. Durch den Strom ändert sich die Ladung auf den Platten und somit auch das Feld **D** zwischen den Platten mit der Zeit. Mit der dort resultierenden Verschiebungsstromdichte $\partial \mathbf{D}/\partial t$ setzt sich das Magnetfeld außerhalb der Platten im Zwischenraum zwischen den Platten fort (Abb. 4.27).

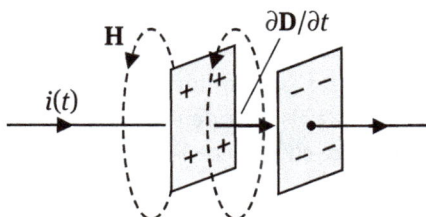

Abb. 4.27 Elektrischer Verschiebungsstrom zwischen den Platten eines Kondensators

Der Grund für die relativ späte Entdeckung des Verschiebungsstroms ist, dass das induzierte Magnetfeld erst bei relativ hohen Frequenzen in Erscheinung tritt. Dies wird an folgendem Größenvergleich von Leitungs- und Verschiebungsstrom deutlich. Ausgehend von einem sinusförmigen Vorgang mit $E = \hat{E} \cdot \sin(\omega t)$ beträgt der maximale Wert der Verschiebungsstromdichte

$$\left(\frac{\partial D}{\partial t} \right)_{max} = \omega \varepsilon \hat{E} \ .$$

Bei einer maximalen Feldstärkeamplitude $\hat{E} \approx 10^6\,\text{V/m}$ im Bereich der Durchschlagsfeldstärke in Luft resultiert bei einer Frequenz $f = 50\,\text{Hz}$ der Wert $3 \cdot 10^{-9}\,\text{A/mm}^2$. Selbst bei $f = 500\,\text{MHz}$ ist die maximale Verschiebungsstromdichte mit $3 \cdot 10^{-2}\,\text{A/mm}^2$ immer noch klein gegenüber der Leitungsstromdichte in der typischen Größenordnung von $J = 1\,\text{A/mm}^2$.

Nach der theoretischen Vorhersage durch J. C. Maxwell gelang W. C. Röntgen im Jahr 1888 die erste experimentelle Bestätigung des Verschiebungsstroms. Dabei konnte er mit den damaligen recht primitiven Apparaturen das Magnetfeld zwischen den Platten eines Kondensators nachweisen.

Beispiel 4.6: Elektrische und magnetische Feldenergie im Kondensator

Mit einem induzierten Magnetfeld zwischen den Platten eines Kondensators geht zusätzlich zu der elektrischen Feldenergie auch eine zeitabhängige magnetische Feldenergie einher. Dies soll am einfachen Beispiel eines kreisrunden Plattenkondensators mit Radius a demonstriert werden. Das Medium im Plattenzwischenraum habe die Permittivität ε und Permeabilität μ.

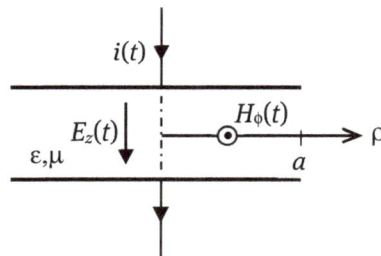

Wir vernachlässigen sämtliche Randeffekte und setzen für das zeitabhängige elektrische Feld $E_z(t)$ eine homogene Verteilung zwischen den Kondensatorplatten an. Damit ergibt sich nach (1.47) die zeitabhängige elektrische Feldenergiedichte

$$w_e(t) = \frac{\varepsilon}{2} E_z^2(t)\,.$$

Das induzierte magnetische Feld lässt sich aufgrund der Zylindersymmetrie direkt durch Auswertung des verallgemeinerten Durchflutungsgesetzes (4.33) entlang eines Kreises mit Radius ρ, das die Kreisfläche $A = \pi \rho^2$ begrenzt, bestimmen:

$$\oint_{\partial A} \mathbf{H} \cdot d\mathbf{s} = 2\pi\rho H_\phi = \iint_A \frac{\partial \mathbf{D}}{\partial t} \cdot d\mathbf{A} = \pi\rho^2 \varepsilon \frac{\partial E_z}{\partial t}\,.$$

Mit dem resultierenden ϕ-gerichteten Magnetfeld

$$H_\phi(t) = \frac{\varepsilon\rho}{2}\frac{\partial E_z}{\partial t},$$

das vom Radialabstand ρ abhängig ist, ergibt sich die ebenfalls ortsabhängige magnetische Energiedichte

$$w_m(t) = \frac{\mu}{2}H_\phi^2(t) = \frac{\mu\varepsilon^2}{8}\rho^2\left(\frac{\partial E_z}{\partial t}\right)^2.$$

Betrachten wir nun einen harmonischen Vorgang mit der Kreisfrequenz ω und der Amplitude $\hat{E}$ des elektrischen Feldes, d.h.:

$$E(t) = \hat{E}\cos(\omega t),$$

so lauten die zeitlichen Mittelwerte von w_e und w_m über eine Periode $T = 2\pi/\omega$ mit

$$\frac{1}{T}\int_0^T \sin^2(\omega t)\,\mathrm{d}t = \frac{1}{T}\int_0^T \cos^2(\omega t)\,\mathrm{d}t = \frac{1}{2}$$

$$\overline{w_e(t)} = \frac{\varepsilon}{4}\hat{E}^2$$

$$\overline{w_m(t)} = \frac{\mu\varepsilon^2}{16}\rho^2\omega^2\hat{E}^2.$$

Das Verhältnis zwischen den beiden zeitlich gemittelten Energiedichten beträgt

$$\frac{\overline{w_m(t)}}{\overline{w_e(t)}} \leq \frac{\mu\varepsilon\omega^2 a^2}{4}.$$

Ist also die Frequenz ω bzw. der Plattenradius a ausreichend klein, so ist die magnetische Energie im Kondensator gegenüber der elektrischen Energie vernachlässigbar. Der Kondensator verhält sich in diesem Fall auch bei zeitabhängigem Betrieb entsprechend seiner statisch definierten Kapazität. Überschreitet man diesen Betriebsbereich, so verhält sich der Kondensator an seinen Anschlüssen aufgrund der nicht mehr vernachlässgibaren magnetischen Energie wie eine Reihenschaltung aus Kapazität *und Induktivität*.

4.5.3 Die Maxwell-Gleichungen

Mit dem verallgemeinerten Durchflutungsgesetz (4.33) sind die *vier grundlegenden Feldgleichungen* der Elektrodynamik vollständig. Sie erfassen sämtliche elektromagnetischen Vorgänge in ruhenden Medien und werden zu Ehren von J.C. Maxwell nach ihm benannt:

$$\oint_{\partial A} \mathbf{H} \cdot d\mathbf{s} = \iint_A \left(\mathbf{J} + \frac{\partial \mathbf{D}}{\partial t} \right) \cdot d\mathbf{A} \qquad \text{(\textit{Durchflutungsgesetz})} \qquad \text{(I)}$$

$$\oint_{\partial A} \mathbf{E} \cdot d\mathbf{s} = - \iint_A \frac{\partial \mathbf{B}}{\partial t} \cdot d\mathbf{A} \qquad \text{(\textit{Induktionsgesetz})} \qquad \text{(II)}$$

$$\oiint_{\partial V} \mathbf{D} \cdot d\mathbf{A} = \iiint_V q \, dV \qquad \text{(\textit{Gaußsches Gesetz})} \qquad \text{(III)}$$

$$\oiint \mathbf{B} \cdot d\mathbf{A} = 0 \qquad \text{(\textit{Quellenfreiheit des magn. Feldes})}. \qquad \text{(IV)}$$

Die Eigenschaften des Mediums hinsichtlich der elektrischen Leitfähigkeit, dielektrischen Polarisierung und der Magnetisierung werden durch die sog *Materialgleichungen* beschrieben:

$$\mathbf{J} = \kappa \mathbf{E} \qquad \text{(\textit{Ohmsches Gesetz})}$$

$$\mathbf{D} = \varepsilon_0 \mathbf{E} + \mathbf{P} = \varepsilon \mathbf{E} \qquad \text{(\textit{Dielektrische Polarisierung})}$$

$$\mathbf{B} = \mu_0 \left(\mathbf{H} + \mathbf{M} \right) = \mu \mathbf{H} \qquad \text{(\textit{Magnetisierung})}.$$

Das *Kraftgesetz*, das die *Coulomb- und* die *Lorentzkraft* enthält

$$\mathbf{F} = Q \left(\mathbf{E} + \mathbf{v} \times \mathbf{B} \right) \qquad \text{(\textit{Elektromagnetische Kraft})}$$

verknüpft das elektromagnetische Feld mit der Mechanik und stellt ihre Wechselwirkung mit Materie allgemein dar.

Elektrostatik

Im Fall der in Kap. 1 betrachteten Ladungskonfiguration von ruhenden Ladungen ist in (I) die Stromdichte $\mathbf{J} = \mathbf{0}$ und die beiden Zeitableitungen in (I) und (II) entfallen. Somit gibt es auch kein magnetisches Feld und die vier Maxwell-Gleichungen reduzieren sich im elektrostatischen Fall zu den beiden elektrostatischen Grundgleichungen (1.12) und (1.31):

$$\oint_{\partial A} \mathbf{E} \cdot d\mathbf{s} = 0 \qquad \textit{(Wirbelfreiheit)}$$

$$\oiint_{\partial V} \mathbf{D} \cdot d\mathbf{A} = \iiint_V q \, dV \qquad \textit{(Gaußsches Gesetz)}.$$

Die Wirbelfreiheit beschreibt die konservative Eigenschaft des elektrostatischen Feldes, woraus das elektrische Potentialfeld hervorgeht (Abschn. 1.4.2.). Es handelt sich um ein *Quellenfeld*, das durch das Gaußsche Gesetz beschrieben wird. Wie in Beispiel 1.6 gezeigt, folgt daraus bei *Isotropie des freien Raumes* das elektrische Feld der Punktladung Q:

$$\mathbf{E} = \frac{Q}{4\pi\varepsilon r^2} \mathbf{e}_r \,.$$

Aufgrund der *Linearität der Feldgleichungen* folgt aus dem Feld der Punktladung in Folge des *Superpositionsprinzips* das Coulombsche Feldintegral (1.24)

$$\mathbf{E} = \frac{1}{4\pi\varepsilon} \iiint_V \frac{q(\mathbf{r}')}{\left|\mathbf{r} - \mathbf{r}'\right|^3} (\mathbf{r} - \mathbf{r}') dV$$

für beliebige Ladungsverteilungen im Raum V, verallgemeinert durch die örtliche Ladungsdichte $q = dQ/dV$.

Magnetostatik

Im Fall eines leitfähigen Mediums ($\kappa \neq 0$) ruft ein elektrostatisches Feld gemäß dem Ohmschen Gesetz (2.6) ein stationäres, d.h. ein *zeitunabhängiges* Strömungsfeld $\mathbf{J} \neq \mathbf{0}$ hervor. Die Zeitableitungen verschwinden somit auch in diesem Fall, sodass sich (I) zum Ampèreschen Durchflutungsgesetz (4.27) reduziert. Zusammen mit (IV) lauten die Feldgleichungen der Magnetostatik:

$$\oint_{\partial A} \mathbf{H} \cdot d\mathbf{s} = \iint_A \mathbf{J} \cdot d\mathbf{A} \qquad (\textit{Ampèresches Durchflutungsgesetz})$$

$$\oiint \mathbf{B} \cdot d\mathbf{A} = 0 \qquad (\textit{Quellenfreiheit des magn. Feldes}).$$

Aus der Quellenfreiheit von **B** folgt umgekehrt zum elektrostatischen Feld, dass das Magnetfeld ein Wirbelfeld ist.

Entgegen der zu erwartenden Analogie zum elektrostatischen Feld, lässt sich die Formel von Biot-Savart (3.20)

$$d\mathbf{H} = \frac{I}{4\pi r^3} d\mathbf{s} \times \mathbf{r} \qquad (4.34)$$

für das infinitesimale Stromelement $I\,d\mathbf{s}$ nicht aus dem Ampèreschen Durchflutungsgesetz ableiten. Tatsächlich handelt es sich bei dem infinitesimalen Stromelement nicht um ein stationäres Strömungsfeld. Nach dem Ladungserhaltungssatz (4.28) bewirkt der Stromfluss eine entsprechende Ladungsansammlung $\pm Q(t)$ an beiden Enden des Elementes. Das Stromelement entspricht somit dem in Kap. 1.4.6 beschriebenen elektrischen Dipol, mit dem zeitabhängigen Dipolmoment

$$\mathbf{p}(t) = Q(t)d\mathbf{s}\,.$$

Das vom Dipol erzeugte zeitabhängige *elektrische Feld* ruft eine Verschiebungsstromdichte $\partial\mathbf{D}/\partial t$ hervor, die im Ampèreschen Durchflutungsetz nicht enthalten ist. In Kap. 3.6 wird in heuristischer Weise der Ansatz für den Feldbeitrag eines Stromelementes so gewählt, dass das Integral über eine unendlich lange Linie das bekannte Feld des unendlich langen Linienstroms ergibt. Dass sich dieses Feld, wie in Beispiel 3.6 wiederum gezeigt, auch direkt aus dem Ampèreschen Durchflutungsgesetz berechnen lässt, ist kein Widerspruch. Bei einem solchen Grenzfall mit unbegrenzter Ausdehnung des Stromes können wir uns den Stromkreis quasi im Unendlichen geschlossen vorstellen. Bei einem im Endlichen geschlossenen Stromkreis, den wir uns als Aneinanderreihung unendlich vieler infinitesimaler Stromelemente vorstellen können, verschwindet das elektrische Feld dadurch, dass sich die aufeinanderfolgenden gegensetzlichen Dipolladungen $\pm Q(t)$ alle aufheben.

Wie im Folgenden gezeigt, erhalten wir die Biot-Savartsche Differentialformel (4.34) des Stromelementes, wenn wir statt dem Ampèreschen das verallgemeinerte Durchflutungsgesetz (I) anwenden. Dazu legen wir das Stromelement $I\,dz$ in den Ursprung eines Kugelkoordinatensystems (Abb. 4.28).

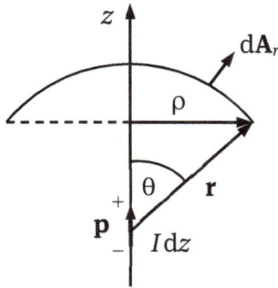

Abb. 4.28 Berechnung der Formel
von Biot-Savart für ein Stromelement
$I\,dz$ durch Anwendung des verallg.
Durchflutungsgesetzes (I)

Aufgrund der Zylindersymmetrie kann das gesuchte Magnetfeld nur eine ϕ-Komponente haben, die von ρ und z abhängig ist, d.h. $\mathbf{H} = H_\phi(\rho,z)\,\mathbf{e}_\phi$. Dies erlaubt uns die Auswertung von (I) entlang der kreisförmigen Randlinie ∂A um die z-Achse mit Radius ρ. Als dazugehörige Integrationsfläche A wählen wir wie in Abb. 4.28 dargestellt, die Kugelteilfläche mit Radius $r = \rho/\sin\theta$. Dadurch, dass für alle Winkel $\theta = 0...\pi$ das Stromelement innerhalb der Fläche A liegt, reduziert sich (I) mit $\mathbf{J} = \mathbf{0}$ zu

$$\oint_{\partial A} \mathbf{H}\cdot d\mathbf{s} = \frac{d}{dt}\iint_A \mathbf{D}\cdot d\mathbf{A}\,. \tag{4.35}$$

Für das Skalarprodukt mit dem Flächenelement (A.28) $d\mathbf{A} = d\mathbf{A}_r = r^2\sin\theta\,d\theta\,d\phi\,\mathbf{e}_r$ ist von dem elektrischen Dipolfeld (1.20) nur die r-Komponente

$$D_r = \frac{p}{2\pi r^3}\cos\theta$$

zu berücksichtigen. Einsetzen in (4.35) und Ausführung des Ringintegrals ergibt zunächst

$$2\pi r\sin\theta\,H_\phi = \frac{1}{2\pi r}\frac{dp}{dt}\int_0^{2\pi}\int_0^{\theta}\cos\theta'\sin\theta'\,d\theta'\,d\phi'\,.$$

Nach Lösung des Flächenintegrals erhalten wir mit

$$\frac{dp}{dt} = \frac{dQ}{dt}dz = I\,dz$$

die Biot-Savartsche Formel des Stromelementes

$$H_\phi = \frac{I\,dz}{4\pi r^2}\sin\theta\,,$$

die mit

$$\mathrm{d}z \sin\theta\, \mathbf{e}_\phi = \mathrm{d}z\, \mathbf{e}_z \times \mathbf{e}_r = \mathrm{d}\mathbf{s} \times \mathbf{r}\, / \, r$$

in die koordinatenunabhänige Form (4.34) überführt werden kann.

4.5.4 Elektromagnetische Wellen

Im allgemeinen zeitabhängigen Fall tritt die Kopplung des elektrischen und magnetischen Feldes gemäß der zeitlichen Ableitungen in (I) und (II) vollständig in Erscheinung. Beide Felder treten in diesem Fall stets gemeinsam auf, sodass man das physikalische Phänomen als *Elektromagnetisches Feld* bezeichnet.

Bei der Anwendung des Induktionsgesetzes (II) in Abschn. 4.1.3 wird vorausgesetzt, dass es sich um einen *langsam veränderlichen Vorgang* handelt, ein Kriterium, das in Abschn. 4.5.5 konkreter gefasst wird. In diesem Fall kann in der Rückwirkung des induzierten elektrischen Feldes **E** auf das Magnetfeld **H** gemäß (I) die Verschiebungsstromdichte $\partial\mathbf{D}/\partial t \sim \partial^2\mathbf{B}/\partial t^2$ gegenüber der Leitungsstromdichte $\mathbf{J} = \kappa\, \mathbf{E} \sim \partial\mathbf{B}/\partial t$ vernachlässigt werden.

Für den uneingeschränkten zeitabhängigen Fall folgerte J. C. Maxwell im Jahr 1865 aus dem verallgemeinerten Durchflutungsgesetz (I) und dem Induktionsgesetz (II) mathematisch die Existenz von elektromagnetischen Wellen. Der später erfolgte experimentelle Nachweis lieferte zusätzlich zur Ladungserhaltung (4.28) die zweite fundamentale Bestätigung der von ihm eingeführten Verschiebungsstromdichte $\partial\mathbf{D}/\partial t$ in (I).

Wir wollen die Erzeugung und Ausbreitung einer elektromagnetischen Welle an folgendem einfachen Beispiel studieren, bei dem ein zeitabhängiger Flächenstrom (Strombelag) $I'(t) = \mathrm{d}I(t)/\mathrm{d}y$ auf der Ebene $z = 0$ lokalisiert sei (Abb. 4.29). Der räumlich unbegrenzte, x-gerichtete Flächenstrom legt gemäß (I) die Richtung des Magnetfeldes in y-Richtung fest. Wir werten nun (I) und (II) in einem Punkt im Abstand $z > 0$ von der strombelegten Ebene aus. Dadurch, dass dort $\mathbf{J} = \mathbf{0}$ gilt, reduziert sich (I) zu

$$\oint_{\partial A} \mathbf{H} \cdot \mathrm{d}\mathbf{s} = \frac{\mathrm{d}}{\mathrm{d}t} \iint_A \mathbf{D} \cdot \mathrm{d}\mathbf{A} \,. \tag{4.36}$$

Werten wir nun (4.36) für ein *infinitesimales Flächenelement* $\mathrm{d}\mathbf{A}_x = \mathrm{d}y\mathrm{d}z\, \mathbf{e}_x$ aus, so erhalten wir für das Ringintegral um den Rand mit den beiden Beiträgen entlang $\mathrm{d}y$, die im Abstand $\mathrm{d}z$ liegen (Abb. 4.29)

$$\oint_{\partial A} \mathbf{H} \cdot d\mathbf{s} = H_y(z)dy - H_y(z+dz)dy$$

$$= H_y(z)dy - \left(H_y(z) + \frac{\partial H_y}{\partial z}dz \right)dy = -\frac{\partial H_y}{\partial z}dy\,dz.$$

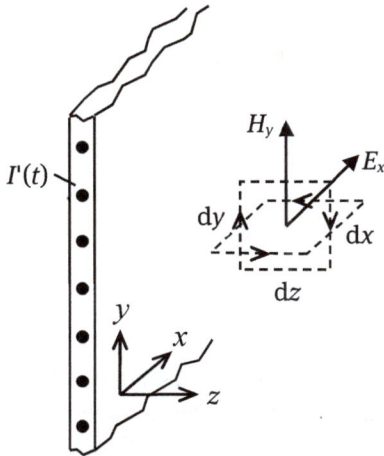

Abb. 4.29 Erzeugung einer elektromagnetischen Welle durch einen zeitabhängigen Flächenstrom $I'(t)$

Mit dem zugehörigen Flächenintegral von **D** über $d\mathbf{A}_x$ auf der rechten Seite von (4.36)

$$\iint_A \mathbf{D} \cdot d\mathbf{A} = \varepsilon E_x(z)\,dy\,dz\,,$$

resultiert aus (4.36) insgesamt die *partielle Differentialgleichung*

$$\frac{\partial H_y}{\partial z} = -\varepsilon \frac{\partial E_x}{\partial t}. \tag{4.37}$$

Im Gegensatz zum magnetostatischen Fall (Beispiel 3.2) ist das Magnetfeld der zeitabhängigen, strombelegten Ebene ortsabhängig und geht zusätzlich mit einem zeitabhängigen elektrischen Feld einher.

Für die Auswertung des Induktionsgesetzes (II)

$$\oint_{\partial A} \mathbf{E} \cdot d\mathbf{s} = -\iint_A \frac{\partial \mathbf{B}}{\partial t} \cdot d\mathbf{A}$$

im gleichen Punkt im Abstand z vom Flächenstrom wählen wir das Flächenelement $d\mathbf{A}_y = dx\,dz\,\mathbf{e}_x$ entsprechend der gegebenen Feldkomponenten E_x, H_y (Abb. 4.29). Wir erhalten in analoger Weise wie für (I)

$$\oint_{\partial A} \mathbf{E} \cdot d\mathbf{s} = -E_x(z)dx + \left(E_x(z) + \frac{\partial E_x}{\partial z}dz \right)dx = \frac{\partial E_x}{\partial z}dx\,dz \ ,$$

$$\iint_A \mathbf{B} \cdot d\mathbf{A} = \mu\,H_y(z)\,dx\,dz.$$

Durch Gleichsetzung beider Ausdrücke resultiert somit aus (II) eine zu (4.37) *duale* partielle Differentialgleichung

$$\frac{\partial E_x}{\partial z} = -\mu\frac{\partial H_y}{\partial t} \ . \tag{4.38}$$

Wellengleichung

Die beiden partiellen Differentialgleichungen erster Ordnung (4.37) und (4.38) setzen jeweils die elektrische und die magnetische Feldkomponente miteinander in Beziehung. Um sie nach E_x oder H_y lösen zu können, müssen sie entkoppelt werden. In dem wir eine der Gleichungen erneut nach z ableiten und die jeweils andere darin einsetzen, erhalten wir für beide Felder die gleichartige partielle Differentialgleichung 2. Ordnung:

$$\frac{\partial^2 H_y}{\partial z^2} = \mu\varepsilon\frac{\partial^2 H_y}{\partial t^2}$$
$$\frac{\partial^2 E_x}{\partial z^2} = \mu\varepsilon\frac{\partial^2 E_x}{\partial t^2} \ . \tag{4.39}$$

Eine partielle Differentialgleichung dieser Form bezeichnet man als *Wellengleichung*. Sie beschreibt auch in vielen anderen Bereichen der Physik (Akustik), wellenförmige Ausbreitungsvorgänge mit der *Geschwindigkeit v*. Als Lösung einer solchen Wellengleichung (4.39) kommt jede beliebige zweifach differenzierbare Funktion $f(t - z/v)$ in Frage (Abb. 4.30). Einsetzen in (4.39) ergibt nach der Kettenregel der Differentialrechung jeweils für die linke und rechte Seite

$$\frac{\partial^2 f}{\partial z^2} = \frac{\partial}{\partial z}\left(-\frac{1}{v}f' \right) = -\frac{1}{v^2}f''$$
$$\frac{\partial^2 f}{\partial t^2} = f'' .$$

Durch Gleichsetzen und Auflösen nach v erhalten wir die sog. *Phasengeschwindigkeit* der elektromagnetischen Welle

$$v = \frac{1}{\sqrt{\mu\varepsilon}}. \tag{4.40}$$

Im Vakuum (Luft) beträgt die Phasengeschwindigkeit (4.40) mit $\mu = \mu_0$, $\varepsilon = \varepsilon_0$

$$v = c_0 = \frac{1}{\sqrt{\mu_0\,\varepsilon_0}} \approx 3\cdot10^8\,\text{m/s} \qquad (\textit{Lichtgeschwindigkeit}).$$

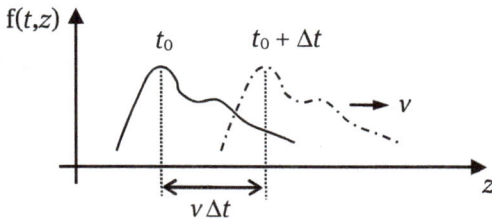

Abb. 4.30 Wellenförmige Fortpflanzung einer Feldgröße f mit der Phasengeschwindigkeit v

Der Wert der Lichtgeschwindigkeit c_0 war bereits vor der theoretischen Vorhersage der elektromagnetischen Wellen aus kosmischen Beobachtungen in guter Näherung bekannt. Damit lag die Schlussfolgerung nahe, dass Licht eine elektromagnetische Welle sein muss. Dies wird zusätzlich dadurch bestätigt, dass sämtliche optischen Phänomene wie Reflexion, Beugung und Brechung aus den Maxwell-Gleichungen (I)-(IV) abgeleitet werden können. Damit konnten die bis dahin getrennten Gebiete der Physik - Optik und Elektromagnetismus - zur *Elektrodynamik* vereinheitlicht werden. Der experimentelle Nachweis der elektromagnetischen Wellen gelang erstmals H. Hertz 1887 durch umfangreiche Experimente, bei denen er u.a. auch das Phänomen der Wellenreflexion an einer Metallfläche nachweisen konnte. Durch Funkenentladung konnte er kurzzeitig einen oszillierenden Strom in einem Metalldraht herstellen. In einem dazu entfernt angeordneten zweiten Draht gleicher Länge konnte er die so erzeugte elektromagnetische Welle durch eine winzige Funkenentladung nachweisen. Dieses Prinzip von Sende- und Empfangsantenne griff der italienische Radiopionier und spätere Unternehmer *G. Marconi* auf, der 1896 mit seiner ersten Apparatur Signale über 3 km drahtlos übertragen konnte. Mit der danach erfolgreichen Funkverbindung zwischen England und Frankreich, und 1901 sogar zwischen England und Neufundland (3600 km), begann das Zeitalter der drahtlosen Nachrichtenübertragung.

Die Erzeugung einer elektromagnetischen Welle, wie in unserem einfachen Beispiel durch einen zeitabhängigen elektrischen Strom, ist in einem physikalisch allgemeineren Sinn als *Zustandsänderung der elektrischen Ladung* zu verstehen. Bei der Erzeugung von Licht findet eine entsprechende Zustandsänderung der Elektronen innerhalb des Atoms statt. Die weitere Untersuchung dieser atomaren Vorgänge trug u.a. am Anfang des 20. Jahrhunderts schließlich zur Entwicklung der Atom- und Quantenphysik bei.

Ebene harmonische Welle

Betrachten wir in unserem Beispiel (Abb. 4.29) einen Flächenstrom $I'(t)$ mit harmonischer Zeitabhängigkeit mit der Frequenz $f = 1/T$ bzw. der Periodendauer T. In diesem Fall oszillieren die resultierenden Felder $E_x(t)$ und $H_y(t)$ in jedem Punkt ebenfalls mit der Frequenz f, jedoch, aufgrund der gleichzeitigen Fortpflanzung mit der Geschwindigkeit v, mit unterschiedlicher Phase (Abb. 4.31). Dadurch ergibt sich analog zur zeitlichen Periodizität T die räumliche *Wellenlänge*

$$\lambda = vT = v/f .$$ (4.41)

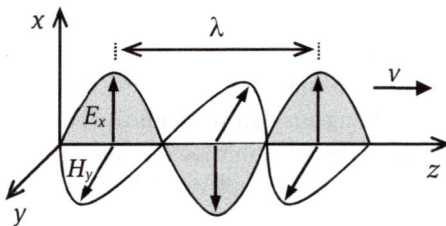

Abb. 4.31 Ebene Transversal-Elektromagnetische Welle (harmonisch)

Bei der in Abb. 4.31 dargestellten elektromagnetischen Welle handelt es sich um die elementare Form der *ebenen Welle*. Der elektrische und der magnetische Feldvektor liegt hierbei in einer Ebene, die sich mit der Geschwindigkeit v im Raum fortpflanzt. Weil die Felder überall auf der Ebene eine einheitliche zeitliche Phase haben, wird sie *Phasenebene* genannt. Da beide Felder senkrecht (transversal) zur Ausbreitungsrichtung stehen, bezeichnet man eine solche Wellenform zusätzlich als Transversal-Elektromagnetische (TEM) Welle.

Feldwellenwiderstand

Betrachten wir nun eine beliebige Wellenform $f(t - z/v)$ als Lösung der Wellengleichung (4.39), so erhalten wir durch Einsetzen in (4.37)

$$\frac{1}{v}H_y' - \varepsilon E_x' = 0 \,.$$

Hierbei bezeichnen die gestrichenen Größen jeweils die Ableitung nach dem vollständigen Argument $t - z/v$. Daraus folgt

$$\frac{1}{v}H_y - \varepsilon E_x = const.$$

Da dies ohne Einschränkung für beliebige Wellenformen gilt, ist die Konstante Null und wir erhalten mit (4.40) für das Verhältnis der beiden Feldkomponenten

$$\frac{E_x}{H_y} = \sqrt{\frac{\mu}{\varepsilon}} = Z_F \,. \tag{4.42}$$

Bei der ebenen Welle ist das Betragsverhältnis zwischem elektrischem und magnetischem Feld zu jedem Zeitpunkt einzig durch die Eigenschaften des Mediums bestimmt. Der resultierende Quotient Z_F wird wegen seiner Dimension V/A als *Feldwellenwiderstand* bezeichnet.

Energiestromdichte

Mit dem elektrischen und magnetischen Feld der Welle geht nach (1.47) und (3.31) eine räumliche elektrische und magnetische Energiedichte w_e bzw. w_m einher. Insgesamt beträgt somit die elektromagnetische Energiedichte, die sich mit der Phasengeschwindigkeit der Welle v durch den Raum bewegt

$$w_{em} = w_e + w_m = \frac{1}{2}\left(\varepsilon E_x^2 + \mu H_y^2\right) \,.$$

Während der Zeit dt tritt der energieerfüllte Rauminhalt d$V = $ d$A\, v\,$ dt durch die Fläche dA. Dies entspricht der elektromagnetischen Energiemenge

$$\mathrm{d}W_{em} = w_{em}\,\mathrm{d}V = w_{em}\,v\,\mathrm{d}A\,\mathrm{d}t \,.$$

Wir können damit analog zur Stromdichte elektrischer Ladungen die *elektromagnetische Energiestromdichte*

$$S = \frac{\mathrm{d}W_{em}}{\mathrm{d}A\,\mathrm{d}t} = w_{em}v \quad \left(\frac{\mathrm{VA}}{\mathrm{m}^2}\right)$$

definieren. Sie gibt die auf die Fläche bezogene *elektromagnetische Leistung* an, die eine elektromagnetische Welle transportiert. Durch Einsetzen von (1.47) und (3.31) erhalten wir mit (4.42) wahlweise dafür die Ausdrücke

$$S = \frac{E_x^2}{Z_F} = Z_F H_y^2 = E_x H_y. \tag{4.43}$$

Im unserem Beispiel ist die Richtung des Energieflusses gleich der Fortpflanzungsrichtung der Welle entlang der z-Achse. Sie ergibt sich als Verallgemeinerung von (4.43) aus der allgemeinen, koordinatenunabhängigen Definition des *Poynting-Vektors*

$$\mathbf{S} = \mathbf{E} \times \mathbf{H}. \tag{4.44}$$

Der Poynting-Vektor gibt allgemein Richtung und Größe der Energiestrom- oder Leistungsflussdichte im elektromagnetischen Feld an.

4.5.5 Elektrische Netzwerke

Die in Kap. 2.6 dargestellte Theorie der Gleichstromnetzwerke lässt sich auch auf zeitabhängige Vorgänge übertragen. Die beiden Kirchhoffschen Gleichungen (2.20) und (2.21), auf denen die vollständige Netzwerkbeschreibung beruht, gelten dann in gleicher Weise für die zeitabhängigen Zweigströme $i_i(t)$ an einem Verzweigungsknoten und die Zweigspannungen $u_n(t)$ in einer Netzwerkmasche:

$$\begin{aligned} \sum_i i_i(t) &= 0 \\ \sum_n u_n(t) &= 0. \end{aligned} \tag{4.45}$$

Hierin lassen sich ohmsche Widerstände (R), Induktivitäten (L) und Kondensatoren (C) jeweils durch den entsprechenden Zusammenhang (2.7),(4.10) und (4.29) zwischen Spannung und Strom einbeziehen:

$$u_R(t) = i_R(t)R, \qquad i_C(t) = C\frac{\mathrm{d}u_C(t)}{\mathrm{d}t}, \qquad u_L(t) = L\frac{\mathrm{d}i_L(t)}{\mathrm{d}t}.$$

Aus der Netzwerktopologie lässt sich mit einer wie in Abschn. 2.6.3 beschriebenen Methodik ein entsprechendes lineares Gleichungssystem aufstellen, in dem zusätzlich zeitliche Differentiationen bzw. Integrationen enthalten sind. Somit stellt die Darstellung einer elektrischen 3-dimensionalen Anordnung durch ein elektrisches Netzwerk eine große Vereinfachung dar. Die zeit- und ortsabhängigen Feldgrößen werden in die integralen Parameter u, i, R, L und C überführt, in denen sich die entsprechenden Feldgleichungen jeweils verbergen.

Genauer betrachtet ist das elektrische und magnetische Feld in einem real aufgebauten Netzwerk nicht nur in den kapazitiven bzw. induktiven Bauelementen lokalisiert. Potentialunterschiede zwischen den Leitungen bzw. die von den Maschen gebildeten Stromschleifen rufen ein zeitabhängiges elektrisches und magnetisches Feld hervor, das über dem Netzwerk räumlich verteilt ist. Sind die entsprechenden Feldenergien gegenüber den Energien in den konzentrierten Bauelementen nicht vernachlässigbar gering, so lassen sie sich durch eine zusätzliche *parasitäre* Kapazität C_p bzw. Induktivität L_p im Netzwerk einfügen (Abb. 4.32). Dies gilt ebenso für die endliche Leitfähigkeit der Verbindungsleitungen, die durch einen entsprechenden Serienwiderstand berücksichtigt werden kann.

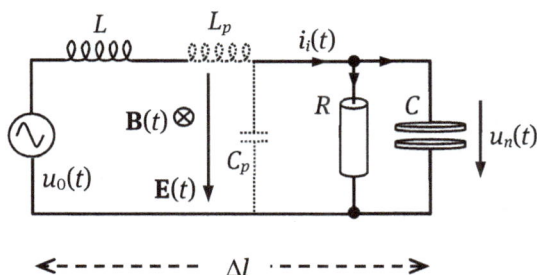

Abb. 4.32 Elektrisches Netzwerk im zeitabhängigen Betrieb mit charakteristischer Abmessung Δl (schematisch)

Nichtsdestotrotz ist die Gültigkeit einer solchen Netzwerkdarstellung auf *langsam zeitveränderliche Vorgänge* beschränkt. Hierbei spielt die *charakteristische räumliche Ausdehnung* Δl des Netzwerkes eine entscheidende Rolle. Dies soll an folgendem einfachen Beispiel einer Bandleitung veranschaulicht werden.

Wellenausbreitung entlang einer Bandleitung

Eine Bandleitung mit der Breite w und Leiterabstand d werde an einem Ende ($z = 0$) durch eine zeitabhängige Spannungsquelle $u_0(t)$ angeregt, die den Strom $i_0(t)$ einspeist (Abb. 4.33a). Die Platten seien ideal leitfähig ($\kappa \to \infty$) und das Medium innerhalb der Leitung habe die Permeabilität μ und Permittivität ε.

Wir betrachten zunächst den zeitunabhängigen Betrieb (u_0, $i_0 = const.$). Unter Vernachlässigung der Randeffekte entspricht das elektrische Feld E_x dem homogenen Feld des Plattenkondensators (Abschn. 1.8.1.). Unter den gleichen vereinfachenden Annahmen erhalten wir mit dem Gleichstrom i_0 das ebenfalls homogene magnetische Feld H_y aus Beispiel 3.7, das senkrecht zum elektrischen Feld steht (Abb. 4.33b).

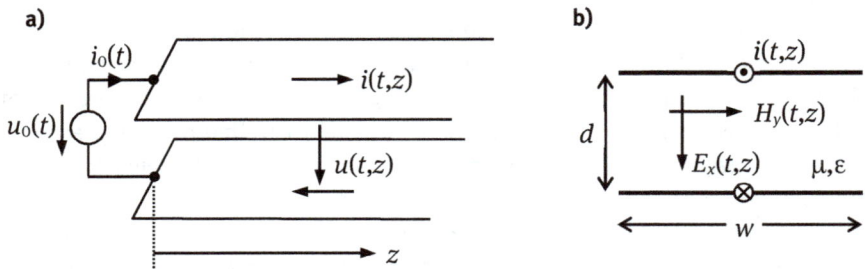

Abb. 4.33 (a) Bandleitung (schematisch) bei zeitabhängigem Betrieb (b) Querschnittsebene entlang der Bandleitung mit TEM-Feld

Wir gehen nun zum zeitabhängigen Betrieb über und nehmen eine unbegrenzte Leitungslänge an. Die Auswertung der beiden Feldgleichungen (I) und (II) in gleicher Weise wie in Abschn. 4.5.4 ergibt für jede Querschnittsebene an der Stelle z entlang der Leitung die beiden gekoppelten, partiellen Differentialgleichungen (4.37) und (4.38). Aus ihnen resultiert die Zeit- und Ortsabhängigkeit der Feldkomponenten $E_x(t,z)$ und $H_y(t,z)$ zwischen den Platten (Abb. 4.33b), die der Wellengleichung (4.39)

$$\frac{\partial^2 E_x}{\partial z^2} = \mu\varepsilon\frac{\partial^2 E_x}{\partial t^2}$$

in gleicher Weise für H_y genügen. Sie beschreibt eine wellenförmige Ausbreitung beider Felder entlang der Leitung mit der Phasengeschwindigkeit (4.40)

$$v = \frac{1}{\sqrt{\mu\varepsilon}}\,.$$

Wie in Abschn. 4.5.4 (Abb. 4.30) gezeigt, sind die Lösungen von der allgemeinen Form $E_x(t,z) \sim f(t - z/v)$. Ausgehend vom homogenen Feld am Leitungsanfang $E_x(t,z=0) = u_0(t)/d$ (1.41), lautet die Lösung des Transversal-Elektromagnetischen (TEM) Wellenfeldes entlang der Bandleitung somit

$$E_x(t,z) = \frac{1}{d}u_0(t - z/v)$$

$$H_y(t,z) = \frac{1}{Z_F d}u_0(t - z/v).$$

(4.46)

In der Lösung für H_y wird von dem Verhältnis (4.42) zwischen elektrischer und magnetischer Feldkomponente Gebrauch gemacht, das durch den Feldwellenwiderstand Z_F des Mediums bestimmt ist.

Wie aus der Lösung (4.46) hervorgeht, ist mit dem TEM-Wellenfeld die Spannungswelle $u_0(t - z/v)$ zwischen den beiden Bandleitern verknüpft. Sie pflanzt sich mit der gleicher Phasengeschwindigkeit v entlang der Leitung fort (Abb. 4.33a). Gemäß (3.38) besteht im homogenen Magnetfeld H_y der Bandleitung der einfache Zusammenhang $i(t,z) = H_y(t,z)\,w$ zu dem hin- und rückfließenden Strom i. Wir erhalten somit für die mit dem TEM-Wellenfeld sich ausbreitende *Spannungs- und Stromwelle* entlang der Bandleitung:

$$u(t,z) = u_0(t - z/v)$$

$$i(t,z) = \frac{w}{Z_F d}u_0(t - z/v).$$

(4.47)

Demzufolge sind Strom und Spannung entlang der Leitung über das konstante Verhältnis, dem sog. *Leitungswellenwiderstand*

$$Z_w = \frac{u(t,z)}{i(t,z)} = Z_F \frac{d}{w},$$

(4.48)

miteinander verknüpft. Im Unterschied zum Feldwellenwiderstand Z_F (4.42), der nur vom Medium bestimmt ist, ist Z_w zusätzlich auch von der Leitungsgeometrie abhängig.

Elektrisch kleines System

Wir kehren nun zu der Frage hinsichtlich der Gültigkeit der Netzwerkdarstellung einer elektrischen Anordnung zurück, d.h. der Gültigkeit der Kirchhoffschen Gleichungen (4.45) im zeitabhängigen Betrieb. In Anlehnung an das einfache Beispiel der Bandleitung breiten sich Strom und Spannung innerhalb eines Netzwerkes mit endlicher Geschwindigkeit v aus. In Bezug zu seiner *charakteristischen Abmessung* Δl (Abb. 4.32) besteht im Netzwerk eine Zeitverzögerung von der Größenordnung $\Delta l/v$. Daraus folgt, dass die Kirchhoffschen Gleichungen (4.45) im zeitabhängigen Betrieb eine Näherung darstellen, die umso genauer gilt, je langsamer die charakteristische

Zeitdauer Δt des zeitveränderlichen Vorgangs gegenüber der Zeitverzögerung $\Delta l/v$ ist, d.h.

$$\Delta l \ll v\,\Delta t\,. \tag{4.49}$$

Unter dieser Bedingung sprechen wir also von einem langsamen zeitveränderlichen Vorgang, oder gleichbedeutend, von einem *elektrisch kleinen System* mit charakteristischer Abmessung Δl. Darin erfolgen die Änderungen von Spannung und Strom an jeder Stelle *quasi instantan*.

Bei einem zeitlich harmonischen Betrieb eines elektrischen Netzwerkes mit der Kreisfrequenz ω bzw. der Periodendauer $T = 2\pi/\omega$ ist als charakteristische Zeitdauer $\Delta t = T/4$ anzusetzen. Durch Einsetzen in (4.49) erhalten wir mit der Wellenlänge λ (4.41) als Bedingung für ein elektrisch kleines System

$$\Delta l \ll \frac{\lambda}{4}\,. \tag{4.50}$$

Üblicherweise wird hierfür ein Zehntel dieses Wertes, also $\lambda/40$ als Grenzwert angesetzt.

> Ein elektrisches Netzwerk kann im zeitabhängigen Betrieb durch die Kirchhoffsche Maschen- und Knotengleichung beschrieben werden, wenn seine räumliche Ausdehnung elektrisch klein, bzw., bei harmonischer Zeitabhängigkeit, wesentlich kleiner als die Wellenlänge ist.

Als Beispiel betrachten wir eine Hochspannungsleitung, die bei der Frequenz $f = 50$ Hz betrieben wird. Selbst bei Entfernungen von mehreren 100 km ist die Leitung angesichts der Wellenlänge $\lambda = c/f \approx 6000$ km (Lichtgeschwindigkeit c in Luft) elektrisch kurz. Sie verhält sich deshalb in guter Näherung wie eine einfache elektrische Verbindung im Netzwerk. Dies wäre bei einer Frequenz von beispielsweise 50 MHz ($\lambda = 6$ m) bei Weitem nicht mehr der Fall. Im Gegensatz dazu kann eine elektronische Baugruppe mit charakteristischer Ausdehnung in der Größenordnung $\Delta l = 0{,}1$ m bei dieser Frequenz noch hinreichend als Netzwerk beschrieben werden.

Das Kriterium (4.49) bzw. (4.50) ist nicht auf Leitungen beschränkt, sondern gilt allgemein für jedes elektrische System. Betrachten wir im Nachgang das in Beispiel 4.6 berechnete Verhältnis

$$\frac{\overline{w_m(t)}}{\overline{w_e(t)}} \leq \frac{\mu\varepsilon\omega^2 a^2}{4}$$

zwischen der zeitlich gemittelten magnetischen und elektrischen Energiedichte innerhalb eines Plattenkondensators bei zeitharmonischem Betrieb mit der Kreisfrequenz ω. Mit (4.40) und (4.41) resultiert daraus

$$\frac{\overline{w_m(t)}}{\overline{w_e(t)}} \leq \left(\pi \frac{a}{\lambda} \right)^2 ,$$

und somit genau das Kriterium (4.50), das sich in diesem Fall auf den Plattenradius *a* als charakteristische Abmessung bezieht. Im Fall, dass dieser gegenüber der Wellenlänge klein ist, kann die magnetische Energie im Kondensator gegenüber der elektrischen vernachlässigt werden.

Energietransport

Schließlich wollen wir noch den Energiefluss in der Bandleitung (Abb. 4.33) näher untersuchen. Das Flächenintegral über den Poynting-Vektor (4.43) auf einer Querschnittsebene an der Stelle *z*, d.h.

$$P = \iint_{w\ d} (\mathbf{E} \times \mathbf{H}) \cdot \mathrm{d}\mathbf{A}$$

ergibt die insgesamt an dieser Stelle durchströmende elektromagnetische Leistung *P*. Einsetzen von (4.46) ergibt

$$P(t,z) = \iint_{w\ d} E_x H_y\, \mathbf{e}_z \cdot \mathrm{d}\mathbf{A}_z = \frac{w}{Z_F\, d} u_0^2(t - z/v) ,$$

bzw. durch Anwendung (4.48)

$$P(t,z) = \frac{1}{Z_w} u_0^2(t - z/v) = u_0(t - z/v)\, i_0(t - z/v) .$$

Die Leistung ist somit das aus dem Netzwerk bekannte Produkt aus Spannung und Strom, das sich allerdings mit der Geschwindigkeit *v* entlang der Leitung ausbreitet. Entgegen einer naiven Vorstellung, fließt die Energie nicht in den Leitern, sondern im Medium *zwischen den Leitern*. Die Leiter dienen also gewissermaßen lediglich zur Führung des elektromagnetischen Feldes, das gemäß dem Poynting-Vektor (4.44) die elektromagnetische Energie von der Quelle am Leitungsanfang zum Verbraucher am Leitungsende transportiert. Strom und Spannung entlang der Leitung gehen mit dem elektrischen und magnetischen Feld einher, nicht umgekehrt.

> Der Leistungstransport durch eine elektrischen Leitung findet im elektromagnetischen Feld zwischen den Leitern statt. Die Leitung dient nur zur Führung der elektromagnetischen Feldenergie.

4.6 Übungsaufgaben

4.1 Ruheinduktion in einer Leiterschleife

Eine rechteckige Leiterschleife mit den Seitenlängen a und b werde von einem orts- und zeitabhängigen Magnetfeld

$$\mathbf{B}(x,t) = B_0 \left(1 - e^{-t/\tau}\right) \left(\frac{x}{a} + \frac{1}{2}\right) \mathbf{e}_z$$

senkrecht durchsetzt. Die Dicke des Schleifendrahtes und die kurze Unterbrechung durch die Anschlüsse seien vernachlässigbar.

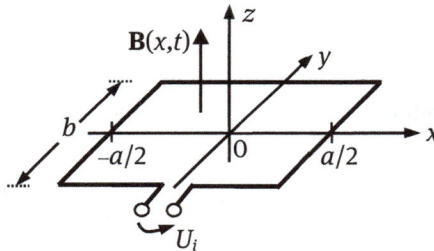

a) Berechnen Sie den zeitabhängigen magnetischen Fluss $\Phi(t)$ durch die Schleife.

b) Welchen Spannungsverlauf $U_i(t)$ erhält man an den Schleifenanschlüssen? Skizzieren Sie den Zeitverlauf des Betrags des magnetischen Flusses $|\Phi(t)|$ und der induzierten Spannung $|U_i(t)|$ in einem Diagramm.

c) An die Schleifenanschlüsse sei ein Verbraucher mit dem Widerstand R angeschlossen. Berechnen Sie den zeitabhängigen Strom $I(t)$ im Widerstand unter Vernachlässigung der Schleifeninduktivität. Wie groß ist der Strom zum Zeitpunkt $t = \tau$ im Verhältnis zu $t = 0$?

d) Berechnen Sie aus c) die auf die Leiterschleife wirkende zeitabhängige Kraft $\mathbf{F}(t)$ unter Vernachlässigung der Leiterschleifenanschlüsse.
   Tipp: Bestimmen Sie jeweils paarweise die in x- und y-Richtung wirkende Kraft $F_x(t)$ bzw. $F_y(t)$.

4.2 Gegeninduktion

Eine rechteckige Spule mit Seitenlängen a und b und N Windungen wird von einem orts- und zeitabhängigen Magnetfeld $\mathbf{B}(x,t)$ durchsetzt, das von einem Strom $I(t)$ in einer Zweidrahtleitung erzeugt wird. Die Leitung soll durch zwei entgegengesetzte Linienströme dargestellt werden, die im Abstand r_1 bzw. r_2 parallel zur Spule angeordnet sind.

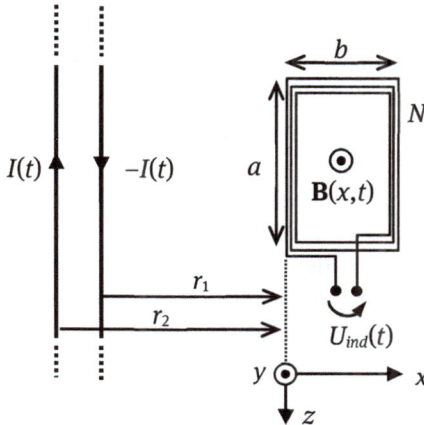

a) Stellen Sie die Lösung für die orts- und zeitabhängige magnetische Flussdichte $\mathbf{B}(x,t)$ auf und berechnen Sie damit den zeitabhängigen Fluss $\Phi(t)$ durch die Spule.
b) Bestimmen Sie die Lösung für die in der Spule induzierte Spannung $U_{ind}(t)$. Welche Näherung erhalten Sie für $b \ll r_1 < r_2$? (Hinweis: $\ln(1 + \delta) \approx \delta$ für $\delta \ll 1$).
c) Welche Spannung wird in der Doppelleitung induziert, wenn der Strom $I(t)$ in der Spule fließt? Begründen Sie Ihr Ergebnis!

4.3 Bewegungsinduktion

Eine rechteckige Leiterschleife mit den Abmessungen a und b bewege sich in einem ortsabhängigen magnetischen Feld $\mathbf{B}(x) = \mathbf{e}_z B_0\, x/b$ mit der konstanten Geschwindigkeit v in x-Richtung. Sowohl die Drahtdicke als auch der elektrische Widerstand und die Induktivität der Leiterschleife seien vernachlässigbar.

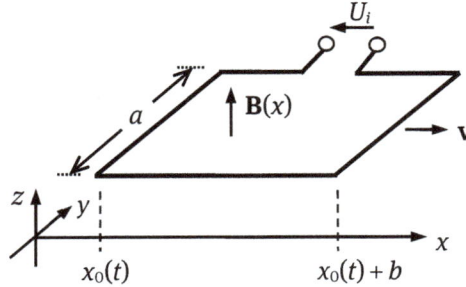

a) Berechnen Sie den magnetischen Fluss $\Phi(x_0)$, der die Leiterschleife in Abhängigkeit der Position x_0 durchsetzt.

b) Bestimmen Sie aus a) die an den Leiteranschlüssen während der Bewegung induzierte Spannung U_i. Es gelte $x_0 = 0$ bei $t = 0$.

c) Ein Widerstand R sei an die Leiterschleife angeschlossen. Wie groß ist die im Widerstand umgesetzte elektrische Leistung P_{el}?

d) Welche Kraft (Betrag und Richtung) greift insgesamt auf die bewegte Leiterschleife bei angeschlossenem Widerstand R an? Verifizieren Sie damit den Energieerhaltungssatz mit der mechanische Leistung $P_{mech} = \mathbf{F} \cdot \mathbf{v}$.

4.4 Ampèresche Kraft und Bewegungsinduktion

Ein frei beweglicher Metallstab ist auf zwei parallelen Metallschienen angeordnet, die sich im Abstand d befinden und mit einer Spannungsquelle U_0 verbunden sind. Der Gesamtwiderstand des aus Schienen und Stab gebildeten Stromkreises sei R. Die gesamte Anordnung sei mit einem homogenen Magnetfeld $\mathbf{B}$ senkrecht durchsetzt. An den beweglichen Stab sei eine Masse m durch ein Seil über eine Rolle befestigt. Reibung ist insgesamt zu vernachlässigen.

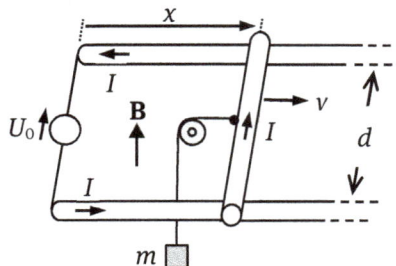

a) Berechnen Sie zunächst die in dem Stromkreis induzierte Spannung U_{ind}, wenn der Stab sich mit der Geschwindigkeit v in x-Richtung bewegt.

b) Welche Gesamtspannung U_{ges} ergibt sich in dem Stromkreis und wie groß ist der resultierende Strom I durch den Stab, wenn er sich mit der Geschwindigkeit v bewegt?

c) Berechnen Sie die auf den Stab wirkende Kraft F_{magn} (Betrag und Richtung) in Abhängigkeit von I.

d) Welche stationäre Geschwindigkeit v ergibt sich, ausgehend vom Gleichgewichtszustand zwischen der magnetischen Kraft F_{magn} und der Gewichtskraft $F_g = m \cdot g$?

Bei welchem Wert der Masse m kommt keine Bewegung zustande?

4.5 Elektrodynamisches Mikrofon

Eine Tauchspule mit N Windungen und Durchmesser d befinde sich in einem ringförmigen Luftspalt, der von einer konstanten Flussdichte **B** homogen durchflutet wird. Die Tauchspule ist mit einer federnd aufgehängten Membran verbunden, an die eine zeitabhängige Kraft $F_z(t)$ angreift, die über die Beziehung $v_z = K \cdot dF_z/dt$ (Federkonstande K) zu einer zeitabhängigen Geschwindigkeit $v_z(t)$ der Tauchspule im Luftspalt führt. Die Massen von Tauchspule und Membran seien vernachlässigbar.

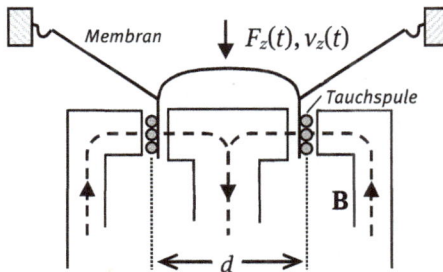

a) Berechnen Sie das zeitabhängige induzierte elektrische Feld $\mathbf{E}'(t)$ in der Spule. Welche Lösung erhalten Sie für die an den Spulenanschlüssen resultierende Spannung $U_i(t)$?

b) Bestimmen Sie für den harmonischen Zeitverlauf der Kraft $F_z(t) = \hat{F}\sin(\omega t)$ mit Amplitude $\hat{F}$ und Kreisfrequenz ω die Empfindlichkeit $\hat{U}_i / \hat{F}$ ($\hat{U}_i$: Amplitude der induzierten Spannung).

c) Die Spule habe die Induktivität L und sei an einem Widerstand R angeschlossen. Für die harmonische Anregung aus b) soll die Übertragungsfunktion $\hat{U}_R / \hat{F}$ für die Spannungsamplitude $\hat{U}_R$ über dem Widerstand berechnet werden. Stellen Sie dazu das elektrische Ersatzschaltbild auf und gehen Sie über den

Maschenumlauf von dem Ansatz $i(t) = \hat{I}\sin(\omega t - \varphi)$ für den Strom aus. Skizzieren Sie den Frequenzgang von $\hat{U}_R / \hat{F}$.

Hinweis: $a\sin(x-\varphi) + b\cos(x-\varphi) = \sqrt{a^2 + b^2}\,\sin(x)$

4.6 Magnetische und elektrische Feldenergie in einer Spule

Innerhalb einer Zylinderspule mit dem Radius a soll das Verhältnis zwischen elektrischer und magnetischer Feldenergie bestimmt werden. Vernachlässigen Sie für diese Modellrechnung sämtliche Randeffekte und nehmen Sie für das zeitabhängige Magnetfeld $\mathbf{B}(t)$ innerhalb der Spule eine homogene Verteilung wie im statischen Fall an. Gehen Sie analog zu Beispiel 4.6 vor.

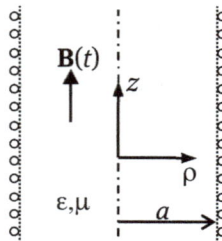

a) Berechnen Sie ausgehend von $\mathbf{B}(t)$ das induzierte elektrische Feld $\mathbf{E}(\rho,t)$.
b) Bestimmen Sie in allgemeiner Form die Energiedichten des elektrischen Feldes $w_e(t)$ und des magnetischen Feldes $w_m(t)$.
c) Ausgehend von einer harmonischen Schwingung mit der Kreisfrequenz ω und der Amplitude $\hat{B}$ soll das Verhältnis der zeitlich gemittelten Energiedichten bestimmt werden. Welche Schlussfolgerung kann in Bezug auf die elektrische Größe a/λ der Zylinderspule gezogen werden?

4.7 Aufladung eines Kondensators – Energieerhaltungssatz

Ein kreisrunder Plattenkondensator mit dem Radius a und dem Plattenabstand d wird innerhalb der Zeitspanne t_0 durch eine Spannungsrampe $u(t)$ von Null auf den Endwert u_0 aufgeladen. Für alle Berechnungen ist wie in Beispiel 4.6 von einem homogenen elektrischen Feld $E_z(t)$ auszugehen und sämtliche Randeffekte sind zu vernachlässigen. Betrachten Sie bei allen Rechnungen die Zeiträume $0 \le t \le t_0$ und $t > t_0$ getrennt.

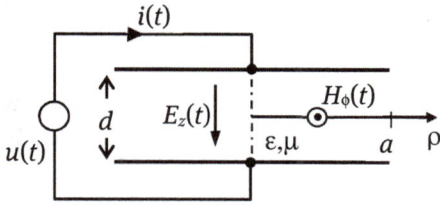

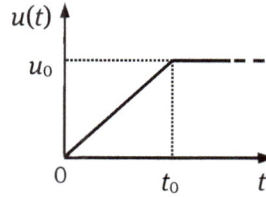

a) Berechnen Sie das elektrische Feld $E_z(t)$ und das magnetische Feld $H_\phi(t)$ innerhalb des Kondensators in Abhängigkeit von der Plattenspannung $u(t)$.

b) Ermitteln Sie den resultierenden Poynting-Vektor $\mathbf{S}(t)$ auf der Randfläche ($\rho = a$). In welche Richtung zeigt er und wie groß ist die zeitabhängige Leistung $p(t)$, die durch die Randfläche fließt? Interpretieren Sie das Ergebnis.

c) Verifizieren Sie das Ergebnis für $p(t)$ aus b) mit Hilfe der von der Spannungsquelle gelieferten Leistung $u(t)\,i(t)$ und aus dem Momentanwert der im Kondensator insgesamt gespeicherten Feldenergie $W(t) = W_e + W_m$.

d) Berechnen Sie aus $p(t)$ durch Integration über die Zeit die für $t \to \infty$ im Kondensator gespeicherte Energie. Vergleichen Sie das Ergebnis mit dem statischen Wert W_e eines auf die Spannung u_0 aufgeladenen Kondensators mit der Kapazität C.

4.8 Einschaltvorgang in einer unbegrenzten Leitung

Eine Leitung unbegrenzter Länge mit Phasengeschwindigkeit v und Leitungswellenwiderstand Z_w werde am Leitungsanfang ($z = 0$) über einen Widerstand R_0 durch eine Spannungsquelle mit sprungförmigem Zeitverlauf angeregt, d.h.

$$u_0(t) = \begin{cases} 0 \; ; t < 0 \\ U \; ; t \geq 0 . \end{cases}$$

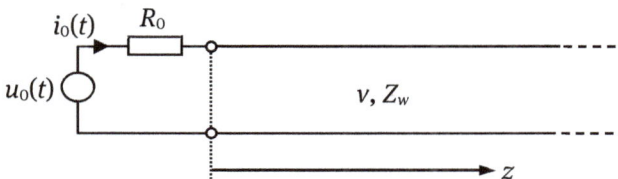

a) Bestimmen Sie aus einem Spannungsumlauf zunächst die zeitabhängige Spannung $u(z=0,t)$ und den Strom $i(z=0,t) = i_0(t)$ am Leitungsanfang.

b) Erweitern Sie die Lösungsausdrücke aus a) zu den Lösungen $u(z,t)$ und $i(z,t)$ über die Leitungskoordinate $z \geq 0$. Skizzieren Sie Spannungs- und Stromverlauf entlang der Leitung für einen beliebigen Zeitpunkt $t > 0$.

c) Bestimmen Sie den Spannungs- und Stromverlauf entlang der Leitung, wenn statt R_0 eine Induktivität L_0 zwischen Spannungsquelle und Leitung geschaltet ist. Gehen Sie in analoger Weise vor wie in a) und b).

A. Mathematische Grundlagen und Formeln

Im Folgenden sind die wichtigsten mathematischen Zusammenhänge und Formeln zusammengestellt, die in diesem Buch benötigt werden. Auf eine ausführliche Darstellung und Herleitungen wird bewusst verzichtet und auf Standardwerke der Ingenieursmathematik verwiesen. Einige ausgewählte Nachschlagwerke und Lehrbücher sind im Literaturverzeichnis angegeben.

A.1 Skalar- und Vektorfeld

Ein Feld bezeichnet einen Raumbereich, in dem jedem Punkt (Ort)
– die Stärke (*Skalarfeld*)
– die Stärke und die Richtung (*Vektorfeld*)

einer physikalischen Größe zugeordnet ist.

A.1.1 Skalarfeld

Die Funktion $\varphi(\mathbf{r})$ ordnet jedem Punkt $\mathbf{r}$ einen skalaren Wert zu, wie z.B. Temperatur, Druck, elektrisches Potential, usw.

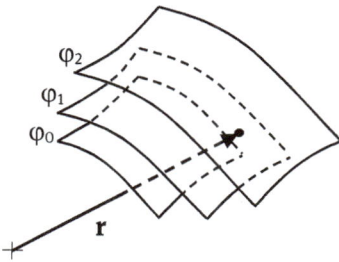

Abb. A.1 Veranschaulichung eines Skalarfeldes durch Niveauflächen

Zur Veranschaulichung von Skalarfeldern dienen *Niveaulinien* (2D) bzw. *Niveauflächen* (3D), auf denen das Feld einen konstanten Wert φ_0, φ_1, φ_2 hat (Abb. A.1). Im elektrischen Feld werden diese auch als *Äquipotentiallinien* bzw. -*flächen* bezeichnet.

Wählt man eine konstante Differenz zwischen den Niveaulinien/ -flächen, d.h. $(\varphi_1 - \varphi_0) = (\varphi_2 - \varphi_1) = \ldots$, so veranschaulicht der Abstand zwischen ihnen die Stärke der Änderung des Feldes.

https://doi.org/10.1515/9783110768176-005

A.1.2 Vektorfeld

Die Vektorfunktion $\mathbf{E}(\mathbf{r})$ ordnet jedem Ort $\mathbf{r}$ einen Vektor zu (3 ortsabhängige skalare Funktionen), wie z.B. Kraft, Strömungsgeschwindigkeit, elektrische Feldstärke, usw. Ausgeschrieben in kartesischen Koordinaten (x, y, z):

$$\mathbf{E}(\mathbf{r}) = E_x(\mathbf{r})\mathbf{e}_x + E_y(\mathbf{r})\mathbf{e}_y + E_z(\mathbf{r})\mathbf{e}_z .$$

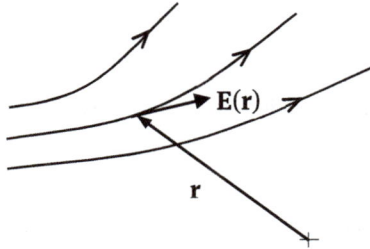

Abb. A.2 Veranschaulichung von Vektorfeldern durch Feldlinien

Zur Veranschaulichung von Vektorfeldern dienen *Feldlinien*. Das sind Linien, die in jedem Punkt tangential zum Feldvektor verlaufen (Abb. A.2). Zeichnet man die Feldlinien so, dass zwischen ihnen jeweils der gleiche Vektorfluss durchtritt (siehe Abschn. A.3.2), so veranschaulicht die Feldliniendichte die Stärke des Vektors.

Hat der Feldvektor $\mathbf{E}$ in jedem Punkt die gleiche Richtung und den gleichen Betrag, liegt ein *homogenes Feld* vor.

A.2 Vektoralgebra

Zerlegung des Vektors $\mathbf{A}(\mathbf{r})$ in seine kartesischen Komponenten (Abb. A.3):

$$\mathbf{A} = \begin{pmatrix} A_x \\ A_y \\ A_z \end{pmatrix} = A_x\,\mathbf{e}_x + A_y\,\mathbf{e}_y + A_z\,\mathbf{e}_z . \tag{A.1}$$

Betrag (Länge) eines Vektors:

$$|\mathbf{A}| = A = \sqrt{A_x^2 + A_y^2 + A_z^2} . \tag{A.2}$$

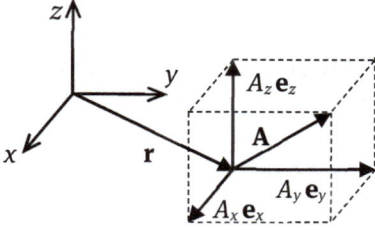

Kartesische
Komponenten eines Vektors **A**

Einheitsvektoren:

$$\left|\mathbf{e}_x\right| = \left|\mathbf{e}_y\right| = \left|\mathbf{e}_z\right| = 1 \, . \tag{A.3}$$

Einheitsvektor in Richtung des Vektors **A**:

$$\mathbf{e}_A = \frac{\mathbf{A}}{|\mathbf{A}|} \quad \text{bzw.} \quad \mathbf{A} = A\,\mathbf{e}_A \, . \tag{A.4}$$

Addition und Subtraktion von Vektoren (Abb. A.4a)

$$\mathbf{A} \pm \mathbf{B} = (A_x \pm B_x) \cdot \mathbf{e}_x + (A_y \pm B_y) \cdot \mathbf{e}_y + (A_z \pm B_z) \cdot \mathbf{e}_z \, .$$

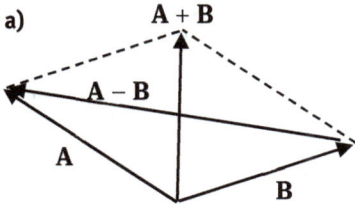

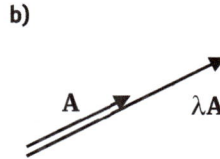

Summe und Differenz zweier Vektoren **A** und **B**, (b) Multiplikation eines Vektors mit einem Skalar

Produkt mit Skalar λ (Abb. A.4b)

$$\lambda \mathbf{A} = \lambda A\,\mathbf{e}_A \quad \text{(Vektor)} . \tag{A.5}$$

A.2.1   Skalarprodukt

Das Skalarprodukt zweier Vektoren **A** und **B** ist das Produkt der beiden zueinander *parallelen* Komponenten (Abb. A.5). Das Ergebnis ist ein *Skalar*:

$$\mathbf{A} \cdot \mathbf{B} = AB\cos\left(\sphericalangle\mathbf{A},\mathbf{B}\right) = AB\cos\alpha .\tag{A.6}$$

In Komponentenform:

$$\begin{pmatrix} A_x \\ A_y \\ A_z \end{pmatrix} \cdot \begin{pmatrix} B_x \\ B_y \\ B_z \end{pmatrix} = A_x\,B_x + A_y\,B_y + A_z\,B_z .\tag{A.7}$$

Das Skalarprodukt ist *kommutativ*, d.h

$$\mathbf{A} \cdot \mathbf{B} = \mathbf{B} \cdot \mathbf{A} .$$

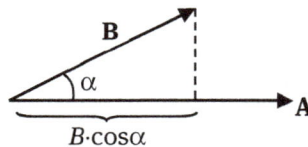

Abb. A.5 Skalarprodukt

Spezialfälle:

$$\mathbf{A} \cdot \mathbf{B} = AB \quad \Leftrightarrow \quad \mathbf{A} \parallel \mathbf{B}$$
$$\mathbf{A} \cdot \mathbf{B} = 0 \quad \Leftrightarrow \quad \mathbf{A} \perp \mathbf{B} .$$

A.2.2   Kreuzprodukt (Vektorprodukt, äußeres Produkt)

Das Kreuzprodukt zweier Vektoren **A** und **B** ergibt als Betrag das Produkt der beiden zueinander *senkrechten* Komponenten, d.h. die von den beiden Vektoren aufgespannte Fläche. Das Ergebnis ist ein *Vektor*, der senkrecht auf der Fläche steht. Die Richtung (Normalen-Einheitsvektor $\mathbf{e}_n$) ergibt sich durch Drehung von **A** nach **B** im *Rechtsschraubensinn* (Abb. A.6):

$$\mathbf{A} \times \mathbf{B} = AB\sin\alpha\,\mathbf{e}_n .\tag{A.8}$$

In Komponentenform (*Determinantenregel*):

$$\begin{pmatrix} A_x \\ A_y \\ A_z \end{pmatrix} \times \begin{pmatrix} B_x \\ B_y \\ B_z \end{pmatrix} = \begin{vmatrix} \mathbf{e}_x & \mathbf{e}_y & \mathbf{e}_z \\ A_x & A_y & A_z \\ B_x & B_y & B_z \end{vmatrix} = (A_y\,B_z - A_z\,B_y)\mathbf{e}_x + (A_z\,B_x - A_x\,B_z)\mathbf{e}_y \\ + (A_x\,B_y - A_y\,B_x)\mathbf{e}_z\,. \tag{A.9}$$

Das Vektorprodukt ist *nicht kommutativ*, d.h.

$$\mathbf{A} \times \mathbf{B} = -\,\mathbf{A} \times \mathbf{B}\,.$$

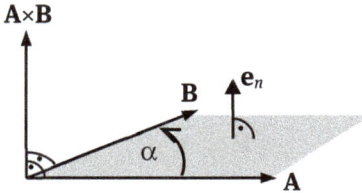

Abb. A.6 Vektorprodukt

Spezialfälle:

$$\mathbf{A} \times \mathbf{B} = A B \mathbf{e}_n \quad \Leftrightarrow \quad \mathbf{A} \perp \mathbf{B}$$
$$\mathbf{A} \times \mathbf{B} = \mathbf{0} \qquad \Leftrightarrow \quad \mathbf{A} \parallel \mathbf{B}\,.$$

A.3 Integralrechnung im Raum

Als Erweiterung der elementaren Integralrechnung einer Veränderlichen sind Feldgrößen entlang einer Raumkurve, über eine definierte Fläche im Raum oder innerhalb eines Volumens zu integrieren. Im Rahmen dieses Buches beschränken wir uns im ersten Fall auf einen Integrationsweg entlang einer Koordinate, im zweiten über eine Koordinatenfläche und im dritten Fall auf einen durch Koordinatenflächen begrenzten Raum.

A.3.1 Linienintegral

Integration der tangentialen Komponente $\mathbf{A}\cdot\mathbf{e}_s$ des ortsabhängigen Vektors $\mathbf{A}(\mathbf{r})$ entlang eines Weges s im Raum. Das Ergebnis ist ein Skalar φ:

$$\varphi = \int_s \mathbf{A}\cdot\mathrm{d}\mathbf{s} = \int_s \mathbf{A}\cdot\mathbf{e}_s\,\mathrm{d}s\,. \tag{A.10}$$

Hierbei wird das Wegelement ds mit dem tangentialen Einheitsvektor $\mathbf{e}_s$ zum *gerichteten Wegelement* d$\mathbf{s}$ zusammengefasst.

Das Integral kann als Grenzwert der unendlichen Summe über die infinitesimalen Wegelemente $\Delta s \to 0$ aufgefasst werden (Abb. A.7), d.h.:

$$\int_s \mathbf{A} \cdot \mathbf{e}_s \, \mathrm{d}s = \lim_{\substack{\Delta s \to 0 \\ i \to \infty}} \sum \mathbf{A}(\mathbf{r}_i) \cdot \mathbf{e}_{s,i} \, \Delta s \, .$$

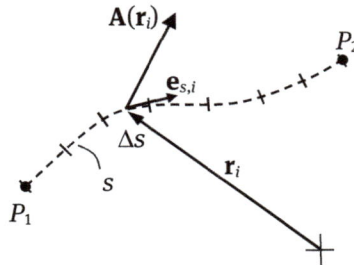

Abb. A.7 Integration des Vektors **A** entlang des Weges s

Ist der Integrationspfad s geschlossen ($P_1 = P_2$), so bezeichnet man das Integral auch als Ringintegral oder *Zirkulation* und verwendet das Symbol

$$\varphi = \oint \mathbf{A} \cdot \mathrm{d}\mathbf{s} \, . \tag{A.11}$$

Für die drei verwendeten Koordinatensysteme sind die entsprechenden Wegelemente d$\mathbf{s}$ entlang einer Koordinate im Abschnitt A.4 angegeben.

Beispiel A.1: Wegintegral entlang eines Kreisbogens

In einem homogenen Feld $\mathbf{A} = A\,\mathbf{e}_x$ soll das Wegintegral

$$\varphi = \int_s \mathbf{A} \cdot \mathrm{d}\mathbf{s}$$

entlang eines Kreisbogens s mit dem Radius ρ, definiert durch den Anfangs- und Endwinkel ϕ_1 und ϕ_2 (Zylinderkoordinaten), berechnet werden.

Wegelement in ϕ-Richtung entlang Kreisring (A.24):

$$\mathrm{d}\mathbf{s} = \rho\,\mathrm{d}\phi\,\mathbf{e}_\phi \, .$$

Durch Einsetzen erhält man mit $\mathbf{e}_x \cdot \mathbf{e}_\phi = -\sin\phi$

$$\varphi = \int_s \mathbf{A} \cdot d\mathbf{s} = -A\rho \int_{\phi_1}^{\phi_2} \sin\phi \, d\phi = A\rho \, (\cos\phi_2 - \cos\phi_1) \, .$$

Für den geschlossenen Ring ($\phi_1 = \phi_2$) folgt unmittelbar:

$$\varphi = \oint \mathbf{A} \cdot d\mathbf{s} = 0 \, .$$

Diese gilt allgemein für die Klasse der *konservativen Felder*, zu denen das homogene Feld zählt.

A.3.2   Oberflächenintegral (Vektorfluss)

Integration der Normalkomponente $\mathbf{B} \cdot \mathbf{e}_n$ des ortsabhängigen Vektors $\mathbf{B}(\mathbf{r})$ auf einer Fläche A im Raum ergibt den sog. Vektorfluss Ψ (Skalar):

$$\Psi = \iint_A \mathbf{B} \cdot d\mathbf{A} = \iint_A \mathbf{B} \cdot \mathbf{e}_n \, dA \, . \tag{A.12}$$

Hierbei wird das Flächenelement dA mit dem Normalen-Einheitsvektor $\mathbf{e}_n$ zum *gerichteten Flächenelement* $d\mathbf{A}$ zusammengefasst.

Das Integral kann als Grenzwert der unendlichen Summe über die infinitesimalen Oberflächenelemente $\Delta A \to 0$ aufgefasst werden (Abb. A.8), d.h.:

$$\iint_A \mathbf{B} \cdot \mathbf{e}_n \, dA = \lim_{\substack{\Delta A \to 0 \\ i \to \infty}} \sum \mathbf{B}(\mathbf{r}_i) \cdot \mathbf{e}_{n,i} \, \Delta A_i \, .$$

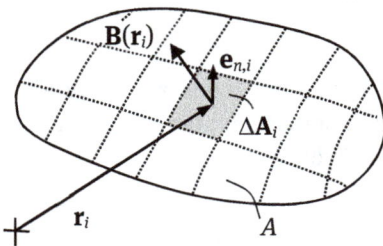

Abb. A.8 Integration des Vektors **B** über eine Oberfläche A

Ist die Integrationsfläche A geschlossen, so bezeichnet man das Integral auch als *Hüllenintegral* und verwendet das Symbol

$$\Psi = \oiint_A \mathbf{B} \cdot \mathrm{d}\mathbf{A}. \tag{A.13}$$

Zur Veranschaulichung des Flussintegrals (A.12) dient beispielsweise das Geschwindigkeitsfeld $\mathbf{v}(\mathbf{r})$ einer Wasserströmung. In diesem Fall entspricht das Flussintegral über $\mathbf{v}$ dem pro Zeiteinheit durch die Fläche hindurchtretenden Volumen. Der Fluss hat den maximalen Wert Ψ_{max}, wenn in jedem Punkt auf der Fläche $\mathbf{v} \parallel \mathbf{e}_n$, bzw. $\Psi = 0$, wenn überall $\mathbf{v} \perp \mathbf{e}_n$ (Abb. A.9).

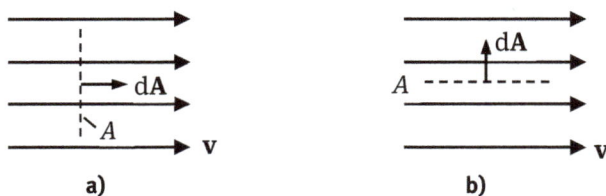

Abb. A.9 Vektorfluss ψ durch Fläche A, (a) $\psi = \psi_{max}$, (b) $\psi = 0$

Im Abschnitt A.4 sind für die drei verwendeten Koordinatensysteme die entsprechenden Flächenelemente $\mathrm{d}\mathbf{A}$ auf jeweils einer der 3 Koordinatenflächen angegeben.

Beispiel A.2: Vektorfluss durch Zylindermantelfläche

In einem homogenen Feld $\mathbf{B} = B\,\mathbf{e}_x$ soll das Flächenintegral

$$\Psi = \iint_A \mathbf{B} \cdot \mathrm{d}\mathbf{A}$$

über einen Teil der Zylindermantelfläche mit Radius ρ und $z = 0...h$, definiert durch den Anfangs- und Endwinkel ϕ_1 und ϕ_2 (Zylinderkoordinaten), berechnet werden.
Flächenelement in ρ-Richtung auf dem Zylinder (A.22):

$$\mathrm{d}\mathbf{A}_\rho = \rho\,\mathrm{d}\phi\,\mathrm{d}z\,\mathbf{e}_\rho.$$

Durch Einsetzen erhält man mit $\mathbf{e}_x \cdot \mathbf{e}_\rho = \cos\phi$

$$\Psi = \iint\limits_{A} \mathbf{B} \cdot d\mathbf{A} = B\rho \int\limits_{z=0}^{h} \int\limits_{\phi_1}^{\phi_2} \cos\phi\, d\phi\, dz = B\rho h(\sin\phi_2 - \sin\phi_1) .$$

Für den vollständigen Zylindermantel ($\phi_1 = \phi_2$) folgt unmittelbar:

$$\Psi = \iint\limits_{A} \mathbf{B} \cdot d\mathbf{A} = 0 .$$

Der durch den Zylindermantel eintretende Fluss ist gleich dem austretenden Fluss. Dies gilt allgemein für jede geschlossene Hülle in sog. *quellenfreien Feldern*, zu denen das homogene Feld zählt.

A.3.3 Volumenintegral

Integration der ortsabhängigen Skalarfunktion $q(\mathbf{r})$ innerhalb eines Volumens V ergibt die Gesamtmenge Q:

$$Q = \iiint\limits_{V} q\, dV = \lim_{\substack{\Delta V \to 0 \\ i \to \infty}} \sum q(\mathbf{r}_i) \Delta V_i . \tag{A.14}$$

Das Integral kann als Grenzwert der unendlichen Summe über die infinitesimalen Volumenelemente $\Delta V \to 0$ aufgefasst werden (Abb. A.10).

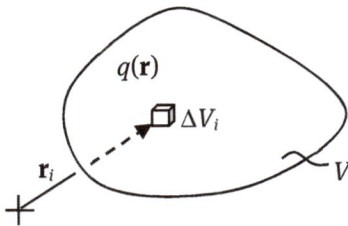

Abb. A.10 Integration der Quelldichte q über ein Volumen V

Das Skalarfeld $q(\mathbf{r})$ ist häufig eine Dichtefunktion, wie z.B. die elektrische Ladungsdichte. Das Volumenintegral ergibt dann die im Volumen V insgesamt befindliche Ladung Q.

Im Abschnitt A.4 sind für die drei verwendeten Koordinatensysteme die entsprechenden Volumenelemente dV angegeben.

Beispiel A.3: Integration über Kugelvolumen

Für eine homogene Ladungsdichte-Funktion

$$q = \begin{cases} +q_0 & ; \theta \leq \pi/2 \\ -q_0 & ; \theta > \pi/2 \end{cases}$$

soll das Volumenintegral

$$Q = \iiint\limits_V q\,\mathrm{d}V$$

über einen Teil eines Kugelvolumens mit Radius R, $\theta = \theta_1 \dots \theta_2$ und $\phi = 0 \dots 2\pi$ berechnet werden.

Volumenelement in Kugelkoordinaten (A.29):

$$\mathrm{d}V = r^2 \sin\theta\, \mathrm{d}r\, \mathrm{d}\theta\, \mathrm{d}\phi.$$

Einsetzen ergibt beispielsweise für die obere Halbkugel ($\theta_1 = 0$, $\theta_2 = \pi/2$):

$$Q = \frac{2\pi R^3}{3} q_0 \int\limits_{\theta_1}^{\theta_2} \sin\theta\, \mathrm{d}\theta = \frac{2\pi R^3}{3} q_0 (\cos 0 - \cos \pi/2) = \frac{2\pi R^3}{3} q_0$$

und für die ganze Kugel ($\theta_1 = 0$, $\theta_2 = \pi$)

$$Q = \frac{2\pi R^3}{3} q_0 \left(\int\limits_0^{\pi/2} \sin\theta\, \mathrm{d}\theta - \int\limits_{\pi/2}^{\pi} \sin\theta\, \mathrm{d}\theta \right) = \frac{2\pi R^3}{3} q_0 - \frac{2\pi R^3}{3} q_0 (\cos \pi/2 - \cos \pi) = 0.$$

In diesem Fall ist die Summe aus den beiden gleich großen aber entgegengesetzten Ladungen in der oberen und unteren Halbkugel gleich Null.

A.4 Koordinatensysteme

Vektoroperationen gelten allgemein im Raum ohne Angaben eines speziellen Bezugssystems. Bei der Lösung einer konkreten Aufgabenstellung benötigt man ein Koordinatensystem, wie z.B. das kartesische Koordinatensystem. Ein Problem, das gewisse räumliche Symmetrien aufwirft, lässt sich einfach durch das entsprechende Koordinatensystem ausdrücken, z.B. durch Zylinder- oder Kugelkoordinaten bei Zylinder- bzw. Kugelsymmetrien. Eine Behandlung mit kartesischen Koordinaten ist zwar immer möglich, führt aber in den meisten Fällen zu unnötig komplizierten Ausdrücken.

A.4.1 Kartesisches Koordinatensystem

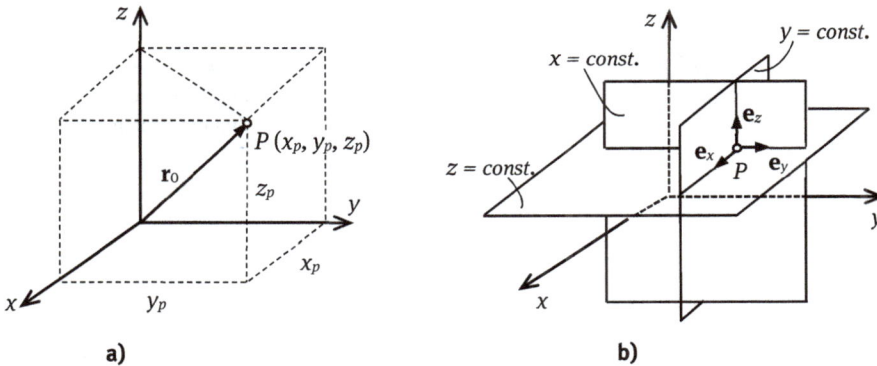

Abb. A.11 Punkt P im kartesischen Koordinatensystem, (a) Koordinatendarstellung, (b) Koordinatenflächen $x, y, z = const.$

Basisvektoren: $\mathbf{e}_x, \mathbf{e}_y, \mathbf{e}_z$.

Ortsvektor: $\mathbf{r} = x_p\,\mathbf{e}_x + y_p\,\mathbf{e}_y + z_p\,\mathbf{e}_z$.

Differentielles Wegelement:

$$\mathrm{d}\mathbf{r} = \mathrm{d}x\,\mathbf{e}_x + \mathrm{d}y\,\mathbf{e}_y + \mathrm{d}z\,\mathbf{e}_z .\tag{A.15}$$

Vektorielles (gerichtetes) Flächenelement auf den Koordinatenflächen in Richtung der Flächennormalen (Abb. A.12):

$$\mathrm{d}\mathbf{A}_x = \mathrm{d}y\,\mathrm{d}z\,\mathbf{e}_x$$
$$\mathrm{d}\mathbf{A}_y = \mathrm{d}x\,\mathrm{d}z\,\mathbf{e}_y \qquad\qquad (A.16)$$
$$\mathrm{d}\mathbf{A}_z = \mathrm{d}x\,\mathrm{d}y\,\mathbf{e}_z\,.$$

Differentielles Volumenelement

$$\mathrm{d}V = \mathrm{d}x\,\mathrm{d}y\,\mathrm{d}z\,. \qquad\qquad (A.17)$$

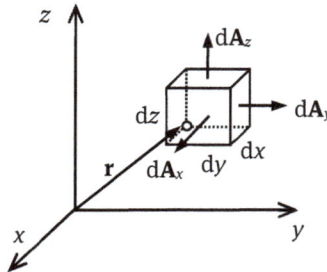

Abb. A.12 Differentielle Weg- und Flächenelemente und Volumenelement

A.4.2 Zylinderkoordinatensystem

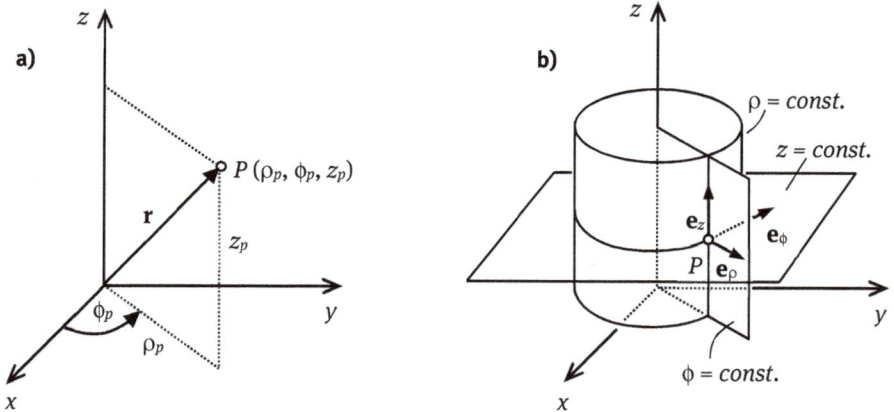

Abb. A.13 Punkt P im Zylinderkoordinatensystem (a) Koordinatendarstellung, (b) Koordinaten-flächen ρ, ϕ, $z = const$.

Transformation (Abb. A.13):

$$x = \rho \cos \phi$$
$$y = \rho \sin \phi \tag{A.18}$$
$$z = z \,.$$

Basisvektoren

$$\mathbf{e}_\rho = \cos\phi\,\mathbf{e}_x + \sin\phi\,\mathbf{e}_y$$
$$\mathbf{e}_\phi = -\sin\phi\,\mathbf{e}_x + \cos\phi\,\mathbf{e}_y \tag{A.19}$$
$$\mathbf{e}_z = \mathbf{e}_z \,.$$

Ortsvektor (Abb. A.13):

$$\mathbf{r} = \rho\,\mathbf{e}_\rho + z\,\mathbf{e}_z \,. \tag{A.20}$$

Differentielles Wegelement:

$$d\mathbf{s} = d\rho\,\mathbf{e}_\rho + \rho\,d\phi\,\mathbf{e}_\phi + dz\,\mathbf{e}_z \,. \tag{A.21}$$

Differentielle Flächenelemente:

$$d\mathbf{A}_\rho = \rho\,d\phi\,dz\,\mathbf{e}_\rho$$
$$d\mathbf{A}_\phi = d\rho\,dz\,\mathbf{e}_\phi \tag{A.22}$$
$$d\mathbf{A}_z = \rho\,d\rho\,d\phi\,\mathbf{e}_z \,.$$

Differentielles Volumenelement:

$$dV = \rho\,d\rho\,d\phi\,dz \,. \tag{A.23}$$

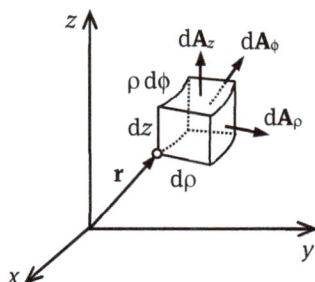

Abb. A.14 Differentielle Weg- und Flächenelemente und Volumenelement im Zylinderkoordinatensystem

A.4.3   Kugelkoordinatensystem

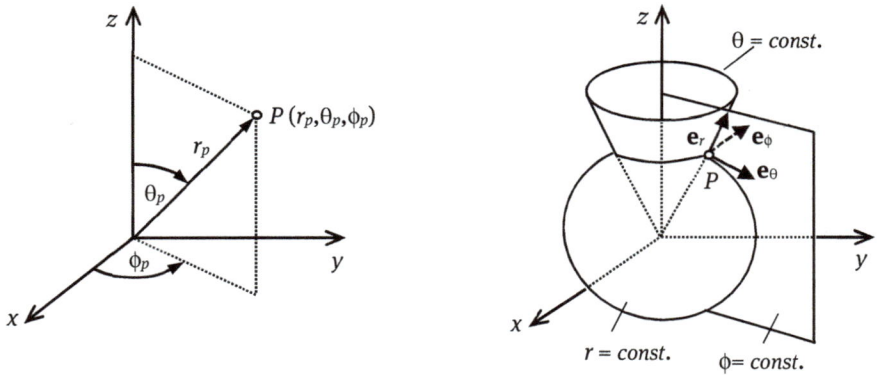

Abb. A.15 Punkt *P* im Kugelkoordinatensystem (a) Koordinatendarstellung, (b) Koordinatenflächen ρ, φ, z = *const.*

Transformation (Abb. A.15):

$$x = r\sin\theta\cos\phi$$
$$y = r\sin\theta\sin\phi$$
$$z = r\cos\theta.$$

(A.24)

Basisvektoren:

$$\mathbf{e}_r = \sin\theta\cos\phi\,\mathbf{e}_x + \sin\theta\sin\phi\,\mathbf{e}_y + \cos\theta\,\mathbf{e}_z$$
$$\mathbf{e}_\theta = \cos\theta\cos\phi\,\mathbf{e}_x + \cos\theta\sin\phi\,\mathbf{e}_y - \sin\theta\,\mathbf{e}_z$$
$$\mathbf{e}_\phi = -\sin\phi\,\mathbf{e}_x + \cos\phi\,\mathbf{e}_y.$$

(A.25)

Ortsvektor (Abb. A.15):

$$\mathbf{r} = r\,\mathbf{e}_r.$$

(A.26)

Differentielles Wegelement:

$$\mathbf{ds} = \mathrm{d}r\,\mathbf{e}_r + r\,\mathrm{d}\theta\,\mathbf{e}_\theta + r\sin\theta\,\mathrm{d}\phi\,\mathbf{e}_\phi.$$

(A.27)

Differentielle Flächenelemente:

$$dA_r = r^2 \sin\theta\, d\theta\, d\phi\, \mathbf{e}_r$$
$$dA_\theta = r \sin\theta\, dr\, d\phi\, \mathbf{e}_\theta \qquad\qquad (A.28)$$
$$dA_\phi = r\, dr\, d\theta\, \mathbf{e}_\phi.$$

Differentielles Volumenelement:

$$dV = r^2 \sin\theta\, dr\, d\theta\, d\phi. \qquad\qquad (A.29)$$

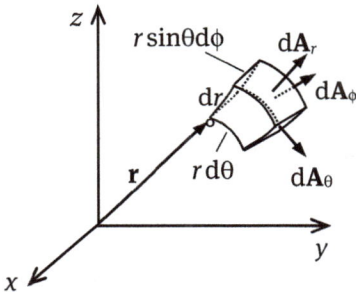

Abb. A.16 Differentielle Weg- und Flächenelemente und Volumenelement im Kugelkoordinatensystem

A.5 Übungsaufgaben

A.1 Linienintegral

Berechnen Sie für das Feld **E** das geschlossene Linienintegral

$$\varphi = \oint \mathbf{E} \cdot d\mathbf{s} .$$

a) Entlang eines Rechteckpfades um den Koordinatenursprung mit den Seitenlängen 2*a* und 2*b* und der angegebenen Umlaufrichtung d**s** für die beiden Fälle:
1) $\mathbf{E} = E_0\, \mathbf{e}_x$
2) $\mathbf{E} = E_0\, y^2/b^2\, \mathbf{e}_x$

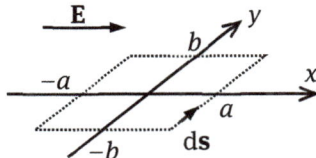

b) Entlang eines Kreissegmentes $\phi = 0...\phi_e$ mit Radius ρ für das homogene Feld $\mathbf{E} = E\,\mathbf{e}_y$.
Welches Ergebnis erhalten Sie bei Integration über den gesamten Kreis ($\phi_e = 2\pi$)?

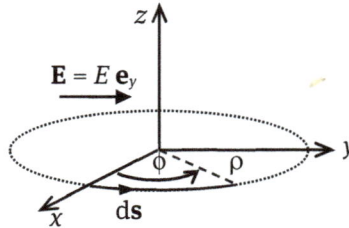

A.2 Oberflächenintegral

Berechnen Sie für das Vektorfeld $\mathbf{D}$ den Vektorfluss

$$\Psi = \iint_A \mathbf{D} \cdot d\mathbf{A} .$$

a) Für das homogene Feld $\mathbf{D} = D_0\,\mathbf{e}_y$ durch den von den Winkeln ϕ_1 und ϕ_2 definierten Teil der Mantelfläche A mit Radius r und Höhe h für die beiden Fälle:
1) $\phi_1 = 0$, $\phi_2 = \pi$
2) $\phi_1 = 0$, $\phi_2 = 2\pi$

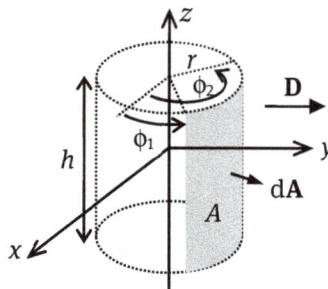

b) Für das homogene Vektorfeld $\mathbf{D} = B_0\,\mathbf{e}_z$ durch den Teil einer Kugeloberfläche A mit dem Radius r, $\phi = 0...2\pi$ und $\theta = 0...\theta_e$. Wie groß ist der Fluss durch die gesamte Kugeloberfläche?

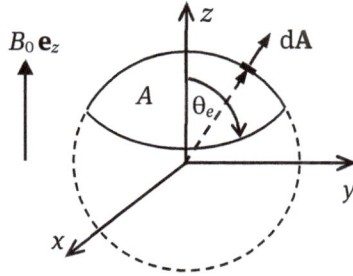

A.3 Volumenintegral

Berechnen Sie für die gegebene Ladungsdichte $q(\mathbf{r})$ den Ladungsinhalt

$$Q = \iiint_V q(\mathbf{r})\,\mathrm{d}V\,.$$

a) Innerhalb eines Würfels mit Kantenlänge l und der Ladungsverteilung $q(r) = q_0(2z/l)$.

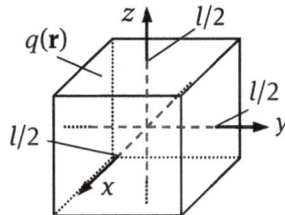

b) Innerhalb des von den Winkeln ϕ_1 und ϕ_2 definierten Kugel-Teilvolumens V mit Radius R und Ladungsdichte

$$q(\mathbf{r}) = \frac{3Q_0}{4R^3}\sin\phi\,,$$

für die beiden Fälle:
1) $\phi_1 = 0$, $\phi_2 = \pi$
2) $\phi_1 = 0$, $\phi_2 = 2\pi$

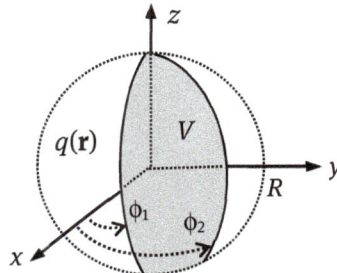

B. Lösungen zu den Aufgaben

Im folgenden sind für die am Ende der Kapitel 1-4 und Anhang A aufgeführten Übungsaufgaben die Lösungen angegeben.

B.1 Das statische elektrische Feld

1.1

a) $\mathbf{E}(r,h,N,Q_1) = \dfrac{Q_1}{4\pi\varepsilon}\dfrac{N\cdot h}{(h^2+r^2)^{3/2}}\mathbf{e}_z$

$h \gg r: E_z \to \dfrac{NQ_1}{4\pi\varepsilon h^2}$, Feld einer Punktladung NQ_1 im Kreismittelpunkt

$h \ll r: E_z \to 0$, im Kreismittelpunkt sind alle z-Komponenten Null

b) $\mathbf{F} = Q_2\,\mathbf{E}(r,h,N,Q_1) = \dfrac{Q_1 Q_2}{4\pi\varepsilon}\dfrac{N\cdot h}{(h^2+r^2)^{3/2}}\mathbf{e}_z$

c) $\varphi(z) = -\dfrac{Q_1}{4\pi\varepsilon}N\left[-\dfrac{1}{\sqrt{z^2+r^2}}+\dfrac{1}{r}\right]$

1.2

a) $dE_x = \dfrac{q_A}{2\pi\varepsilon}\dfrac{dx'}{(d-x')}$

b) $F_x' = -\dfrac{q_l\,q_A}{2\pi\varepsilon}\ln\left(1-\dfrac{b}{d}\right)$

c) $F_{2x}' = \dfrac{q_l\,q_A}{2\pi\varepsilon}\ln\left(1-\dfrac{b}{d}\right)$, $\;F_{2x}' = -F_x'$

d) $F_x' \to -\dfrac{q_l\,b\,q_A}{2\pi\varepsilon d}$ Kraft zwischen zwei Linienladungen q_l und $b\,q_A$

1.3

a) $Q = K2\pi a$

b) $\varphi(z) = \dfrac{K}{2\varepsilon_0}\operatorname{arsinh}\left(\dfrac{a}{z}\right)\;\mathbf{F} = Q_2\dfrac{Q_1}{4\pi\varepsilon}\dfrac{N\cdot h}{(h^2+r^2)^{3/2}}\mathbf{e}_z$

https://doi.org/10.1515/9783110768176-006

c) $E_z(z) = \dfrac{K}{2\varepsilon_0}\dfrac{a}{z\sqrt{z^2+a^2}}$

für $z \gg a:\ E(z) \approx \dfrac{Ka}{2\varepsilon_0 z^2} = \dfrac{Q}{4\pi\varepsilon_0 z^2}$ (Feld der Punktladung $Q = K2\pi a$)

1.4

a) $D_r(r \le R) = \dfrac{kr^2}{4}$, $\qquad\qquad D_r(r \ge R) = \dfrac{kR^4}{4r^2}$

b) $E_r(r \le R) = \dfrac{kr^2}{4\varepsilon_0\varepsilon_r}$, $\qquad\qquad E_r(r \ge R) = \dfrac{kR^4}{4\varepsilon_0 r^2}$,

$\lim\limits_{r\to R} E_{r,i}(r)/E_{r,a}(r) = 1/\varepsilon_r$

c) $\varphi(r \le R) = -\dfrac{k}{12\varepsilon_0\varepsilon_r}\left(r^3 - R^3\right),\ \varphi(r \ge R) = \dfrac{kR^4}{4\varepsilon_0}\left(\dfrac{1}{r} - \dfrac{1}{R}\right)$

1.5

a) $\mathbf{E}_{1,2}(r) = \dfrac{Q}{2\pi\varepsilon_{1,2}lr}\mathbf{e}_r$

mit $U = U_1 + U_2 = \displaystyle\int_{r_1}^{r_2} E_1(r)\,dr + \int_{r_2}^{r_3} E_2(r)\,dr = \dfrac{Q}{2\pi l}\left[\dfrac{1}{\varepsilon_1}\ln\left(\dfrac{r_2}{r_1}\right) + \dfrac{1}{\varepsilon_2}\ln\left(\dfrac{r_3}{r_2}\right)\right]$

$E_1 = \dfrac{U}{\ln\left(\dfrac{r_2}{r_1}\right) + \dfrac{\varepsilon_1}{\varepsilon_2}\ln\left(\dfrac{r_3}{r_2}\right)}\dfrac{1}{r}$; $\ E_2 = \dfrac{U}{\dfrac{\varepsilon_2}{\varepsilon_1}\ln\left(\dfrac{r_2}{r_1}\right) + \ln\left(\dfrac{r_3}{r_2}\right)}\dfrac{1}{r}$

b) $C = \dfrac{2\pi l}{\dfrac{1}{\varepsilon_1}\ln\left(\dfrac{r_2}{r_1}\right) + \dfrac{1}{\varepsilon_2}\ln\left(\dfrac{r_3}{r_2}\right)} = \dfrac{2\pi l\varepsilon}{\ln\left(\dfrac{r_3}{r_1}\right)}$ für $\varepsilon_1 = \varepsilon_2$

1.6

a) $\varphi(x) = \dfrac{q_l}{2\pi\varepsilon}\ln\left(\dfrac{d-x}{x}\right)$

b) $U = \dfrac{q_l}{\pi\varepsilon}\ln\left(\dfrac{d-r}{r}\right)$

c) siehe b)

d) $C' = \dfrac{\pi\varepsilon}{\ln\left(\dfrac{d-r}{r}\right)}$, $r \ll d$: $C' \approx \dfrac{\pi\varepsilon}{\ln(d/r)}$

1.7

a) $E_1 = \dfrac{U}{a + \dfrac{\varepsilon_1}{\varepsilon_2}b}$, $E_2 = \dfrac{U}{\dfrac{\varepsilon_2}{\varepsilon_1}a + b}$

b) $C = \dfrac{A}{a/\varepsilon_1 + b/\varepsilon_2}$

c) $C = C_1 \| C_2 = \dfrac{A}{a/\varepsilon_1 + b/\varepsilon_2}$ mit $C_1 = \dfrac{\varepsilon_1 A}{a}$, $C_2 = \dfrac{\varepsilon_2 A}{b}$

d) $F = \dfrac{U^2 A}{2}\dfrac{1/\varepsilon_2 - 1/\varepsilon_1}{\left(a/\varepsilon_1 + b/\varepsilon_2\right)^2}$

1.8

$C_{ges} = \dfrac{29}{14}C$

1.9

a) $C(\gamma) = \dfrac{\varepsilon}{2}\dfrac{\gamma R^2}{d}$

b) $W_e(\gamma) = \dfrac{\varepsilon R^2 U^2}{4d}\gamma$, $M = \dfrac{\varepsilon R^2 U^2}{4d}$

c) $W_e(\gamma) = \dfrac{Q^2 d}{\varepsilon R^2}\dfrac{1}{\gamma}$, $M = \dfrac{Q^2 d}{\varepsilon R^2 \gamma^2}$

B.2   Das stationäre Strömungsfeld

2.1

a) $R = \dfrac{\pi}{h\kappa\ln(r_a/r_i)}$

b) $R = \dfrac{1}{h\pi\kappa}\ln(r_a/r_i)$

c) azimutal: $\quad G = \int dG = \kappa \dfrac{h}{\pi} \displaystyle\int_{r_i}^{r_a} \dfrac{dr}{r}, \quad R = 1/G$

radial: $\quad R = \int dR = \dfrac{1}{\kappa \pi h} \displaystyle\int_{r_i}^{r_a} \dfrac{dr}{r}$

2.2

a) $\quad R = \dfrac{U_{12}}{I} = \dfrac{1}{2\pi\kappa}\left(\dfrac{1}{r_0} - \dfrac{1}{a - r_0}\right) = \dfrac{1}{2\pi\kappa}\dfrac{a - 2r_0}{r_0(a - r_0)}$

b) Die Plattenelektrode liegt in der Symmetrieebene zwischen den beiden Kugelelektroden $\Rightarrow$ Strömungsfeld im linken Halbraum bleibt unverändert.
Als Widerstand resultiert die Hälfte des Wertes der symmetrischen Kugelanordnung.

$$R = \dfrac{1}{4\pi\kappa}\dfrac{a - 2r_0}{r_0(a - r_0)}$$

2.3

a) $\quad J_r(r) = \dfrac{I}{r^2\phi_0(1 - \cos\theta_0)}, \quad A(r) = r^2\phi_0(1 - \cos\theta_0)$

b) $\quad R = \dfrac{d}{\kappa\phi_0(1 - \cos\theta_0)r_0(r_0 + d)}$

c) siehe b)

d) $\quad C = \varepsilon\dfrac{\phi_0(1 - \cos\theta_0)r_0(r_0 + d)}{d}$

e) $\quad R \to \dfrac{d}{\kappa A(r_0)}$ (Rechteckzylinder), $\quad C \to \varepsilon\dfrac{A(r_0)}{d}$ (Plattenkondensator)

2.4

a) $\quad R_1 = \dfrac{h}{\pi\kappa_1 r_1 r_2}$

b) $\quad R_{ges} = \dfrac{2h}{\pi\kappa_1 r_1 r_2} + \dfrac{b}{\kappa_2 \pi r_2^2}$

c) $\quad r_1 = r_2: \quad R_{ges} = \dfrac{1}{\pi r_1^2}\left(\dfrac{2h}{\kappa_1} + \dfrac{b}{\kappa_2}\right)$

$\quad\quad b = 0: \quad R_{ges} = \dfrac{2h}{\pi\kappa_1 r_1 r_2}$

$$\kappa_1 \rightarrow \infty: \quad R_{ges} = \frac{b}{\pi \kappa_2 r_2^2}$$

2.5

a) $\mathbf{E} = \dfrac{U}{h} \mathbf{e}_z$, $\quad I = \dfrac{U b \kappa_0 l (1 - 1/e)}{h}$, $\qquad R = \dfrac{h}{\kappa_0 b l (1 - 1/e)}$

b) siehe a)

c) $P = U^2 \dfrac{b l \kappa_0}{h} \left(1 - e^{-1}\right)$

d) $I_z(x) = \dfrac{b U \kappa_0 l}{h} \left(1 - e^{-x/l}\right)$, $I_x(x) = I - \dfrac{b U \kappa_0 l}{h} \left(1 - e^{-x/l}\right)$

2.6

a) $\mathbf{J}_1 = \dfrac{I}{A_1} \mathbf{e}_x$

b) $J_2 = \dfrac{I \kappa_2}{\kappa_2 A_2 + \kappa_3 A_3}$, $\quad J_3 = \dfrac{I \kappa_3}{\kappa_2 A_2 + \kappa_3 A_3}$

c) $R = \dfrac{a}{\kappa_1 A_1} + \dfrac{b}{\kappa_2 A_2 + \kappa_3 A_3}$

d) $R_{ges} = R_1 + \dfrac{R_1 R_2}{R_1 + R_2}$ mit $R_1 = \dfrac{a}{\kappa A_1}$, $R_2 = \dfrac{b}{\kappa A_2}$ $R_3 = \dfrac{b}{\kappa A_3}$

2.7

a) $K - 1 = 3$, $Z = 5$, $M = 5 - 3 = 2$

b)
$$\begin{bmatrix} 1 & -1 & 0 & 0 & -1 \\ 0 & 1 & -1 & -1 & 0 \\ 0 & 0 & 0 & 1 & 1 \\ R_1 & 0 & R_4 & -R_5 & R_6 \\ 0 & -R_3 & 0 & -R_5 & R_6 \end{bmatrix} \begin{pmatrix} I_1 \\ I_3 \\ I_4 \\ I_5 \\ I_6 \end{pmatrix} = \begin{pmatrix} 0 \\ 0 \\ -I_0 \\ U_0 \\ 0 \end{pmatrix}$$

c) $K - 1 = 2$, $Z = 3$, $M = 3 - 2 = 1$

reduz. LGS: $\begin{bmatrix} 1 & -1 & -1 \\ 0 & 1 & 1 \\ 0 & -(R_3 + R_5) & R_6 \end{bmatrix} \begin{pmatrix} I_1 \\ I_3 \\ I_6 \end{pmatrix} = \begin{pmatrix} 0 \\ -I_0 \\ 0 \end{pmatrix}$

Lösung mit Cramerschen Regel:

$$I_6 = \frac{|A_3|}{|A|}; \text{ mit } A = \begin{bmatrix} 1 & -1 & -1 \\ 0 & 1 & 1 \\ 0 & -(R_4+R_5) & R_6 \end{bmatrix}, A_3 = \begin{bmatrix} 1 & -1 & 0 \\ 0 & 1 & -I_0 \\ 0 & -(R_4+R_5) & 0 \end{bmatrix}$$

$$I_6 = \frac{-I_0}{2} \text{ und } U_6 = I_6 R_6 = -I_0 \frac{R_6}{2}$$

B.3 Das statische magnetische Feld

3.1:

a) $\quad d\mathbf{B}_2 = \mu d\mathbf{H}_2 = \mu \dfrac{dI_2}{2\pi(b+a-x)}(-\mathbf{e}_y) \text{ mit } dI_2 = J_2 dA = \dfrac{I_2}{hb}h\,dx = \dfrac{I_2}{b}\,dx$

$$\mathbf{B}_2 = -\frac{\mu I_2}{2\pi b}\ln\left(\frac{b+a}{a}\right)\mathbf{e}_y$$

b) $\quad \mathbf{F}_1 = -I_1 l\,B_2\,\mathbf{e}_x = -\dfrac{\mu I_2 I_1 l}{2\pi b}\ln\left(\dfrac{b+a}{a}\right)\mathbf{e}_x$

c) $\quad \mathbf{F}_2 = -\mathbf{F}_1$

3.2:

a)

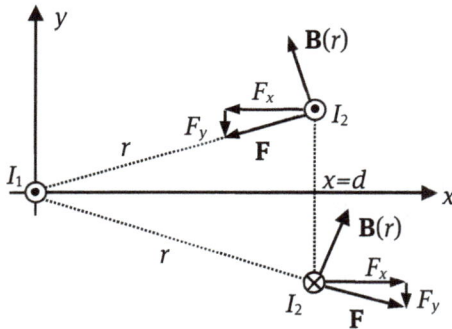

b) $\quad \displaystyle\sum F'_y = -\frac{\mu I_1 I_2}{\pi b}\frac{1}{1+(2d/b)^2} \; ; \; F'_1 = -\sum F'_y$

c) $\quad T'_z = \dfrac{\mu I_1 I_2}{2\pi}\dfrac{b/d}{1+\left(\dfrac{b}{2d}\right)^2} \; ; \text{für } b \ll d : T'_z \approx \dfrac{\mu I_1 I_2}{2\pi}\dfrac{b}{d}$

3.3:

a) $H_z(z) = \dfrac{I}{2}R^2\left(\dfrac{1}{\sqrt{R^2+(z+R/2)^2}^{\,3}} + \dfrac{1}{\sqrt{R^2+(z-R/2)^2}^{\,3}}\right)$

$H_z(z)\big|_{z=0} = \dfrac{IR^2}{\sqrt{R^2+(R/2)^2}^{\,3}} \approx 0{,}72\dfrac{I}{R}$ und $\dfrac{\mathrm{d}}{\mathrm{d}z}H_z(z)\Big|_{z=0} = 0$

b) $H_z(z) = \dfrac{I}{2}R^2\left(\dfrac{1}{\sqrt{R^2+(z+R/2)^2}^{\,3}} - \dfrac{1}{\sqrt{R^2+(z-R/2)^2}^{\,3}}\right)$

$H_z(z)\big|_{z=0} = 0$ und $\dfrac{\mathrm{d}}{\mathrm{d}z}H_z(z)\Big|_{z=0} = -\dfrac{3}{2}\dfrac{IR^3}{\sqrt{R^2+(R/2)^2}^{\,5}} \approx -0{,}86\dfrac{I}{R^2}$

3.4:

$$\mathbf{H} = \dfrac{\sqrt{2}\,I}{\pi a}\mathbf{e}_y$$

3.5:

a) $r \leq a$: $\qquad H_\phi(r) = \dfrac{I}{2\pi a^2}r$

$\quad$ $b \leq r \leq a$: $\qquad H_\phi(r) = \dfrac{I}{2\pi r}$

$\quad$ $c \leq r \leq b$: $\qquad H_\phi(r) = \dfrac{I}{2\pi r}\dfrac{c^2-r^2}{c^2-b^2}$

$\quad$ $r \geq c$: $\qquad H_\phi(r) = 0$

b) $W'_m \approx \dfrac{\mu I^2}{4}\left(\dfrac{1}{\pi}\ln\left(\dfrac{b}{a}\right) + \dfrac{1}{4\pi}\right)$

c) $L = \dfrac{\mu}{2}\left(\dfrac{1}{\pi}\ln\left(\dfrac{b}{a}\right) + \dfrac{1}{4\pi}\right)$, $\qquad L' \approx \dfrac{\mu}{2\pi}\ln\left(\dfrac{b}{a}\right)$

3.6:

a) $L' = \dfrac{\mu_0}{\pi}\ln\left(\dfrac{d-r_0}{r_0}\right) \approx \dfrac{\mu_0}{\pi}\ln\left(\dfrac{d}{r_0}\right)$, für $d \gg r_0$

b) $W_m' = \dfrac{\mu I^2}{8\pi}$

c) $L_i' = \dfrac{\mu}{4\pi} < L'$

3.7:

a) $R_{m,1} = \dfrac{1}{\mu_r \mu_0} \dfrac{l_1}{bx}$, $\quad R_{m,2} = \dfrac{1}{\mu_r \mu_0} \dfrac{l_2}{bd}$

$V = \Theta = N \cdot I$

b) $\Phi = \dfrac{NI\mu_r\mu_0 b}{\left(l_1/x + l_2/d\right)}$

$B_1 = \dfrac{NI\mu_r\mu_0}{\left(l_1 + \dfrac{l_2}{d}x\right)}$, $\quad B_2 = \dfrac{NI\mu_r\mu_0}{\left(\dfrac{l_1}{x}d + l_2\right)}$

c) $L(x) = \dfrac{N^2\mu_0\mu_r b}{l_1/x + l_2/d}$, $\quad L(x) \approx N^2\mu_0\mu_r b \dfrac{x}{l_1}$

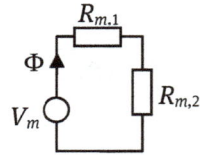

3.8:

a) $R_K = \dfrac{\pi D}{2\mu_0\mu_r A}$, $\quad R_L = \dfrac{\delta}{\mu_0 A}$

$R_J = \dfrac{D}{\mu_0\mu_r A}$

b) $L = \dfrac{\mu_0\mu_r N^2 A / D}{\pi/2 + 2\mu_r \delta/D + 1}$, $\quad L \approx \dfrac{\mu_0 \cdot N^2 \cdot A}{2 \cdot \delta}$ für $\mu_r \to \infty$

c) $F \approx \dfrac{N^2 I^2 \mu_0 A}{4\delta^2}$ für $\mu_r \to \infty$

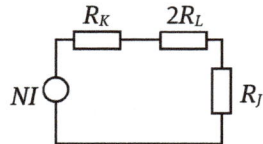

B.4 Zeitabhängige elektromagnetische Felder

4.1:

a) $\Phi(t) = \dfrac{ab}{2} B_0 \left(1 - e^{-t/\tau}\right)$

b) $U_i(t) = -\dfrac{d\Phi(t)}{dt} = -\dfrac{ab}{2\tau} B_0 e^{-t/\tau}$

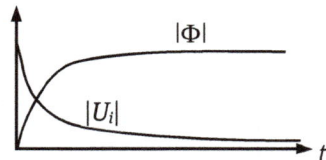

c) $I(t) = \dfrac{U_i(t)}{R} = -\dfrac{a\,b}{2\tau}\dfrac{B_0}{R}e^{-t/\tau}$

$\dfrac{I(t=\tau)}{I(t=0)} = \dfrac{1}{e} \approx 0,37$

d) $F_y(t) = 0$, $F_x(t) = -\dfrac{a\,b^2 B_0^{\;2}}{2\tau R}e^{-t/\tau}\left(1-e^{-t/\tau}\right)$

4.2:

a) $B(x,t) = \dfrac{\mu I(t)}{2\pi}\left(\dfrac{1}{r_1+x} - \dfrac{1}{r_2+x}\right)$, $\Phi(t) = \dfrac{\mu a I(t)}{2\pi}\ln\left(\dfrac{r_2(r_1+b)}{r_1(r_2+b)}\right)$

b) $U_{ind}(t) = -\dfrac{dI(t)}{dt}\dfrac{\mu a N}{2\pi}\ln\left(\dfrac{r_2(r_1+b)}{r_1(r_2+b)}\right) \approx -\dfrac{dI(t)}{dt}\dfrac{\mu a b N}{2\pi}\left(\dfrac{1}{r_1} - \dfrac{1}{r_2}\right)$ für $b \ll r_1 < r_2$

c) $U_{ind}(t) = -M\dfrac{dI(t)}{dt} = -\dfrac{dI(t)}{dt}\dfrac{\mu a N}{2\pi}\ln\left(\dfrac{r_2(r_1+b)}{r_1(r_2+b)}\right)$ (Reziprozität)

4.3:

a) $\Phi(x_0) = \dfrac{B_0\,a}{2}(2x_0+b)$

b) $U_{ind} = -B_0\,a\,v$

c) $P_{el} = \dfrac{B_0^2 a^2 v^2}{R}$

d) $F_y = 0$; $F_x = -I\,a\,B_0 = -\dfrac{B_0^2\,a^2\,v}{R}$

$P_{mech} = F_x\,v = -\dfrac{(B_0\,a\,v)^2}{R} = -P_{el}$

4.4:

a) $U_{ind} = -B\,d\dfrac{dx}{dt} = -B\,d\,v$

b) $U_{ges} = U_0 + U_{ind} = U_0 - B\,d\,v$, $I = \dfrac{U_{ges}}{R} = (U_0 - B\,d\,v)/R$

c) $\mathbf{F}_{magn} = d\,I\,B\,\mathbf{e}_x$

d) $\mathbf{F}_{magn} + \mathbf{F}_g = 0 \Rightarrow d\,I\,B - m\,g = 0$

$$\text{mit } I = (U_0 - B\,d\,v)/R \Rightarrow v = \frac{1}{d\,B}\left(U_0 - \frac{Rmg}{d\,B}\right)$$

Stillstand $(v = 0)$: $m = \dfrac{d\,B\,U_0}{Rg}$

4.5:

a) $\mathbf{E'} = v\,B\,\mathbf{e}_\phi$, $U_i = N\pi d\,B\,K\dfrac{\mathrm{d}F}{\mathrm{d}t}$

b) $\dfrac{\hat{U}_i}{\hat{F}} = N\pi d\,B\,K\,\omega$

c) $\dfrac{\hat{U}_R}{\hat{F}} = R\,N\pi d\,B\,K\dfrac{\omega}{\sqrt{R^2 + (\omega L)^2}}$

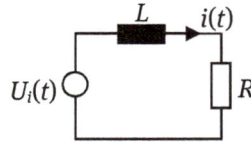

4.6:

a) $\mathbf{E}(\rho,t) = -\dfrac{\rho}{2}\dfrac{\partial B}{\partial t}\mathbf{e}_\phi$

b) $w_e(t) = \dfrac{\varepsilon}{8}\rho^2\left(\dfrac{\partial B(t)}{\partial t}\right)^2$, $w_m(t) = \dfrac{1}{2\mu}B^2(t)$

c) $\overline{w_e(t)} = \dfrac{\varepsilon}{16}\rho^2\omega^2\hat{B}^2$, $\overline{w_m(t)} = \dfrac{1}{4\mu}\hat{B}^2$

$$\left|\frac{\overline{w_e(t)}}{\overline{w_m(t)}}\right| = \left(\frac{\rho\,\omega}{2v}\right)^2 \le \left(\pi\frac{a}{\lambda}\right)^2 \Rightarrow w_e \text{ vernachlässigbar für } a \ll \lambda$$

4.7:

a) $E_z(t) = \dfrac{U_0}{d}\begin{cases} t/t_0 & 0 \le t \le t_0 \\ 1 & t > t_0 \end{cases}$, $H_\phi(\rho,t) = \dfrac{\varepsilon\rho U_0}{2d}\begin{cases} 1/t_0 & 0 \le t \le t_0 \\ 0 & t > t_0 \end{cases}$

b) $\mathbf{S}(a,t) = E_z(t)H_\phi(a,t)(-\mathbf{e}_\rho)$ (Leistungsfluss in den Kondensator)

$$S_\rho(a,t) = \frac{\varepsilon a U_0^2}{2d^2}\begin{cases} t/t_0^2 & 0 \le t \le t_0 \\ 0 & t > t_0 \end{cases} \text{ (pos. gezählt bzgl. Kondensator)}$$

$$p(t) = 2\pi a\,d\,S_\rho(a,t) = \frac{\varepsilon a^2 \pi U_0^2}{d}\begin{cases} t/t_0^2 & 0 \le t \le t_0 \\ 0 & t > t_0 \end{cases}$$

c) $p(t) = u(t)i(t) = u(t)C\dfrac{du}{dt} = \dfrac{\varepsilon \pi a^2}{d}U_0^2 \begin{cases} t/t_0^2 & 0 \leq t \leq t_0 \\ 0 & t > t_0 \end{cases}$

$p(t) = \dfrac{d}{dt}\left(W_e + W_m\right)$, mit $W_e(t) = \dfrac{\varepsilon}{2}E_z^2(t)\pi a^2 d$

und $W_m = \pi d\mu \displaystyle\int_0^a H_\phi^2(\rho)\rho \, d\rho = const.$ (jeweils in beiden Zeiträumen)

Hinweis: dH_ϕ/dt unstetig bei $t = 0, t_0$. D.h. W_m wird bei $t = 0$ instantan von Quelle geliefert und bei $t = t_0$ wieder aufgenommen

d) $W_e = \displaystyle\int_0^\infty p(t)dt = \dfrac{1}{2}\dfrac{\varepsilon \pi a^2}{d}U_0^2 = \dfrac{1}{2}CU_0^2$ (auf U_0 geladener Kondensator)

4.8:

a) $u_0(t) = i_0(t)R_0 + u(0,t)$; mit $\dfrac{u(0,t)}{i_0(t)} = \dfrac{u(0,t)}{i(0,t)} = Z_w$

$u(0,t) = \dfrac{u_0(t)}{1 + R_0/Z_w}$; $i(0,t) = i_0(t) = \dfrac{u_0(t)}{R_0 + Z_w}$

b) $u(z,t) = \dfrac{u_0(t - z/v)}{1 + R_0/Z_w}$

$i(z,t) = \dfrac{u_0(t - z/v)}{R_0 + Z_w}$

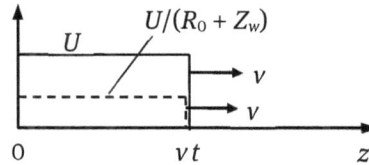

c) $u_0(t) = L_0\dfrac{di_0(t)}{dt} + u(0,t) = \dfrac{L_0}{Z_w}\dfrac{du(0,t)}{dt} + u(0,t)$

$u(0,t) = U\left(1 - e^{-t/\tau}\right)$; $i(0,t) = \dfrac{U}{Z_w}\left(1 - e^{-t/\tau}\right)$ mit $\tau = L_0/Z_w$

$u(z,t) = U\left(1 - e^{-(t-z/v)/\tau}\right)$

$u(z,t) = \dfrac{U}{Z_w}\left(1 - e^{-(t-z/v)/\tau}\right)$

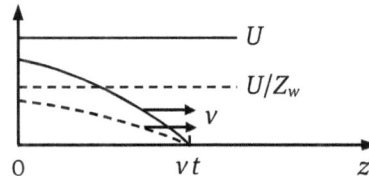

B.5 Mathematische Grundlagen

A.1:

a1) $\varphi = 0$ a2) $\varphi = 0$

b) $\varphi = E\rho\sin\phi_e$, für $\varphi_e = 2\pi$: $\varphi = \oint \mathbf{E} \cdot d\mathbf{s} = 0$ *(homogenes Feld)*

A.2:

a1) $\Psi = D_0 2Rh$ a2) $\Psi = 0$

Im homog. Feld tritt in geschlossener Hülle genauso viel Fluss hinein wie heraus

b) $\Psi = B_0 \pi r^2 \sin^2 \theta_e$

Fluss durch gesamte Kugeloberfläche ($\theta_e = \pi$): $\Psi = 0$ (wie in a2)

A.3:

a) $Q = 0$ (Inhalt von pos. u. neg. Ladung gleich)

b1) $Q = Q_0$ b2) $Q = 0$ (wie in a)

Literaturverzeichnis

Bücher zur Einführung in die Feldtheorie

M. Albach, Grundlagen der Elektrotechnik 1. Erfahrungssätze, Bauelemente, Gleichstrom-
schaltungen, Verlag: Pearson Studium 2011.
M. Marinescu, Elektrische und magnetische Felder, Springer-Verlag 2009.
G. Bosse, Grundlagen der Elektrotechnik, Band I + II, BI-Hochschultaschenbuch 1986.
R. Pregla, Grundlagen der Elektrotechnik, 6.Aufl., Hüthig 2001.
H. Frohne, K.-H. Löcherer, H. Müller, Moeller Grundlagen der Elektrotechnik, 20. Auflage, Teubner
Verlag 2005.
J.A. Edminster, Elektromagnetismus, McGraw-Hill Book Company 1984 (aktuell engl. Ausgabe:
Electromagnetics, Schaum's Outlines).

Weiterführende Bücher

M. Leone, Theoretische Elektrotechnik, Springer-Vieweg 2020.
E. M. Purcell, Berkeley Physik Kurs 2, Elektrizität und Magnetismus, 4. Auflage, Vieweg-Verlag 1989.
E. Philippow, Grundlagen der Elektrotechnik, Verlag Technik 2000.
Feynmann/Leighton/Sands, Feynmann Vorlesungen über Physik, Band II, Oldenburg Verlag 1991.
D. J. Griffiths, Elektrodynamik- Eine Einführung, 3. Aufl. Pearson Studium 2011.

Bücher der Ingenieursmathematik

Rade, L; Westergren, B.: Springers Mathematische Formeln, 3. Aufl., Springer 2000.
Merziger, G.; Wirth, T.: Repetitorium der höheren Mathematik, 5. Aufl., Binomi 2006.
Stöcker, H.: Taschenbuch mathematischer Formeln und moderner Verfahren, 4. Aufl., 2007.
Ehlotzky, F.: Angewandte Mathematik für Physiker, Springer 2007.
Burg, K; Haf, H.; Wille, F.; Meiser, A.: Höhere Mathematik für Ingenieure, Band I-III, Auflagen 10,7
und 6, Springer Vieweg 2013,2012,2013.
Burg, K; Haf, H.; Wille, F.; Meiser, A.: Vektoranalysis, 2. Aufl.2012.
Zeidler, E. (Hrsg.), begr. von Bronstein, I.N.: Teubner-Taschenbuch der Mathematik, Teubner 1996.

https://doi.org/10.1515/9783110768176-007

Register

https://doi.org/10.1515/9783110768176-008

www.ingramcontent.com/pod-product-compliance
Lightning Source LLC
Chambersburg PA
CBHW081055220326
41598CB00038B/7112